大河技艺

DAHE JIYI

主编/尹学辉

副主编/张明华 周晓黎

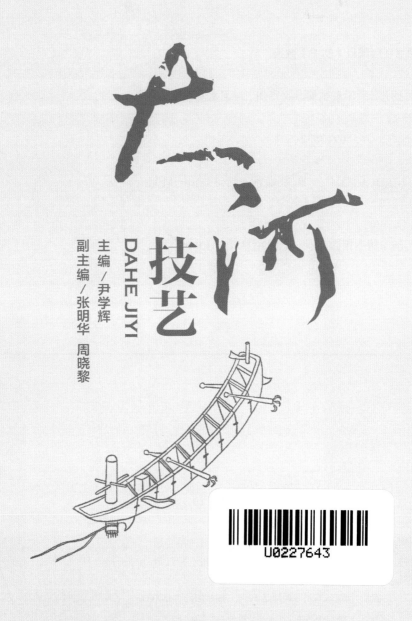

黄河水利出版社

·郑州·

图书在版编目（CIP）数据

大河技艺 / 尹学辉主编. -- 郑州：黄河水利出版
社，2023.12
ISBN 978-7-5509-3532-7

Ⅰ.①大… Ⅱ.①尹… Ⅲ.①黄河—河道整治—研究
Ⅳ.①TV882.1

中国国家版本馆CIP数据核字(2023)第241380号

策划编辑：张 倩　　电话：13837183135　　QQ：995858488

责任编辑　张 倩　　　　　　　责任校对　岳晓娟
封面设计　张晓曦　　　　　　　责任监制　常红昕
出 版 社　黄河水利出版社
　　　　　地址：河南省郑州市顺河路49号　邮政编码：450003
　　　　　网址：www.yrcp.com　E-mail：hhslcbs@126.com
　　　　　发行部电话：0371-66020550
承印单位　河南瑞之光印刷股份有限公司
开　　本　787 mm×1 092 mm　1/16
印　　张　24.5
字　　数　510 千字
版次印次　2023 年 12 月第 1 版　　　　　2023 年 12 月第 1 次印刷

定　　价　298.00 元

《大河技艺》编委会

顾　　问：王银山　谢　军　张需东

主　　编：尹学辉

副 主 编：张明华　周晓黎

常务编委：刘洪才　龚西城　刘金友　刘兴燕　李绪鹏　郭长城　张福禄
　　　　　鲁　静　崔慧聪　刘亮亮　任慧霞　张　睿　沈振磊

编　　委：安红心　纪红云　付小璇　郭沙沙　刘　屹　李旭慧　李志生
　　　　　董　迪　兰智辉　孙涵哲　钟慧颖　赵晓东　聂雨舟　姜　华
　　　　　杜　鹃　李青雪　牟　珊　马晓贝　岳贤正

装帧设计：张晓曦

美术编辑：张含婧　刘亮亮　沈振磊

序

国脉千秋在，大河万古流。

九曲黄河奔腾向前，以百折不挠的磅礴气势塑造了中华民族自强不息的民族品格，孕育了古老而伟大的中华文明，是中华民族坚定文化自信的重要根基。

历史上的黄河，是一条桀骜难驯的忧患之河，一度是治国理政的心腹大患。作为世界上最难治理的河流，黄河素来"善淤、善决、善徙"，曾"三年两决口、百年一改道"。从先秦到中华人民共和国成立前的 2500 多年间，黄河下游共决溢 1500 多次，改道 26 次。为了把黄河治理好，历代有为君主宵衣旰食，无数河工舍生忘死。可以说，一部治河史就是一部治国史。

翻开黄河治理的史帙，疏堵决溢，整治修防，加固堤坝……中华儿女以自强不息的决心和意志谱写了波澜壮阔的英雄史诗。特别是 1946 年人民治黄以来，黄河治理的千古难题交到了中国共产党手中。经过 70 余年的艰辛探索和不懈斗争，中国共产党领导人民彻底改变了黄河暴虐为害的历史，递交出一份亘古未有的优异治黄答卷。穿越风雨，历尽沧桑。在人与黄河从对抗走向和谐的艰辛历程中，夯堤筑坝、决口堵复等传统治河技艺和机淤固堤等现代治河技艺应运而生，为驭洪制胜保障黄河长治久安提供了坚实的技术支撑。这些伴河而生、绵延相传的治河技艺，仿若漫天星斗中的璀璨星辰，在时间的长河里熠熠生辉。

党的十八大以来，以习近平同志为核心的党中央始终心系黄河，习近平总书记亲自擘画、亲自部署、亲自推动黄河流域生态保护和高质量发展重大国家战略，为新时期黄河保护治理指明了前进方向，提供了根本遵循。保护传承弘扬黄河文化作为黄河重大国家战略的重要任务之一，迎来了全新的历史机遇。2023 年习近平文化思想首次提出，对保护传承弘扬黄河文化给予了更高期待。深入贯彻落实习近平文化思想，讲好"黄河故事"，延续历史文脉，筑牢中华民族的根和魂，成为山东黄河河务局的重要课题。

优秀传统治河技艺是黄河文化的重要组成部分，历经千年风浪淘刷，依然光彩夺目。现代治河技艺同样是黄河文化的重要组成部分，凝结着劳动人民的智慧结晶。怀着对优秀传统治河技艺和现代治河技艺的礼敬，山东黄河河务局启动《大河技艺》编写计划，聚焦堤防技术、埽工技术、防汛抢险技术及修防管理经验等优秀传统治河技艺和机淤固堤技术、网络通信技术等现代治河技艺，深入挖掘蕴含其中的精神内涵和时代价值，让古老的治河技艺重焕新生，让现代的治河技艺点亮未来。

透过时光，我们看到仁人志士凝心筑牢千里屏障的筚路蓝缕，我们看到黄河埽工护堤塞决的坚挺脊梁，我们看到风急雨骤抢险战洪的逆行身影，我们看到黄河治理夙夜廑念的千秋吟唱。一个个心系安澜的技艺故事，一曲曲荡气回肠的夯筑之声，交织成弦歌不辍的动人音符，描绘出物阜民康的盛世气象。

蘸满历史的笔墨，书写新的篇章。《大河技艺》的付梓成书，既是山东黄河河务局贯彻落实党的二十大精神的生动实证，又是深入践行《中华人民共和国黄河保护法》的文化力作。奋进的山东黄河河务局将以此为契机，扎根黄河文化沃土，以高度的文化自信赓续黄河文脉，让自然的黄河生生不息、文化的黄河欣欣向荣，为黄河永远造福中华民族而不懈奋斗！

2023 年 8 月

前言

日月为晔，大河为脉；"黄河宁，天下平"，仁人志士沧海一愿；大河的沉浮俯仰、兴衰起落，始终牵动着亿万人民的心弦。

逐有水草兮安家葺垒，人类社会的发展进程，始终贯穿着与水的相伴相生。大家有法，曲工有节，治河有术。在治水兴河、除害兴利的过程中，人们不断加深对大河的认识，而在筑堤修坝、打造河工器具的过程里，也逐渐衍生出各种行之有效的治河技艺。这是治河经验的累积，这是治河文化的累积。

中国古代技术的特点是带有明显的实用性，治水技艺亦然。长时间以来，虽然先人治水经验丰富、成果众多；但由于注重治水实践和直接经验，着意于治水过程和实际操作的效益，很少从技艺层面上进行系统的总结、分析。随着社会进步、特别是科学技术的不断发展，治水方式也由古代的全凭经验发展到理论与经验相结合的阶段；特别是人民治黄近几十年来，治河技艺更是伴随着科技进步取得了划时代的进展。然而迄今为止，我们积累下来的关于治水技术总结的著作众多，而专注于黄河特色来分析整理黄河治理技术的著作还是凤毛麟角。

黄河作为我国的第二大长河，有着明显区别于其他河流的特点，它水少沙多、善淤、善决、善徙，下游河道长期淤积，形成"地上悬河"。自公元前 602 年以来，黄河下游河道决口多达 1590 余次，较大改道有 26 次。

经历漫长的治河历史，各种治河技艺应运而生。相传公元前 2000 多年，禹的父亲鲧便采用的是筑堤堵水的治河技艺；西汉瓠子决口，汉武帝时期"下淇园之竹以为楗"，"楗"便是埽工的前身。黄河自古多洪灾，于是便有了束水攻沙、裁弯取直到如今的"上拦下排、两岸分滞"；欲渡黄河冰塞川，有冰凌爆破炸开路径，水库调蓄冲出通途。"河决魏郡，泛清河以东数郡"，大河改道，王景"凿山阜，破砥绩，直截沟涧，防遏冲要，疏决壅积"，千里金堤修筑，大河无忧则民无忧。

本书的出版，在总结的基础上继承我们先辈丰富的技术遗产，以达到温故知新、古为今用的目的；更是为了在技艺留存中传承大河之治的精神气质，传承河工器具中凝结的人民智慧和精神遗产。本书以具体的治河技艺为对象，描绘它的萌生、成熟和发展。故而整个内容分为四章：第一章为堤防技术，分筑堤、险工、控导、蓄滞洪区、稳流路、堤工几个方面；第二章介绍埽工技术的历史和成就；第三章是防洪防凌抢险技艺及河工器具；第四章为修防历史与制度、巡堤查险、现代治河技艺发展成就。成书力求在保证技术专业性的基础上增加可读性，不仅对各种治河技艺在各个时期的发展情况进行了较详细的描述，对各种治河技艺的优缺点、发展方向也进行了评述。可供相关从业者阅读，也可作为非从业者熟悉治河技艺之用。

由于这是一部涉及内容十分广泛的著作，尽管编写组付出了极大的努力，但仍难免有疏漏之处；希望这部书能得到广大读者的指正，使其不断完善，更好地发挥其应有的作用。

风起，大河万象更新，不辞东流不舍昼夜日新月异；潮涌，大河钩沉抬遗，俯仰之间煌煌历史留存千载；乘风，大河星火璀璨，红色热土不屈之志跫音回响；破浪，大河技艺传承，百川赴海安如磐石生生不息。

一梦千年，一志笃行。本书是山东黄河河务局"大河"系列文化丛书的第三部，黄河之水天上来，为万民而来；"大河"之书生逢其时，为期待、为未来而来。

目录

第一章　千里屏障佑民安　●001

第一节　千载傲骨筑堤防　4

第二节　险工固堤阻冲决　28

第三节　控导护滩稳河势　40

第四节　安澜底牌平浊浪　48

第五节　黄河入海稳流路　66

第六节　堤工技术承河安　82

第二章　千年埽工见沉浮　117●

第三章　古史今事话抢险　●147

第一节　悬顶之患诉春秋　150

第二节　决口堵复泽万民　192

第三节　众心齐谱战洪歌　208

第四节　冰底犹闻沸惊浪　248

第五节　河工器具撼长河　264

第六节　风樯阵马展技艺　292

第四章　修防管理历千古　305●

第一节　黄河修防著春秋　306

第二节　大河之治看河官　330

第三节　河防要术有岁修　342

第四节　巡堤查险护河安　350

第五节　智绘黄河优保障　358

第六节　千里传音话通信　368

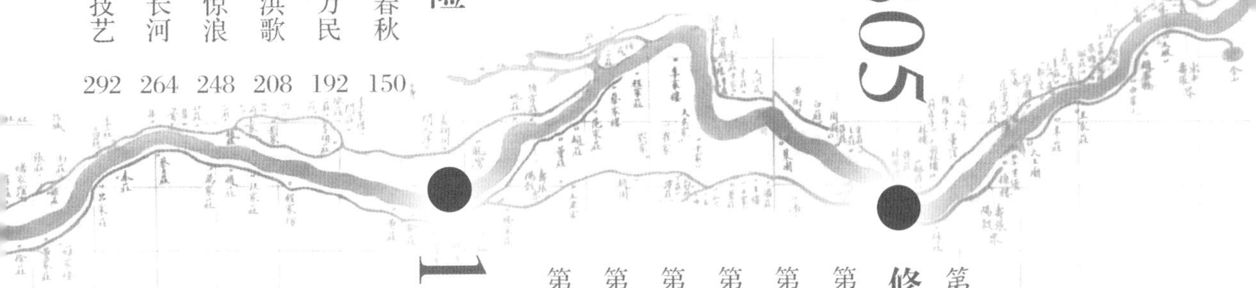

变的认识，也逐渐掌握各
区的洪水特性，摸索与之相
洪工程形式。
黄河是中国第二大河，是中
主要发源地。在历史上，黄
时期作为中国政治、文化
心，治河防洪的历史发端最
终受到历代朝廷重视。由
自然条件的特殊性，黄河防
艰巨，防洪治河工程之浩
界上其他江河所无法比拟的

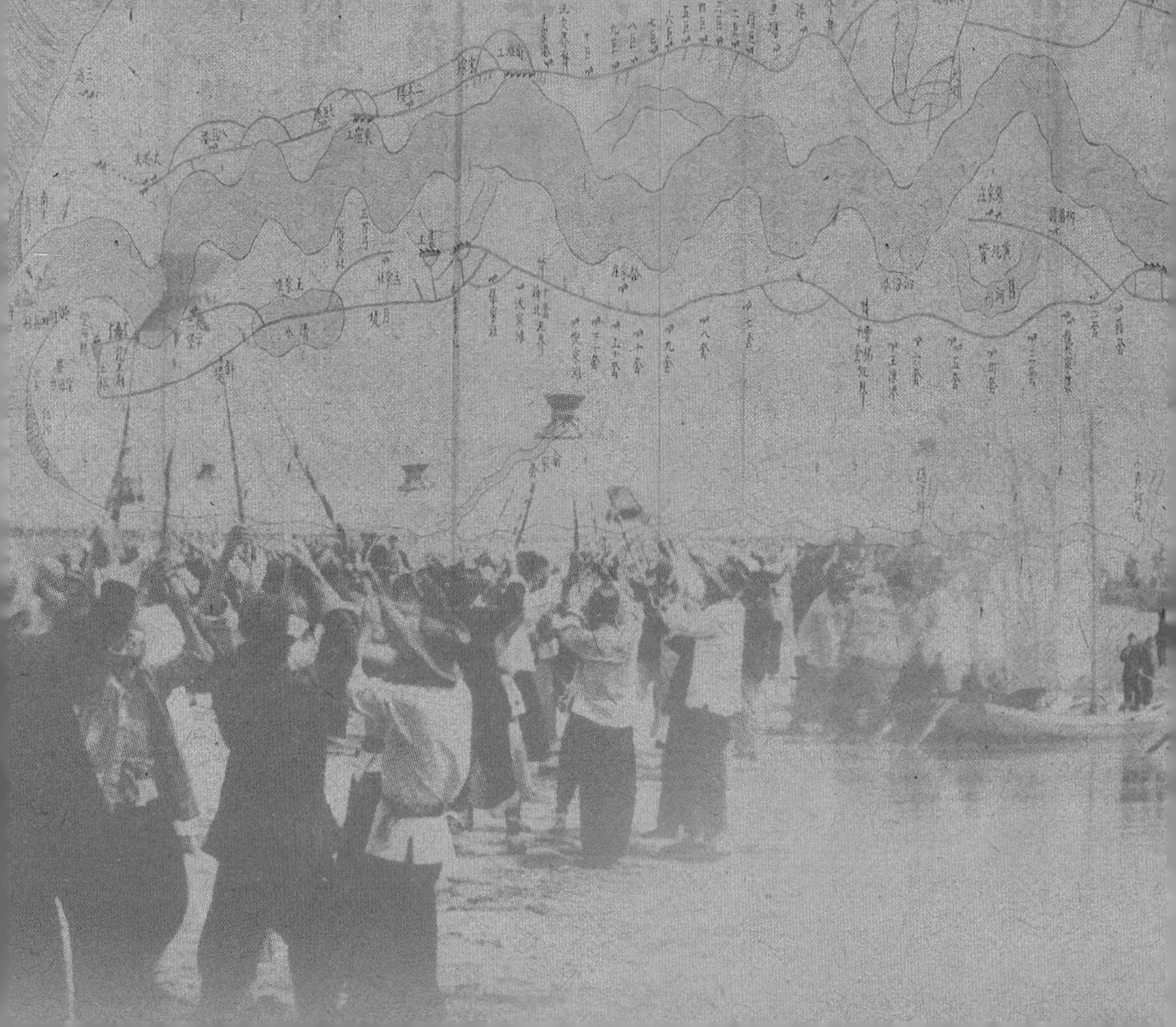

第一章

千里屏障佑民安

防洪治河工程是人类社会发展

阶段，为了改善生存环境

安定和经济发展，采用

约和改造河流　人类社会发展

始终贯穿着同洪水灾害的

在斗争过程中，人们不断

防洪治河工程是人类社会发展到一定阶段，为了改善生存环境，保障社会安定和经济发展，采用工程手段来制约和改造河流的水利工程。人类社会的发展进程，始终贯穿着同洪水灾害的不懈斗争。在斗争过程中，人们不断加深对洪水和洪灾的认识、对河流泥沙和河床演变的认识，也逐渐掌握各流域、各地区的洪水特性，摸索与之相适应的防洪工程形式。

黄河是中国第二大河，黄河流域是中华文明的主要发源地。历史上，黄河流域治河防洪的历史发端最早，始终受到历代朝廷重视。由于自然条件的特殊性，黄河防洪任务之艰巨，防洪治河工程之浩大，是世界上其他江河无法比拟的。

黄河德州齐河段韩刘险工

　　黄河下游流经的中原地区从来就是兵家逐鹿的战场。战国中期各诸侯国开始筑堤防洪，至西汉中期黄河堤防系统基本形成。系统黄河大堤建成后，黄河被限制在两岸的堤防之内，这是治河史上划时代的进步。

　　山东黄河地处大河末段，河道形态上宽下窄，堤防险工个性独特，功能各异，尤其是人民治黄以来，修建了一系列的堤防工程，形成黄河下游（山东段）防洪工程体系。现行的黄河堤防、险工坝岸、河道整治工程、分滞洪工程、入海流路治理等，形成了千里屏障，护佑着两岸人民的平安，见证了悠悠岁月里防洪工程文化进步的足迹。

千载傲骨筑堤防

　　和过去的无数个清晨一样，山泽薄雾中，远古先民逐水草而居，又避洪流而走，步履不安，心更不安。

　　新石器时代，聚集的族群渐广。看着越分越少的食物，看着惶恐疲惫的眼神，看着嗷嗷待哺的婴儿，他们决定不再被动逃避。石块、泥土、断木、苇草……在简陋材料堆积中，最初的堤防诞生，河流第一次因人力而改变了方向。

　　从此，人类有了安居之所，有了要守护的家园。而人与自然、堤防与大河的相爱相杀也拉开了大幕……

堤防在历史中跌宕

堤防作为规范河流经行的工程建筑，是古往今来人类与洪水作斗争的基本手段。黄河堤防是中国历史上最早的防洪工程。与其他河流相比，黄河因"善淤、善决、善徙"的特点，加剧了筑堤的难度，千年风雨、千年淘刷、千年兴废，一路堤随水长、堤随水走，在"三年两决口、百年一改道"的变迁中，映照着黄河两岸的沧桑演变，传诵着华夏儿女的悲欢离合。

《国语·周语》记载："共工欲壅防百川。"

《山海经·海内经》记载："洪水滔天，鲧窃帝之息壤以堙洪水。"

《淮南子·原道训》记载："夏鲧作三仞之城。"

《国语·周语》记载："禹陂障九泽。"

黄河大堤由传说中的共工氏修筑。共工氏居住在黄河中游，汛期洪水时，为保护村落，搬来泥土石块，在离河一定距离的低处筑起一些简单的堤防。由于善于治水，共工氏一族在各部落中声名卓著。

尧舜时期，发生世纪大洪水，"汤汤洪水方割，荡荡怀山襄陵"，尧命部落首领鲧治水。传说鲧从天廷偷来一种可以无限滋生的土壤——息壤，试图通过筑堤阻水。但历时 9 年，水势依然，鲧则因窃取天廷之物而被处死。鲧被处死后，部落首领以其子禹主持治水，禹总结了以"堵"为主而失败的教训，采用"疏"的方法，疏通河道，排泄渍涝。经过长达 13 年的治理，洪水归槽，水患平息，人民从丘陵高地回到肥沃的平原。为颂念禹的治水功绩，后人尊称其为"大禹"。

共工和鲧、禹等筑堤治水的具体事迹已不可考，但是传世文献的只言片语中，依然能望见先祖们迎水筑堤、屡败屡战的不屈身影。那身影在千载青史中漫步，在诗词曲赋中舞蹈，也在治黄血脉中新生，给予黄河流域人民一身傲骨。无论是天灾还是人祸，他们永不言败、永不退缩，镌写下绵延不绝的黄河精神，铸就辉煌灿烂的中华文明。

最早关于黄河堤防的记载，是春秋时期的"毋曲堤"。当时黄河下游地区逐步被开发，地进河退，征伐渐起，各诸侯国纷纷筑堤护城，"筑堤挑流、以邻为壑"的水事争端时有发生。楚国就曾筑拦河坝壅水，导致上游泛滥，进而侵犯宋国和郑国。在管仲的建议下，齐桓公出兵干涉，拆除拦河坝，召集各诸侯先后举行"葵丘之会"和"召陵之会"，明确规定"无曲防""毋曲堤"，首次为修筑黄河堤防立规建制。两次会盟成功阻止了楚国北上中原的步伐，确立了齐桓公中原霸主地位。

葵丘会盟（国画）

战国时期，黄河下游只剩下魏、赵、齐、燕等国，"壅防百川，各以自利"的现象仍然存在。这一时期，社会变革加速了生产关系和生产力的发展，铁制工具的广泛使用，促进了下游地区的进一步开发，较大规模的堤防建设也由此成为可能。人口的繁衍，城市的兴建，对防洪提出了更高的要求，堤防也由以防护都城为主的局部兴筑，逐渐发展成比较连贯的堤防。战国初年，黄河流经

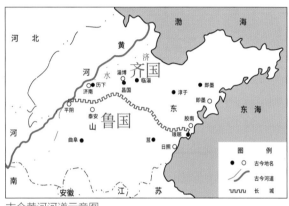

古今黄河河道示意图

赵、魏、齐三国，位于河东的齐国地势较低，易受洪水之害，首先在离河二十五里处筑堤防洪。齐国有了堤防的保护，洪水威胁便转移到河西的赵国和魏国。于是，赵、魏也离河二十五里修筑堤防，保护各自领土。各国堤防相邻的部分有着共同的利害关系，堤防也就逐渐相互衔接起来，形成了比较连贯的黄河下游堤防。

春秋战国，百家争鸣。在这个思想空前繁荣活跃的时期，堤防施工技术也逐渐从实践形成理论，不仅出现了水流冲淤、淤泥固堤和滞洪区等概念，而且在具体工艺上也有了初步理论指导。比如在土料选用方面，《管子·度地》记载："春三月，天地干燥……利以作土功之事。"指出三月土料含水量比较适宜，是堤防施工的最好时机。在堤防断面形状方面，《管子·度地》指出堤防横断面要做成"大其下，小其上"的梯形；《考工记·匠人》指出"凡为防，广与崇方。其杀三分去一，大防外杀。"意思是说，修建堤防，一般堤高和底宽应大致相等，上窄下宽收分，取3:1的边坡。在测量技术方面，《庄子·天道篇》记载"水静则明烛须眉，平中准，大臣取法焉"，说的就是水准测量的原理。

秦统一全国后，诏令"决通川防，夷去险阻"，散落在华北平原的堤防开始走向"统一"。万事万物总是利弊相伴。堤防挡住了洪水，但同时也挡住了泥沙，对含沙量巨大的黄河影响格

外明显。河道缩窄进一步降低了河道过洪能力，泥沙集中淤积导致河床逐年抬高，堤防也只好相应筑高。如是往复，逐渐形成了独特的"悬河"地势，决溢的风险和危害越来越难以承受。

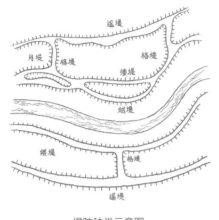

堤防种类示意图

自西汉起，史书中有了明确的黄河决溢记载。西汉后期，决溢频繁，成为朝野大事，引发了治黄思想的大讨论，其中尤以贾让"治河三策"最为出名，分别是上策"徙冀州之民当水冲者，决黎阳遮害亭，放河使北入海"；中策"多穿漕渠于冀州地，使民得以溉灌，分杀水怒"；下策"缮完故堤，增卑倍薄"。虽然因为各种因素，最终只有下策得以施行，但是"贾让三策"客观上总结了无计划围垦滩地、河床淤积等造成堤防不合理的因素，提出了放宽河槽、引黄淤灌、移民补偿等思想，为科学筑堤治河提供了成体系的理论指导。东汉王景治河便是延续"下策"方略，修筑自荥阳东至千乘入海口的千余里河堤，固定了黄河第二次大改道后的流路，取得了"八百年安流"的重大成果。

自宋元起，堤防工程技术逐步趋于成熟，有关河工的著述和典籍远超前代。元《至正河防记》依据用途将堤防分为刺水堤、截河堤、护岸堤、缕水堤、石船堤等数种。遥堤、缕堤和月堤等黄河堤防形式均已出现，堤防兼具了"堵、疏、导"的功能。为了维护北方政治安定，宋元及其以后的数百年，治黄都以分流为主导，直到明万历年间潘季驯筑堤束水，黄河上才形成统一的堤防体系。

潘季驯是湖州市乌程县（今浙江湖州吴兴区）人，在嘉靖四十四年到万历二十年27年中，四次任总理河道大臣，是集"以河治河、束水攻沙"思想之大成者。作为一个南方人，潘季驯对黄河治理注重实践，亲力亲为，七十高龄依然带病检视河工。他同时善于总结规律，著成《河防一览》，离任前还上《条陈熟识河情疏》，阐述了治理黄河的基本思想。他认为，靠人力或机械解决黄河泥沙是不可能的，"唯当缮治堤防，俾无旁决，则水由地中，沙随水去。"经过多年治黄实践，建立了由遥堤、缕堤、格堤、月堤和减水坝组成的黄河堤防体系，并建立了较为完善的黄河堤防修守制度，达到了我国古代堤防的最高水平，使黄河以固定河道行经300多年。

这一堤防体系中，遥堤和缕堤是主体。修建缕堤，目的在于束窄河槽，加大流速，提高水流挟沙能力，以冲刷淤积。然而，缕堤逼河而建，又比较单薄，一旦洪水超过其容蓄能力，便容易漫堤溃决。鉴于此，潘季驯提出"双重堤防"的思想，即在缕堤之外加筑遥堤。"筑遥堤以防其溃，筑缕堤以束其流。"遇一般洪水，以缕堤约束河水，可以攻沙；遇特大洪水，即使缕堤漫决，亦可以遥堤约拦。

遥堤、缕堤建成后，新的问题随之出现。汛期缕堤决口漫流，顺遥堤而下，对堤根破坏很大。为此，潘季驯沿河道横断面方向修筑格堤。又因缕堤逼近河流，容易冲决，便在缕堤内筑月堤以护之。

汛期水涨，不仅缕堤经常溃决，遥堤防洪压力也很大。为保护遥堤，潘季驯在桃源县（今江苏泗阳）黄河北岸建崔镇、徐升、季太和三义4座滚水坝，减水从灌口入海。就其作用而言，滚水坝相当于今天的溢流堰。"万一水与堤平，任其从坝滚出"。滚水坝在施工技术上代表了当时的先进水平，尤其是在基础的选择和地基的处理方面。滚水坝的基础，"必择要害卑洼去处，坚实地基"。地基的处理，"先下地钉桩，据平，下龙骨木，仍用石渣楔缝，方铺底石垒砌"。钉桩时，"需搭鹰架，用悬硪钉下"。石缝"须用糯汁和灰缝，使水不入"。这种地基选择和处理方式与现代基础工程十分接近。

延续到了清代，黄河下游实施了修筑堤防、涵、闸、坝工程并举的策略，历史上第一个比较完善、坚固的堤防体系在这一时期基本形成。堤防的修筑加高了河岸，改变了河床的原始边界形态，改变了河流暴涨时河水溢出河床的自然漫流状况，相应加大了河道的过水断面和宣泄洪水的能力，从而提高了河道的防洪标准，大大减轻了洪水危害。从此，堤防这一防洪工程逐渐成为人们与洪水斗争的基本手段。

链接

遥堤、缕堤、格堤、月堤及减水坝具体指什么堤？

遥堤——指离河道较远的堤。用以增加河道的蓄泄能力、防范汛期洪水漫溢，是最后的工程防线，如黄河的北金堤、太行堤，永定河的南北遥堤等。

缕堤——指离河槽较近的堤。用以约束水流，加大流速，增强水流的挟沙能力。

格堤——又称隔堤，是遥堤、缕堤之间与水流方向大致垂直的堤。当缕堤发生决口或漫溢时，水流遇到隔堤，有缓流落淤之效，还有减少洪水淹没下游的功用。

月堤——形同月牙，也叫越堤，是在重要堤段临河或背河修筑的圈堤，形成防御洪水的两道防线。

减水坝——指修建在遥堤上的砌石滚水坝。当出现非常洪水，两岸遥堤之间的河床仍不足以容纳时，则通过减水坝溢往遥堤之外。

堤防在炮火中新生

中华民族的现代史，铺垫着悲凉无望的基调，但又在持续的斗争和抗争中挖掘希望，历史就是这样一点点推进的。黄河孕育着人民生活的希望，但也会成为灭顶之灾。

以水攻城，从魏晋时期开始，成为常用的军事手段。据《资治通鉴》记载，仅三国两晋南北朝时期，引水灌城的战例就达二十余次，其中引黄河水灌城的八例。1938年6月，国民党在花园口掘堤"以水代兵"，造成豫皖苏3省5.4万平方公里受灾，89万人淹死。黄河毫无约束地泛滥于豫皖苏平原，几百万人颠沛流离，无家可归。

1945年，抗日战争胜利后，蒋介石集团积极策动内战，以黄河回归故道为名，妄图再次"以水代兵"，淹没和分割冀鲁豫和山东解放区，达到其军事目的。

此时的故道堤防已多年失修，堤身残破不堪，险工毁坏殆尽，已无抵御洪水的能力。为了拯救黄泛区人民，中国共产党一方面以大局为重，同意黄河回归故道；另一方面与国民党政府积极谈判，提出先复堤浚河、群众迁居而后合龙堵口的主张。1946年的春天，迎着战火和洪水的双重压力，冀鲁豫区黄河水利委员会（简称冀鲁豫区黄委会）在山东菏泽成立；1946年5月，山东省河务局成立，全面开启了中国共产党领导的人民治黄事业新纪元，几经沉浮的黄河堤防也迎来了新生。

1938年，郑州东北郊，花园口黄河大堤决堤，洪水泛滥

被淹后的村庄

黄河归故前残破不堪的黄河堤防

渤海解放区沿黄 19 个县动员民工 20 万人投入治黄

　　保家自卫牵引着冀鲁豫和渤海解放区 40 多万群众炽热的心。当时补助粮紧张，民工都是义务工，自带修堤工具和棚子，展开了轰轰烈烈的劳动竞赛。300 多公里的堤线上，你追我赶，热火朝天。根据记载，当时 1 辆土车能推土 350 多公斤，按照四车半约 1 立方米计算重达 1575 公斤。"修堤英雄"高法成，一天能挑土 12 立方米，他和另外两个民工一天曾挖运土 42 立方米，平均每人 14 立方米，是当时的最高纪录，令人佩服不已。

　　历史在记录的同时，总是会赋予世事艰辛。解放区治河是在敌人封锁和军事进攻的极端困难条件下进行的，当时物资匮乏，夯实工具不够，各地就地取材改造了一批石碓。解放区没有石场，尤其缺少石料，为解决石料困难，冀鲁豫和渤海解放区都发动群众，先后开展了献砖献石活动。不少乡、村建立了收集砖石小组，把村里村外废砖废石、无用碑块、封建牌坊、破庙基石等统统收集起来，肩挑人抬，小车推，大车拉，自动送到大堤险工上。有的群众把多年积攒的盖新房的砖石、老太太的捶布石也献了出来。在人民群众的支持下，仅冀鲁解放区就献砖石 15 万立方米，同时筹集各种集料 1500 万公斤。用这些材料，整修了残破不堪的险工埽坝 479 道，砖石护岸 559 段，同时保证了防汛抢险用料。经过一个多月的努力，下游黄河大堤已经初步得到恢复。

人民治黄初期，面临着国民党的封锁和军事进攻。图为两个国民党军士兵正把枪口对准对岸（《黄河》）

　　1947 年 3 月，冀鲁豫区黄委会在东阿县郭万庄召开治黄工作会议，着重研究和部署黄河归故后的治黄工作。会上第一次明确提出了"确保临黄，固守金堤，不准决口，以配合解放战争，

1948年，利津县献运指挥部总结（部分）。总结中对5—6月22天的献砖献石运送抢险料物及各区人员车辆出工情况进行了详细统计（资料现存利津县档案馆）

人民治黄初期献砖献石的印记——刻有字迹的石碑依然镶嵌在麻湾险工北坝头（崔光／摄影）

上堤群众要携带铁锨、箩筐、布袋、门板、铁锤、榔头等工具

保卫解放区，保卫人民的生命财产"的治黄方针。这个政治方针，从当时解放战争需要出发，并非依据对黄河洪水和防洪工程的分析提出，但它极大地鼓舞了解放区人民"反蒋治黄"斗争的热情，广大干部群众万众一心，誓死保卫黄河安全。

这一年，花园口合龙，滔滔黄河水奔入故道，安然入海。同年汛期，为防范国民党当局破坏堤坝工程，沿河县、区、村普遍建立了防汛指挥部，划分了防汛责任区，分段负责；沿河7.5公里以内的村庄划为护堤村，编成防汛队；修筑守险房屋，每200米搭一防汛窝棚，每窝棚2人，负责巡逻、送情报、修补水沟浪窝。上堤群众携带铁锨、箩筐、布袋、门板、铁锤、榔头等工具，每人备15公斤高粱秆、草类等抢险软料，以便应对随时发生的险情。

治河初期的修堤、整险、巡河的宝贵技术经验，是以贺沣藻、赵锡田为代表的老河工总结得来的。比如，认真巡堤查水，水偎堤就查，切忌轻视小水；分清堤段，固定查水人员；查水人员要无眼病，机灵负责，为保证安全，来回走背河堤，不走临河和堤顶；背河堤坡上的高秆作物、杂草要清除，以便查看险情。大堤出现漏洞时，如发现背河堤脚冒浑水，临河水面有漩涡，抢堵时首先要摸清漏洞进水口的位置、大小，速用锅扣，或用土袋、被褥、草捆塞堵，如临河找不到洞口，速在背河修筑圈堤，以期平衡临背河的水压力。这些简单实用的方法，也逐渐流传下来。

黄河大堤，决不能只修不守。1948年汛期，因对防汛工作部署要求不细、督促不严，防汛工作从上到下都松懈下来，以至于接到水情通知后没有认真对待，出现了村庄淹没、河水倒漾等灾患。特别是高村抢险，因事先对河势变化心中无数，对险情发展缺乏认真分析，结果险情越抢越大，临堤下埽，完全陷入被动，出现了背篙赶船的局面，缺桩、缺料、缺砖、缺人，此起彼伏，出现了极端危险的情况。因此，在进行防汛总结时，提

1948年，高村捆枕抢险（原藏山东黄河河务局档案室）

出了重视防汛、汛前检查、加强准备、通报水情、建立防汛指挥部等关键措施。1949年，确定了"修守并重"的方针，达成了"有堤无人、等于无堤"的高度共识。在沿堤村普遍组织护堤委员会，建立群众护堤队伍，开展普查洞穴裂缝隐患、捕捉害堤动物等活动，为从根本上废除旧社会汛兵制、建立人民防汛体制打下了基础。

山东军民全力以赴加高堤防坝岸

源源不断运送料物的群众

堤防在修复中稳固

1949 年，时任黄委主任王化云，在对下游河道、堤防问题实际了解的基础上，主持起草了《治理黄河初步意见》，提出了工程措施上的改革要求，明确了八项修防任务，即：加培大堤，整理险工，堵塞串沟，预防新险，废除民埝，沿堤植柳，加强电信交通设备，加强在职干部和工人的教育。这一系列工程措施和非工程措施，初步形成了"宽河固堤"的思想框架。

按照宽河固堤的方针，从 1950 年起，黄河下游进行了中华人民共和国成立后第一次大堤加培工程，即第一次大修堤。这次加培，以防御河南陕县站流量 18000 立方米每秒的洪水为目标，随后提高到 23000 立方米每秒。直至 1957 年的 7 年间，共完成大堤加培土方 5000 万立方米。极大改变了堤防工程面貌，积累了丰富的施工组织管理和技术标准经验。

1950—1957 年第一次大修堤

按照治河与生产结合、合理出工的原则，各县由主要负责同志挂帅，吸收农业、水利、民政等有关部门的同志参加，建立施工指挥部，抽调大批干部，深入承担施工任务的乡村，宣传修堤的意义，讲明工资政策。自由结合组成包工队，准备好工具，安排好食宿。同时组织施工人员和包工队长，认真学习有关政策规定和工程标准，详细估算工时和用料。由于准备工作比较周到，几十万人集中施工，秩序井然。

对于堤防薄弱堤段，采取抽槽换土的方式加固

尤其是各地认真贯彻执行"包工包做，按方给资""工完账结，粮款兑现"等政策，基本实行了按劳付酬，15万灾民和修堤民工都能有吃有落，起到了以工代赈的作用。广泛的劳动竞赛，也极大调动了群众的积极性，有力推动了工具的改革：从抬筐、挑篮、小土车，发展到胶轮车，带动推土工效不断攀升，涌现出吴崇华、夏崇文、赵继宪等一大批推土英雄和梁秀英、梁希伟等巾帼模范。

1952年第一次大修堤时垦利修防段组织的"女子推土班"树立了榜样，鼓舞了士气

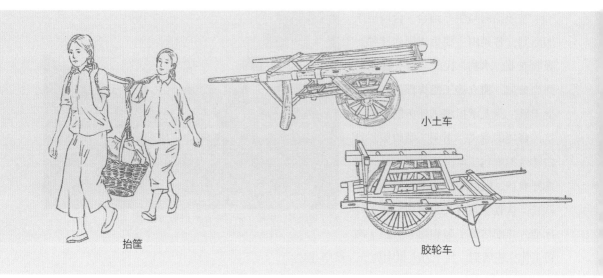

小土车

抬筐

胶轮车

百年大计，质量第一。堤身的建设，要严格掌握坯土厚度、硪实遍数和验收制度。最开始规定是铺 4 分米的坯土，打套硪 5 遍，打实后坯土厚 2.5 ～ 3 分米，逐坯验收方可通过。后来硪工单独编队，统一组织，统一调动，实行质和量结合的工资制度。由边铣工掌握边坡和坯土厚度，质量检查员进行验收。为使硪实遍数合理，开工前对土质和土壤含水量先行试验，再决定打硪遍数，以免造成人力浪费。为了使新老堤结合好，民工们严格清基，铲草开蹬，勾坯倒毛。两工接头处要斜插肩，并采取分挖土塘合倒土的办法，尽可能减少两工接头。

因此，尽管当时夯实工具落后，工资很低，但因党群一心、官民团结，加之按劳分配、工完账结的政策引导，大堤施工的质量和效率实现了完美融合。

三门峡工程建成前后，由于过分乐观地估计了形势，一度放松了下游的修防工作，一些防洪工程没有得到继续加强，下游防洪能力有所下降。为了改变这一不利局面，保证黄河防洪安全，在重新研究分析三门峡水库淤积和下游修防问题的基础上，1962 年，黄委争取 3 年内将黄河下游防洪工程恢复到 1957 年的水平。其中最主要的任务是，培修堤防，以防御花园口站洪峰流量 22000 立方米每秒洪水为目标，充分运用位山枢纽工程和东平湖水库滞蓄洪水，并按照 1957 年的堤防标准，培修临黄大堤和金堤，需加高培厚堤段 580 公里，整修补残堤段 1000 公里，整修险工坝垛等。

1962 年冬季，整个黄河下游开始行动起来，重点在河南东坝头修建控导工程，以调整流势，减轻河势不利变化对堤防的威胁。在这次修堤过程中，还试验推广了拖拉机碾压，这是下游修堤施工中的一项重大革新，比过去人工夯实提高了工效，质量也更有了保证。

从 1962 年到 1965 年，第二次大修堤历经 4 年，共完成土石方 6000 万立方米，对一些比较薄弱的堤段进行了重点加固，河道整治工作也重新展开，经过一系列调整，下游修防工作明显加强，排洪排沙能力逐步恢复。

1973 年 11 月，黄河下游治理工作会议召开，主要目的就是通过实地调查研究后共同商讨如何解决黄河下游出现的新情况、新问题，并确定了第三次大修堤的任务。

20 世纪 60 年代末至 70 年代初，黄河下游一直处于枯水多沙年，主要原因在于黄土高原严重水土流失；甘肃刘家峡水库每年汛期 40 亿立方米的蓄水应用，在上游拦截了清水，从而增加

20 世纪六七十年代人工复堤

原山东惠民地区滨县第二次大复堤（1962—1969 年）施工人员在运土

第二次大修堤有机械碾压配合人工上土施工，上土工具已全部换成胶轮小推车（1962—1969 年）

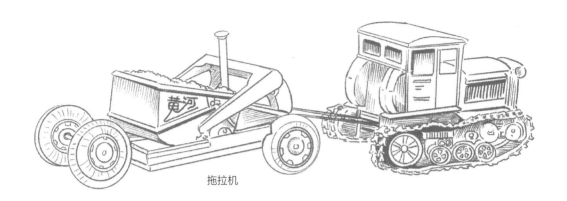

拖拉机

了中游水流的含沙浓度；三门峡水库改建工程全部投入运用集中排沙，加之一度认为三门峡工程建成后下游洪水威胁基本解除，刺激了滩区内生产堤建设，洪水漫滩机会减少，大量泥沙便淤积在主槽中，完全改变了过去淤积"滩上一半、主槽一半"的情形，因此下游河道出现了更为严重的淤积。

下游河道严重淤积带来了两个问题：一是"高"，河床淤高，洪水位相应抬高，于是堤防高度相对降低，排洪能力也降低了。二是河槽摆动加剧，过去 7000 立方米每秒流量能在主河槽内通过，除险工外水不靠大堤，而现在 3000 立方米每秒流量就漫滩，洪水出槽，堤根偎水，加重了堤防威胁，聊城位山以上的宽河道尤为严重。

几种情形综合作用，使得部分河段出现河槽高于滩面、滩面又高于背河地面的情况，形成"悬河中的悬河"——"二级悬河"。1973 年汛期，东明黄河滩区生产堤决口，河水直冲黄河大堤，顺堤行洪，黄河大堤多处出险，引起了国务院的高度重视，而这次险情也加速了实施第三次大修堤的脚步，具体任务也逐渐清晰起来：其防御标准仍按郑州花园口站 22000 立方米每秒流量设防，聊城艾山站以下按下泄 10000 立方米每秒流量控制，为留有余地，大堤按 11000 立方米每秒流量设防。设计水位则是根据下游河道平均每年淤积 5 亿吨，按 10 年淤积抬高后的 1983 年水位确定。总的目标就是联动下游防洪工程和小浪底水库，畅通入海路径，平衡水沙关系，在下排措施上挖掘新潜力，为排洪排沙创造安全可靠的条件。此时的治黄思想也从偏重于"拦"逐渐向"拦排"并重转变。

第三次大修堤克服了许多不甚严谨科学的认识。一是绝不能只做淤背加厚大堤，同样要人工加高大堤，因此采用了人工加堤和放淤固堤相结合的办法。二是 20 世纪 80 年代工程建设后期，国家对国民经济进行调整，大幅压缩基建规模，对黄河下游防洪基建的有限投资，出现了各方争投资的情况。最终在轻重缓急、保证重点的方针下，将大堤、险工等防洪工程排在了第一位，第三次大修堤工程得以进行。1976 年冬至 1977 年春，1982 年冬至 1983 年春，为两次施工高峰，

1974—1985 年，第三次大修堤

最多时动员了 59 县民工 67 万人、2100 台拖拉机上堤施工。

机械队施工现场

为减轻沿黄地区修堤用工负担，1979 年，经国家计划委员会（简称国家计委）批准，开始组建机械化专业施工队伍，在此次修堤过程中，这支队伍得到了锻炼提升，迅速提高了黄河治理的机械化水平。截至 1985 年，黄河上共成立机械化施工队 14 个，汽车运输队 5 个，机械修配厂 4 个，配备各种机械设备、运输车辆 900 多台，自制简易吸泥船 241 只。此外，还在黄河两岸修建了 5 条窄轨铁路，改善了石料运输条件；建立了有线、无线两套通话系统，使得防汛信息传递更加可靠。黄河下游修防和施工手段渐渐摆脱了陈旧、艰苦的模式。

同年，第三次大堤加高培厚工程 21 个项目全部完成，累计投资 11 亿元，堤防平均加高 2.15 米，筑堤土方 2.14 亿立方米。部分险工、坝、垛、护岸，以及引黄涵闸、虹吸工程等都得到不同程度的加高、改建、重建，有效完善了"上拦下排，两岸分滞"的防洪工程体系，黄河下游防洪能力与日俱增。

堤防在传承中璀璨

　　经过了战火的洗礼、复堤的艰辛，山东黄河堤防从残破不堪、矮小失修、抗洪能力低下、三年两决口的堤埝，改建成为高大坚固、雄伟壮观、抗洪能力明显增强的完整堤防。但黄河洪水依然是心腹大患，堤防工程体系还存在许多薄弱环节。特别是 90 年代以来，中国进入洪水多发期，黄河安澜也面临严峻形势。

　　2001 年，时任水利部部长汪恕诚提出"堤防不决口、河道不断流、污染不超标、河床不抬高"的黄河治理目标，黄委按照"理清思路，抓住重点，谋求黄河长治久安"的指导思想，提出了标准化堤防的建设思路，确定从 2002 年开始，通过对堤防加高帮宽、放淤固堤、险工加高改建、修筑堤顶道路、建设防浪林和生态防护林等工程，构造防洪保障线、抢险交通线和生态景观线，形成标准化的堤防体系，确保黄河下游防御花园口站 22000 立方米每秒洪水安全，实现黄河长治久安，维持黄河健康生命和人与自然环境相协调。标准化堤防建设的实施，标志着防洪工程建设思路的重要调整。

2002 年，标准化堤防工程开工现场

山东黄河河务局本着突出重点的原则，确定第一期示范段工程总长度128公里，其中东明段62公里，济南市区确保堤段66公里。

2002年11月14日，山东黄河标准化堤防建设开工仪式在黄河历城段举行，举全局之力打好攻坚战。济南、菏泽黄河河务局把承担的标准化堤防建设任务列为第一要务，集全局人员、设备、技术之所能，成立工程建设领导组织和项目管理办公室，全力推进工程建设。2003年8月13日15时30分，济南黄河河务局率先建成26.8公里的标准化堤防，首段黄河标准化堤防工程诞生，这也是全河第一段"超级堤防"。

全力推进标准化堤防建设。图为在冰雪中调试吸泥船

为继续加快工程建设进度，2004年初，济南黄河河务局在浓浓的年味里召开紧急会议，成立标准化堤防工程建设管理工作领导小组，小组成员当天下午即进驻工地。菏泽黄河河务局抽调50余名骨干组成工程建设项目管理办公室，领导班子除留一人驻守机关，其余全部上堤分段包片，盯在工地。山东黄河河务局局领导也奔赴现场指导调度。这种以上率下同进退的作风，坚定了信心，鼓舞了士气。

山东黄河第一期标准化堤防建设包括堤防帮宽、放淤固堤、滚河防护坝、险工加高改建、堤顶道路、防汛道路及其他建筑工程与管护设施等项目。2005年初，在济南黄河标准化堤防建设一期工程告竣后，山东黄河河务局调集全局人力和设备组织会战东明，确保了山东黄河第一期标准化堤防建设任务全部如期完成。

济南黄河标准化堤防建设"三大战区"

2004 年，济南黄河标准化堤防的一个突出特点，是建设工期紧和施工难度大。为高效统筹进行，工程先后进行了三次战略性施工调整。在充分考虑有利条件和不利因素的基础上，根据实施时间先后，将整个工程施工划分为"三大战区"。

第一战区是土石方工程量占全市局五成以上的历城堤段。该堤段具有堤线长、迁占工程量小、工作面大的特点，便于大兵团作战。为此，集中施工力量于历城施工区，全线开工后，仅投入吸泥船就多达 25 只，大型自卸车上百辆。

第二战区是迁占任务占济南黄河标准化堤防建设整个迁占面积 80% 以上的槐荫堤段。由于该堤段紧靠市区，又是回汉民族混住区，情况非常复杂，成为制约整个施工进度的关键。因此，调集精干力量，千方百计推进槐荫堤段民房拆迁任务，为尽快开辟第三战区创造条件、争取主动。

第三战区就是尚有 780 万立方米机淤固堤任务的槐荫堤段。本着见缝插针的原则，先打好"穿插战"，迁占工作完成一段就开工一段。在完成全部拆迁任务之后，迅速调集优势兵力进行第三战区攻坚战。

"三大战区"的划定，明确了施工重点和工作思路。局面打开，工地上迅速车水马龙，熙攘起来。

为了强力推进工程进度，时任山东黄河工程局局长格立民，在工程紧张时刻，在工地上靠前指挥；承担工程建设任务的乾元工程公司为了赶进度，多方调集施工设备增援一线；滨州恒泰工程公司为了解决周转资金不足的问题，发动中层以上干部集资，解决工程急需；德州黄河工程局增加施工人员和

2004 年济南黄河标准化堤防建设期间机淤的吸泥船排满了河道（张庆民／摄影）

槐荫堤段施工现场机淤输沙管道纵   挪移输沙管道（张春利／摄影）   在冰河中作业（殷合亮／摄影）
横（朱兴国／摄影）

设备，抢时间，赶进度，按时完成堤顶道路建设任务；东平湖黄河工程局在施工时间紧迫的情况下，调来抢险队、防汛照明设备，昼夜奋战……参建各方采取增加人机设备、多工作面同时施工、多套人马轮番作战等非常规措施，任务落实到人，倒排工期到小时，众志成城，全力攻坚。在施工大堤沿线，在风霜雨雪、大雾弥漫的艰难施工环境中使标准化堤防一步步向前延伸，一寸寸向上抬升。

　　为了保证工程质量，指挥部专门成立了质量巡查组，本着"检查、帮助、提示、指导"的原则，对施工质量、资料整理等情况进行巡回检查。监理单位和施工单位也分别建立了质量巡查、质量控制和质量自查体系，每一个环节层层把关，同时充分考虑并解决了施工人员和机械设备过度集中带来的安全问题。

2004 年济南黄河标准化堤防建设冲刺，运送红土的汽车排满了大堤（张庆民／摄影）

艰难的破冰拆迁

故土难离，落叶归根，这是群众共有的故乡情怀。迁占工作的难度可想而知。

河套圈村。在济南市历城区迁占工作中任务最重。为了消除被拆迁户的顾虑，建设单位依靠政府的支持，采取有力措施，为群众解决了村台、通水、通电、通路等实际问题，使河套圈村的搬迁户得以顺利重建家园，也为工程建设赢得了宝贵时间。

马家道口村。济南市天桥区标准化堤防建设中第一个举村动迁的村庄。2004年2月底，在黄河岸边繁衍生息了几代人的马家道口村全部离开了黄河滩区，开始新的生活。

北店子村。在1958年第一次搬迁之前，该村人均2亩多地，到2004年的第五次搬迁，全村人均只有0.3亩，村民想搬家也没了地方。"北店子村开始建在黄河边上的低洼地里，是俺村祖祖辈辈辛辛苦苦肩挑背扛慢慢垫起来的，以前又没拖拉机、翻斗车，全凭人力啊。多次搬家都把俺们搬穷了……"在历年的黄河防汛和防洪工程建设中，北店子村一次次"贡献"和"牺牲"，最终还是搬迁出去，全村264人在不到5天时间内被分散到20多个村庄暂住。

田庄拆迁（朱兴国／摄影）

田庄村。是济南黄河标准化堤防建设涉及拆迁村庄中，拆迁量最大的村，有282户人家需要搬迁，其中近半数是二层楼房。该村历来矛盾错综复杂，人均土地面积不足0.4亩，可谓寸土寸金。自开工以来，区、镇政府和黄河河务部门的工作人员多次进村入户做工作，均因工程计划赔偿价格偏低而受阻，直至10月份，迟迟未能取得突破。田庄拆迁也因此成为整个迁占工作中难以逾越的一道坎。河务部门多次向地方政府反映，市、区、镇政府数次召开现场协调会，段店镇党委、政府主要领导全部上堤，实行责任制，逐门逐户做工作。河务部门紧密配合地方政府，开展了大量艰苦细致的宣传发动和解释协调工作，废寝忘食，忍辱负重。有的同志被个别村民无理刁难，扣押在村子里，但工作组的同志们坚持打不还手、骂不还口、以理服人，"跑断了鞋底子、磨破了嘴皮子"。历经近8个月的艰苦努力，迁占"坚冰"终于融化了。

济南黄河标准化堤防建设，共征地3269亩，涉及拆迁的村庄14个，拆除房屋近20万平方米，共搬迁1000余户、迁移人口4600多人。

"田庄会战"：宁让汗水漂起船

标准化堤防建设的槐荫堤段，受迁占工作影响，剩余60万立方米的淤沙和近8万立方米的黏土盖顶任务必须在一个月内完成，无论是算时间账，还是算任务账，形势都非常严峻，后期施工强度之大超乎寻常。

从2004年11月5日开始，到11月17日，清基基本完成，1920多米的拆迁长度范围内，12道隔离堤已逐渐围起来。短短几公里的施工面上，昼夜不停地同时运转着340多辆自卸车，河道内同时运转着20多套吸泥船和渣浆泵。

11月15日，时任山东黄河河务局局长袁崇仁向参建各方提出了"多措并举，会战田庄，再接再厉，打好最后攻坚战"的号召。参建人员在"一切服从于标准化堤防建设、一切服务于标准化堤防建设，不惜一切代价，倾全局之力，确保按期完成任务"的强力号召下，争分夺秒，昼夜奋战，演绎了一场荡气回肠的大会战场景。

工地上机器隆隆，车流如梭，建设者们战浓雾、斗风雪，在寒风刺骨的严冬掀起一个又一个施工高潮，创造了一个又一个奇迹：第一次投入黄河机淤工程施工的渣浆泵，创造了单泵日产量超过5000立方米的骄人战绩；为了给盖顶施工争取宝贵的时间，推土机驾驶员冒着陷入泥潭的危险，勇敢地驶入刚刚淤完的淤区内压水；在最后合围的时刻，6只吸泥船同时向仅有160米长的淤区内放淤，实属前所未闻；为了尽量减少停船时间，一个淤区完工后，向另一个淤区转移输沙管道时，十几条大汉喊着整齐的号子，抬着正在出水的输沙管道转移；入冬第一场大雪之后，负责挖塘机施工的人员，顶着凛冽的寒风，双手抱着高压水枪破冰施工，被誉为"铁人团队"；为了保证在输沙管道破裂的情况下不停机，工地上出现了一支特殊的"自行车巡逻队"，自行车上挂满了胶皮、铁丝、钳子、手电筒等，不论白天黑夜，

在泥泞中艰难架设输沙管道（马春霞／摄影）

一旦发现管道漏水现象，立即组织抢修，成为工地上的亮点；为了确保运土车辆畅通无阻，建设指挥部专门安排了一辆"道路抢修车"；为了确保加力泵正常运转，风雪之夜，济阳工程处员工郭明福，在零下八九度的黄河大堤上，将自己的棉被盖在油管上；邹平工程处员工张士洪，含泪作别身患绝症、奄奄一息的妻子，一头扎进吸泥船里，连续工作四天四夜没有下船一步……

在"田庄会战"中，黄河铁军的高大形象树立起来。

千军万马的鏖战，绝不仅仅是人力、物力、财力的简单叠加，在高强度作战状态中激发的创新智慧、速度追求更值得关注。

在工程设计中，首次将生态景观和环境美化绿化纳入其中，要求以科学发展观和维持黄河健康生命治河新理念为指导，充分体现生物防护工程的生态功能，丰富了堤防工程建设的功能定位，有效促进了人与水和谐、工程与环境和谐。

在建设管理中，创造了独具特色的管理模式。将工程建设"三项制度"细化分解为项目法人责任制、招标投标制、建设监理制、合同管理制和竣工验收制五项制度，采取"质量、安全、工期"量化控制，施工主管单位成立工程建设督导组常驻工地，全过程现场监管、服务、协调、指导，保障了水利工程建筑市场基础作用和项目主管部门行政管理职能的有效发挥。

在工程建设中，开发利用了多项具有自主产权的新技术、新工艺。比如机淤固堤，采用了冲吸式吸泥船从黄河河道内采沙的水力冲填施工技术，达到了加固戗台与挖河减淤的双重目的。同时，节约土地24360亩。在国内水力充填施工中首次设置四级加力泵站，逐级传递，攻克了超长距离输沙的难题，实现了14公里超远距离输沙，创造了单泵日产量超过5000立方米的骄人战绩。为了提高施工效率，架设输沙便桥，首次采取跨河取沙的方法，避免了由于多船只集中在同一沙场而出现的供沙不足、产量下降的问题。改进渣浆泵新工艺，使机淤产量稳定地保持在500～700千克每立方米高含沙区运行。成功运用同位素泥浆浓度测量仪和吸泥船远程计量核算系统，根据黄河流量、含沙量的变化，采取及时调整船位和输沙管道出水口高度、位置等技术措施，控制尾水含沙量不高于3千克每立方米，回淤量控制达到行业先进水平。还自行研制了"冲吸全喂入式笼头""环氧树脂涂金刚砂耐磨泵叶"等新技术。同时，运用高效抛石车，结合装载机抛根石，抛石效率提高了近百倍，且一次抛投到位，保护原工程坦坡。

设计建筑风格上的先进，造就了山东济南黄河标准化堤防靓丽的质量特色。堤防加高帮宽工程，实行了按压实度控制干密度和最小干密度双控制，大堤内实外顺，堤坡平整，无不均匀沉降；放淤固堤工程优化采沙区域，淤背体颗粒均匀、平整；险工丁坝稳固，抛石准确，控导河势、稳定堤防效果明显；丁坝、护岸砌石平整，排整严密、缝线规则、整齐有序，达到了国内石坝质量先进水平；生物防护工程成效显著，生长茂盛，既防风固沙、抵御扬尘，也成为了人们休闲、观光的好去处。

标准化堤防工程的建成，在工程效益方面，有效增强了抗洪能力，大大减小了洪水对黄河下游的威胁。在经济效益方面，通过放淤固堤在黄河河道中取沙，减少了挖毁农田，降低了工程造价。与传统的就地取土相比，造价减少近一半，大大节约了工程建设投资。在生态效益方面，标准化堤防建设的防浪林、行道林、适生林、护堤林、草皮等生物防护工程，形成绿色长廊，成为防风固沙、抵御扬尘的有效屏障。在社会效益方面，构建了一道绿色屏障、一个天然氧吧和一个良好的休闲场所，为促进沿黄地区经济又好又快发展提供了保障。

从补残加固到绿化提升，从肩挑手抬到全面一期机械化，一座集"防洪保障线、抢险交通线、生态景观线"于一体的黄河下游标准化堤防工程全线建成。2007年，济南黄河标准化堤防工程获得水利部"大禹奖"；2008年12月，荣获中国建设工程"鲁班奖"。一段堤防工程能与国家体育场、国家大剧院等工程一起荣登榜首，这在治黄史上是首次，在全国堤防工程建设中也是首次。

堤防技艺是人类最基本的社会实践之一，在与洪水灾害的战斗中既有成功，也有失败。这部悲欢交集的历史长卷，对于今天的堤防技术实践乃至整个人类的活动，仍有丰富的启迪意义。在堤防技术的演进中，始终贯穿着中国先贤"以水为师""顺天而动""因势利导"的哲学思想，"千里之堤，毁于蚁穴"等谚语与洪水的灾害一道刻在人类的基因里。作为质量最优的代名词，标准化堤防工程从设计理念到质量标准，从精细管理到综合功能发挥，处处印证着"鲁班奖"所倡导的精益求精的态度和勇于创新的精神，集中展现着人民治黄施工方式、管理方式由传统向现代的历史转变。

"岁月失语，唯石能言。"走近堤防，就是走近黄河，就是走近华夏文明。如今，黄河堤防如同一座巍峨壮美的"水上长城"，守护着黄河岁岁安澜，滋养着沿黄群众幸福生活，也讲述着中华儿女不屈不挠的战洪故事。

黄河标准化堤防济南泺口段

第二节

险工固堤阻冲决

险工：在经常靠河的堤段，为了保护堤防安全，沿堤修建的丁坝、垛和护岸工程，称为险工。与险工相对应的是平工，指大堤临河有较宽滩地，河槽距堤较远，平时不靠水，仅大水漫滩偎堤时临水的堤段，也称背工。

"呼风唤雨卷波澜，一路高歌多少难。自古险工在黄河，河底高悬急转弯。"这首诗便是对黄河险工的描述。与万事万物一样，黄河险工有一个形成、演变、发展和完善的过程。

中华人民共和国成立以前，历代治河修建险工无统一规划，工程强度低。由于河势变化，多数险工在紧急情况下抢修而成，工程布局不合理，常因溜势突变，造成老工脱河、猝生新险，抢护不及，大堤被冲决。中华人民共和国成立后，在修堤的同时，大力整修、强化险工，实现了险工石化，提高了工程抗洪能力，并将险工修防纳入统一的河道整治规划，改善险工布局，与控导工程相互配合，发挥稳定河势、控导主溜的作用，取得防守主动，成为黄河下游防洪工程体系的重要组成部分。

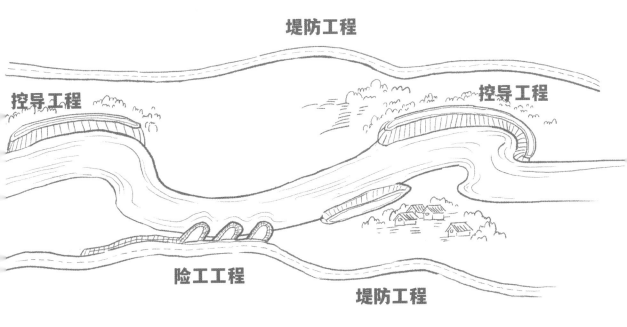

黄河堤防险工工程示意图

历史上的黄河险工大多以薪柴、土料为主体，用桩绳盘结连系做成整体防冲建筑物，即埽工。据记载，西汉成帝时（公元前32—前6年）黄河上就有秸料埽险工。至宋代卷埽有较完整的做法，后一直沿用至明代。清以前，作埽的材料主要用柳，公元1687年以后，因柳少就以芦苇代替。公元1724年，河南布政使田文境开始改用秸料作埽，直到中华人民共和国成立之初，作埽都以秸料为主，并以柳石护根。

秸埽在治河中长期用于护岸和堵口，挑水坝的土坝基周边须用埽厢护，当河势发生突变，大溜冲刷堤岸，用于紧急抢险，效果显著。但其体轻易浮、容易腐朽，修理勤而费用多，不适用于永久性工程。秸埽因坡度陡立，往往因大溜淘刷、埽体墩蛰，造成巨险。乾隆后期，开始在埽前散抛碎石护根。据《山东通志》载："道光元年（公元1821年），河督黎世序奏请以碎石抛护，斜分入水，铺作坦坡，谓既可偎护埽根，并可迂回溜势。"当时凡埽前抛有碎石之处，工程倍加巩固，此后即逐渐推行这一办法。

公元1835年，河东河道总督栗毓美提出，发展砖工以代替抛石护埽，实践证明，用砖筑坝和护埽根有一定成效，但不如用石工有一劳永逸之效。公元1888年，河道总督吴大澂建议筑石

砖砌石埽

垦利黄河义和一号坝石坝险工

坝以代替秸埽，抛石护基，其效十倍埽工，并提出用水泥涂灌坝身砖面石缝。山东中游近山的险工首先推行，公元 1890 年泺口险工修成石坝，公元 1904 年，山东下游险工也改筑部分石坝，并在宫家、三合庄、彩庄设官窑烧砖，宫家、王庄等险工修成砖坝。

清咸丰五年（公元 1855 年）黄河于铜瓦厢决口，改行现河道，山东黄河险工也随着新河道形成和筑堤后而修建。修筑险工分两种情况，一是因河势变化，紧急出险，抢

梁山黄河国那里石坝险工

修而成；二是堵口合龙后筑坝形成险工。光绪元年（公元 1875 年）之后，相继修筑两岸民埝及官堤，随着河势溜向的变化，临堤下埽，逐渐修建险工。

因各河段河道特性和堤距不同，修建的险工亦是不同格局。陶城铺以上河势提挫变动迅速且幅度大，在清末和民国时期，防御大堤溃决，只是修守险工埽坝，多数为临时性险工，险工堤段不固定，故险工平面布局多为坝身较长的下挑式丁坝，而护岸工程较少，最早修建的是高

村险工。陶城铺以下东阿、齐河河段，北店子至泺口、宫家至王庄两段窄河道，两岸对峙，所建险工多是临堤下埽，且多为短坝与护岸工程，历史上最早的是公元1857年修建的白龙湾险工。

解放战争时期，为了粉碎国民党政府堵复花园口引黄归故水淹解放区的阴谋，在国民党军队频频袭击、缺乏石料的双重压力下，在抢险任务繁重、防守被动的情况下，冀鲁豫和渤海解放区人民对险工开始了边抢边修。

1947年3月15日，花园口堵复合龙，黄水归入故道。黄河归故后的第一个汛期，因多次涨水，渤海解放区43处险工埽坝残破，相继出险，直接危及堤防安全。如大马家险工抢险达一月之久，有15段埽坝掉蛰入水，大堤坍去大半，六百多名抢险队员昼夜抢护，转危为安；王庄险工有18段埽坝墩蛰入水，屡抢屡败，大堤坍塌溃决，2000多名抢险队员退守套堤，套堤靠水又出现漏洞，抢险队员下水结成人墙堵漏，保住堤防，取得了防汛的胜利。至1948年6月21日，东明县高村险工发生掉蛰、跑埽、坝基坍塌等险情，决堤危险一触即发，冀鲁豫区黄委会及地委、行署负责人立即组织抢险。抢险期间，国民党飞机数次轰炸工地，在炮火纷飞中，党政军民全力以赴，日夜奋战，终于转危为安。沿河群众献砖献石，支援治河修险，解决了料物奇缺的困难，保证了修堤抢险顺利完成。

1949年汛期发生了黄河归故以来最大洪水，千里河防，大水迫岸盈堤，险情丛生。由于汛期河势变化较大，险工溜势普遍下延、老工脱河、猝生新险，有险工抢险近五十天。据统计，自1946年至1949年，经过整修和抢修新险，山东黄河共有险工125处，共计埽坝3068段，新修、整修恢复险工与防汛抢险耗用石料30.32万立方米，秸柳料6259万公斤。

中华人民共和国成立后，黄河防洪工程建设掀开了新的一页。黄河下游治理本着"宽河固堤"的方针，为确保防洪安全，修堤的同时对险工坝岸进行了加高改建，至20世纪50年代末，山东黄河险工秸埽基本改为石坝，即"石化险工"。

人民治黄初期运送抢险石料的航运大队船舶

石料厂全景

往来穿梭于黄河河道的运输船只

　　将险工石化，所需巨量石料成为首要问题。平原、河南、山东黄河河务局分别在新乡、梁山、济南等地建立了石料场，成立采运机构，发动沿河群众，开展了大规模的开山运石工作，通过按方给资的办法，提高了工效，降低了成本，以村为单位，组织沿黄群众，编成石工队，保证了石料供应。每年2000多只大小木船和上万辆各种运输车辆，源源不断地把石料运到各个险工，1950年至1952年间，共采石120多万立方米。1952年，开采、转运、码方等均采用了按件分等给资的办法，实行转运和码方分开，有效减少了虚方。排过的青石重量一般都超过规定的标准，每垛石料都标明长、宽、高、方量及排方人和收方人，一目了然。

　　解决了石料的问题，把秸料埽改建为石坝、石护岸，就要解决一系列技术问题。比如修坝，因水流、河势条件不同，决定着坝的形状、角度、长度、坡度等；砌垒沿子石，要眼准手准，未垒前先看准需要什么样的沿子石，搬起来一放就准才行，有的沿子石角边棱楞不合适，要敲打掉多余部分，也要砸得准，避免石料浪费，还得节省拣石砸石的时间……如此种种，都是学问，皆需技术。为了适应险工石化的建设要求，山东黄河河务局在修防工人中大力开展技术培训，以老河工为骨干，以老带新，边做边学，传授经验。

运送石料的山东黄河航运船只（原藏山东黄河河务局档案室）

险工石化质量要求十分严格。首先要彻底拆除老坝，认真封底。封底就是打基础，如基础是红胶土，要先套磁夯实，再用沙灰红土拌匀铺 0.3 米厚，用碌夯实；如是沙土，夯实后加 3 坯红土逐坯夯实，再浇筑 0.1 米厚的水泥砂浆，基础做好了，然后修石坝或石护岸。坝分浆砌、开扣、乱石三种，一般乱石坝顶宽 0.6 米，坡度 1∶1.35～1∶1.5，扣石坝顶宽 0.65～0.8 米，坡度 1∶1.25～1∶1.5，砌石坝顶宽 0.8～1 米，坡度 1∶0.3～1∶0.4。扣石要平稳合缝结实，少用垫子石，每隔三五块扣丁字石一块。砌石要消灭对缝，每数块丁砌一块，塘子石要填满塞严，并用石灰砂浆灌实，垒一坯沿子石，填一坯塘子石，塘子石与沿子石互相勾连，上下结合。石坝修好后还要严格封顶，用石灰砂浆或红土封实 0.2 米，避免雨水冲刷。每修一段工程，就组织一次民主评议，检讨优缺点，评定工程质量。

1952 年，石化险工基本完成。在这期间，山东黄河河务局还试行了护滩工程和用柳石枕护根的办法。这种用柳枝包石头制成的柳枕，用料比较经济，体积大，重量大，不易被冲走，且性质柔软，做法简单，在落淤、防浪护坡上也起了很好的作用。

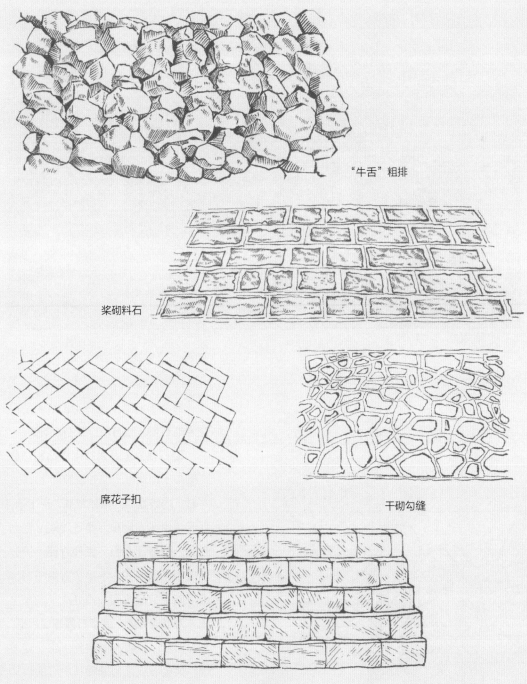

"牛舌"粗排

桨砌料石

席花子扣

干砌勾缝

平砌平缝

砌石工艺示意图

卸石料用的跳板

砌垒沿子石

　　黄河下游险工按石砌护坡工艺可分为砌石坝、扣石坝、乱石坝等。

　　砌石坝为重力式挡土墙结构，分浆砌与干砌两种。坝外坡坡度 1:0.35 左右，内坡直立，坝顶宽 0.7～1 米，坝面用沿子石砌垒，整齐美观，坚固耐久，抗冲能力强，管理方便。护坡多采用平砌形式，水平放置沿子石，由下向上分层筑砌，横缝成一条水平线。为形成坡度，沿子石须逐层后退，呈台阶状，坡度一般较陡，属于陡坡坝。浆砌石表面勾缝保持块石的自然接缝，以求美观、匀称，块石形态突出，表面平整。

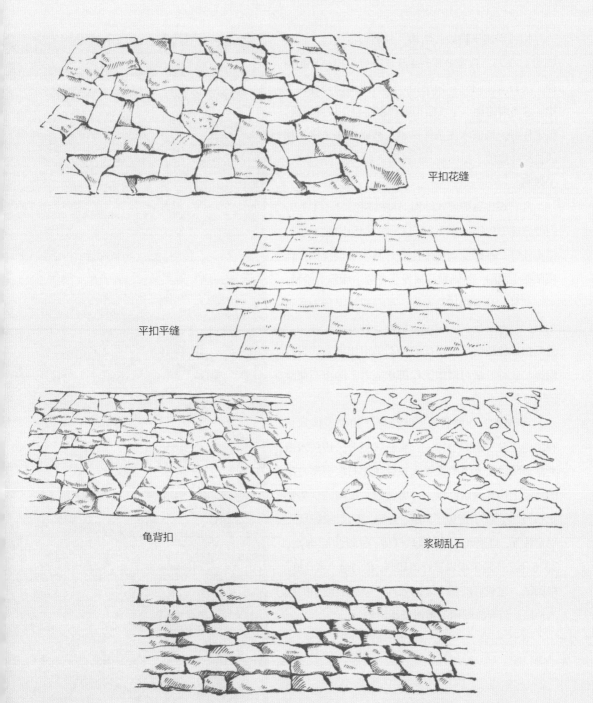

平扣花缝

平扣平缝

龟背扣

浆砌乱石

鱼鳞粗排

砌石工艺示意图

扣石坝属于护坡式结构，外坡坡度 1:1，内坡坡度 1:0.75，顶宽 0.8～1.5 米，分平扣与丁扣两种，块石大面朝外称为平扣，块石端面朝外称为丁扣。这类坝的优点是坝面扣砌严密平整，坡度较缓，稳定性好，坝前水流条件平稳，冲刷坑浅。平扣坝的抗冲性能较丁扣坝差，但外表美观、施工成本低、工效高。

乱石坝也属护坡式结构，外坡坡度 1:1～1:1.5，内坡坡度 1:0.75～1:1.25。这种坝的优点是坡度缓、稳定性好，基础变动适应性强，易于发现险情，但须做黏土坝胎，否则坝身易发生溃膛、塌陷等险情。

此外，还有粗排乱石坝。乱石粗排又分为乱石扣排、乱石平排、"牛舌"粗排 3 种方法。其中，乱石扣排比较常用，是把沿子石采用扣砌方式进行粗排。此种方法可增加工程御水能力，防止石溃险情的发生。

1979 年，一种名为"席花缝"的砌石技术从利津王庄险工走向全河，一直延续至今。该技术由利津修防段工人盖英俊等人在以往扣石坝垒砌方法的基础上摸索改进而成，"席花缝"扣砌的优势在于石料"咬茬"，避免了直缝、对缝，不仅结构严密、稳定性强，更整齐美观、颇具气势。时隔近 40 年后，2016 年王庄险工坝垛进行改建时，仍首选"席花缝"垒砌法，建成后的整个坝面如同一领条石编织的巨大芦席，与奔腾呼啸的黄河交相辉映。

时至今日，"席花缝"垒砌法仍是提高石坝抗洪强度的首选。2016 年利津黄河王庄险工坝垛改建，精选料石，席花垒砌，稳固、大气而又美观

第三节

控导护滩稳河势

控导工程：为约束主溜摆动范围、护滩保堤，控导主溜沿设计治导线下泄，在凹岸一侧的滩岸上按设计的工程位置线修建的丁坝、垛、护岸工程。黄河下游仅在治导线的一岸修筑控导工程，另一岸为滩地，以利洪水期排洪。控导工程施工以机械设备为主，辅以人工，工器具包括挖掘机、振动碾、自卸车等，主要材料包括土料、石料、土工布等。

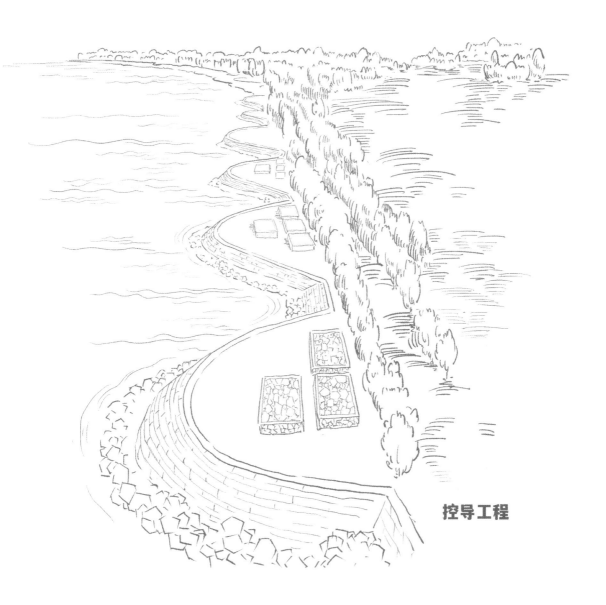

控导工程

　　控导，即控制导流。

　　控导工程主要由丁坝、垛和护岸三种建筑物组成。一般以丁坝为主，垛为辅，坝垛之间必要时修筑护岸。丁坝一般为土石结构，坝身长，保护岸线长，挑流能力强。但丁坝也因此阻水严重，近坝水流流态复杂，局部冲刷严重。丁坝方位角越大，局部冲刷越剧烈，当坝前水位壅高后，易形成回溜，冲刷丁坝迎水面和坝根，水流在坝头集中绕流，使坝头强烈冲刷，下游水流离解，形成回旋流，冲刷丁坝下跨角。丁坝坝头形式主要有圆头形、拐头形、斜线形、流线形和椭圆头形五种。实践证明，圆头形和椭圆头形能更有效地改善坝前水流条件，减小坝前冲刷坑和丁坝的出险概率。垛一般为土石结构，对水流流态的影响明显弱于丁坝。它只能引起局部水流横向缩窄。单个垛无法挑托水流外移，垛后回溜强度及其范围都不大，同样的水流强度下，垛前冲坑范围一般小于丁坝，冲坑水深与顺溜情况下的丁坝相当。垛的平面形状主要有人字形、月牙形、磨盘形、雁翅形、鱼鳞形和锯齿形等。人字形又称简化抛物线形，类似雁翅形，目前使用最多。护岸一般为土石结构，护岸平面多为直线形，顺堤线或河岸而修建，对河床边界条件和水流流态影响较小。

拐头坝（东平武家漫险工 2 号坝）

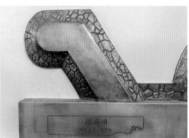

磨盘坝（东平肖庄控导 4+1 护岸）

抛物线形坝（淄博大郭家控导 25 号坝）

近年来，黄河下游小水下畸形河势时有发生，河道坐弯严重。为加强小流量河势的控制，在排洪河槽宽度不足的河段修建了潜坝结构的控导工程，消除小水造成的畸形河势的不利影响，利于河势向治导线拟定的流路演变。潜坝是为控导中小流量河势而修建的控导工程，由于工程顶高程较低，它对大中流量洪水的影响较小，一般采用抛石堆砌结构。

随着治理黄河技术的进步，自上世纪九十年代开始，黄河下游控导工程进行了钢筋混凝土桩坝等结构的试验。经过多年探索，已开始在黄河下游控导工程中推广应用。该坝型是一种新型的透水桩坝，设计要求控制河势，过水落淤造滩，做到少抢险，降低工程的抢险压力。一般修建在对工程稳定性要求高，河势情况复杂的河段。工程位置线沿整治治导线布置，工程是由相隔一定距离的钢筋混凝土桩组成，形成一道护岸型桩坝，起到防洪导流、稳定河势的目的。

河道整治工程是黄河下游防洪保安全的重要措施之一，是黄河防洪工程体系的重要组成部分。古今中外的治河专家，多主张在黄河下游以固定中水河槽为主线整治河道。《黄河的治理与开发》中指出："因为有了固定中水位河床之后，才能设法控制洪水流向。不然，便如野马无缰，莫如之何，只有斤斤防守而已。"

黄河下游河道的特点加之不利的水沙条件，造成河道善淤多变，水流散乱，常常形成"横河""斜河"等，历史上改道频繁，泛滥成灾。因此，历代都重视下游防洪，修建了大量的堤防、

人字坝（菏泽刘庄险工4～6号坝、伟庄险工1垛）

椭圆头坝（济南）

鱼鳞坝（济南）

埽坝等防洪工程。长时期以来，由于受社会与技术等方面的限制，以及黄河自身的复杂因素，控制中水河槽，整治河道未能实现。中华人民共和国成立后，开始有计划地试办护滩工程及在重点河段进行固定中水河槽的控导护滩工程实验。同时，在滩区截治串沟、堤河，以护滩工程密切配合险工进行河道整治，由下而上，逐步开展，获得了显著成效。

雁翅坝（淄博马扎子险工13号坝）

圆头坝（滨州兰家险工 98 号和 100 号坝圆形）

　　1950 年，首先在黄河惠民段修建控导工程，由于其对护滩保堤、控导主溜作用明显而得到长足发展。1952—1955 年，山东护滩工程进入大发展阶段。1952 年，重点修建了博兴道旭至王旺庄河段左岸的护滩工程，以归顺河势并保证打渔张大型灌区引水口稳定。这一时期各地新建工程较多，在坝型结构方面，因透水柳坝受材料和施工技术的限制，加以桩长不足及凌汛防护也有困难，逐渐改为以柳石堆为主体整治建筑物，东阿段及高青段堰里贾又发展了一些活柳桩工，济阳小街子还修了二段柳石潜坝。截至 1958 年，陶城铺以下河道整治工程已初具规模，使河势得到了基本控制。1958 年以后，高村至陶城铺河段的河道整治工作也有序开展起来。

　　1958—1966 年为试验阶段，当时随着三门峡水库建成运用，下游河道冲刷剧烈，塌滩加剧，造成河势较大变化，为控制河势，减少塌滩，在河道内修建了一些控导护滩工程，但由于采用树、泥、草为主要材料，工程后来全部被冲垮，未能实现预期目的。1966—1974 年为系统整治阶段，这一时期加强了河道整治规划设计，工程改用乱石和柳料为主要材料，经过试修，效果显著，河道整治便普遍开展起来。根据《山东黄河河道治理规划》，以高村至位山河段为整治重点，因势利导，先后新建了一批整治工程，至 1972 年底，高村以下控导性河湾的整治工程均布设完成，河势得到了初步控制。高村以上至东坝头河段，河道宽浅，流路散乱，两岸工程少，主溜游荡不定，东坝头节点控导工程未建成，以下流路多变，还不宜建永久性控导工程，仅仅是从控导着眼，从护滩入手，远近结合，修做了一些必要的护滩工程，保持现有滩岸不再后退，

淄博大郭家控导工程控导河势

保留阵地，为今后整治创造条件。位山以下主要是在一岸有险工，一岸是平工，在平阴、长清、高青与惠民等河段，增设必要的护滩控导工程，并对原有的护滩工程进行了调整、巩固、续建、改建，进一步增强控导河势的能力。

此后至1989年，受国家投资限制，河道整治工程修建较少。1990年以后，随着国家对河道整治工作的重视，投资明显增加，尤其是1998年长江、嫩江、松花江发生大洪水以后，国家进一步加大了对水利的投资力度，成为有史以来河道整治工程修建最多的时期，以控制对防洪威胁较大的"横河"和"斜河"。如今，控导工程配合险工，护滩保堤，固定中水河槽，控导主溜，发挥控导河势溜向的作用，确保大堤安全、黄河安澜。

滨州小街控导工程

第四节

安澜底牌平浊浪

　　回溯浩荡的大河沧桑，在历史翻卷的长轴中载沉载浮；浸染岁月的工程变迁，在翻滚不停的浊浪中永庆安澜。在大河奔腾向前涌入大海的路途中，承载着最后一道屏障使命的东平湖蓄滞洪区和北金堤滞洪区，成为黄河安澜平浊浪的底牌工程。

2021 年 10 月，东平湖八里湾闸首次南排泄洪

蓄滞洪区设置溯源

早在春秋战国时期，《管子·度地》就提出了设置类似蓄滞洪区的设想。将草木不生的低洼荒地辟为"襄"，四周用堤防围护起来，以增大容蓄洪水的能力。一旦春夏汛至，便可蓄纳河流的"决水"，起到蓄滞洪水的作用，以减轻农田禾稼的损失。同时种植荆棘和柏杨，以护堤固堤，消浪冲碱，加强滞纳决水的效果，"襄"类似为今天的滞洪区。

西汉末年，长水校尉关并提出将大约相当于今太行山以东、菏泽以西、开封以北、大名以南，南北一百八十里经常溃决的地带留作空地，不再居住和种植。一旦洪水暴涨，河道无法容泄非常洪水时，便泄入其中。关并建议设置的"水猥"，相当于今之滞洪区。

元仁宗延祐元年（公元 1314 年），曾实际采用过一个权衡全局利害的蓄滞洪区方案。黄河在开封小黄村向南决口，"黄河涸露旧水泊汗池，多为势家所据，忽遇泛滥，水无所归，遂致为害"。开封以南的部分地区实际已成为可容蓄滞洪水的场所，但被权势之家据为己有，开发耕作，导致河患加剧。经相关部门查勘研究后一致认为："若将小黄村河口闭塞，必移患邻郡。决上流南岸，则汴梁被害；决下流北岸，则山东可忧。事难两全，当遗小就大。"最终否定了堵口的方案，而采取保留并疏浚小黄村口门，修筑障水堤限制滞洪区范围，对滞洪区内居民实行赈济等办法，继续将这一地区作为蓄滞洪区使用。

古代人们就认识到可以利用天然的河湖蓄纳洪水，并进而采取工程措施建造人工湖来蓄纳洪水。东汉王景治河后，黄河下游有多条分支河道和众多湖泊沼泽，在汛期大水时河湖多相连通。这些下游的分支河道和湖泊，对黄河洪水起调节作用，但宋代以后都逐渐淤塞。元代余阙曾指出："中原之地平旷夷衍，无洞庭、彭蠡（鄱阳湖）以为之汇，故河尝横溃为患。"意思指缺少调蓄洪水的湖泊增加了黄河防洪难度，强调了下游通河湖泊在黄河防洪中的重要作用。

人们对于黄河历史洪水的认识，是一个不断深化、逐步清晰的过程。中华人民共和国成立初期，随着"宽河固堤"治河方针的提出，为保持宽河道的滞洪削峰作用，充分发挥淤滩刷槽作用，采取了废除民埝政策，至 20 世纪 50 年代初期，黄河接连发生了几场大水，蓄滞洪效果显著。然而，在人民治理黄河事业初期，发现有些年份的洪水，都大大超过了时下黄河堤防的设防标准。那么，怎样才能防御这种超标准的洪水，确保黄河安全呢？为此，黄河水利委员会派治河技术人员通过实地查勘，建议修建分滞洪工程，削峰滞洪，增加防洪主动，以确保黄河防洪安全。

1951 年 3 月，黄河水利委员会将修建分滞洪区工程作为一种处理超标准洪水的新手段，写进《防御陕县 23000 ～ 29000 立方米每秒洪水的初步意见》，并上报水利部。该意见提出：为防御黄河异常洪水，在中游水库未建成前，拟在下游建设滞洪工程。第一期工程以防御陕县 23000 立方米每秒洪水为目标，在沁河南堤与黄河北堤中间地区，北金堤以南地区及东平湖地区，分别修筑滞洪工程。

由于当时国家百废待兴，经济恢复正在进行，中央财政要拿出大批资金来修建分滞洪工程，确实很难决策。但如果洪水暴涨，超出堤防极限，导致黄河决口，其后果更不堪设想。中央财政经济委员会召集有关方面专家，就修建滞洪区的具体问题又进行了认真研究。1951 年 4 月 30 日，中央人民政府财政经济委员会正式发出《关于预防黄河异常洪水的决定》，同意黄河水利委员会在《防御陕县 23000 ～ 29000 立方米每秒洪水的初步意见》中提出的全部内容。由此，北金堤滞洪区与东平湖蓄滞洪区得到逐步建设与日趋完善，为防御大洪水增添了新的手段，增加了黄河下游防洪的主动性，成为"上拦下排，两岸分滞"黄河下游防洪工程体系的重要组成部分。

北金堤滞洪区的形成与建设

北金堤，自河南濮阳南关火厢头起至莘县高堤口进入山东省境，经阳谷斗虎店向东到颜营折向陶城铺与临黄堤相接，全长 123.34 千米。高堤口以上 39.94 千米由河南省管辖，以下 83.4 千米由山东省管辖。其中，莘县境内 33.7 千米，阳谷县境内 49.7 千米。山东境内北金堤现有13 处险工，83 道坝岸，8 座水闸，设计流量 132.53 立方米每秒。

汉代称黄河堤为金堤。古时的金堤随着黄河河道的弯曲起筑，以防河水漫溢、溃决。《黄河志》等资料记载，周定王五年（公元前 602 年），黄河大改道，东行古漯水。王莽始建国三年（公元 11 年），山东的黄河完全移于漯水一线，东汉初王景治理黄河后，黄河长期稳定在漯水一线。

北金堤培修中人工硪实

北金堤工程现状

据《金堤志》记载：北金堤始建于东汉时期，直到东汉明帝永平十二年（公元 69 年）王景治河，沿黄河南岸修筑大堤一道。据考证，现在之北金堤，就是原东汉黄河的南堤。黄河于 1855 年在河南兰考铜瓦厢决口后，该堤位于现行河道之北岸，后称北金堤。

《黄河年鉴》记载：清同治六年（公元 1867 年）三月十五日，户部拨银二十万两培修直隶开州金堤，这是铜瓦厢黄河改道后的首次官修北金堤。《黄河大事记》载：民国 22 年（1933 年）大水后，李仪祉主持对年久失修的金堤进行全面培修。民国 36 年（1947 年）3 月，冀鲁豫区黄委会召开治黄工作会议，明确提出了人民治黄的第一个治黄方针："确保临黄，固守金堤，不准决口。"依照这一方针，一场轰轰烈烈的修堤整险运动在黄河下游两岸迅速开展起来，北金堤堤防得到加固。

1951 年，根据国家政务院财经委员会在《关于预防黄河异常洪水的决定》中确定开辟北金堤滞洪区，同年 4 月，在河南省长垣县石头庄附近临黄堤上修筑了长 1500 米的溢洪堰，作为分洪口门。

北金堤滞洪区上起河南省滑县，下至河南省台前县，面积 2316.5 平方公里，其中山东聊城所辖北金堤滞洪区面积 95.59 平方公里（阳谷 61.59 平方公里、莘县 34 平方公里），耕地 11.54 万亩，涉及 10 个乡（镇）133 个自然村（区内 34 个），人口 10.87 万人（区内 1.1 万人），皆以粮食作物种植为主，间有部分林地，部分农户养殖鸡、鸭、羊、牛等牲畜。受地域限制，滞洪区经济欠发达，区内国民生产总值较低，基本无工业。

1960 年，黄河三门峡水库建成投入运用后，一度停止使用北金堤滞洪区，工程曾遭到不同程度的破坏。1963 年，国务院《关于黄河下游防洪问题的几项决定》对黄河下游防洪问题作出指示："当花园口发生超过 22000 立方米每秒的洪峰时，应利用长垣县石头庄溢洪堰或者河南省内其他地点向北金堤滞洪区分滞洪水，以控制到孙口的流量最多不超过 17000 立方米每秒左右。"同时决定大力整修加固北金堤堤防，"滞洪区应逐年整修恢复围村埝，避水台交通道路以及通讯设备等，以保证滞洪区群众的安全"。北金堤滞洪区自此恢复。

1976 年，山东、河南两省革命委员会及水利电力部向国务院上报《关于防御黄河下游特大洪水意见的报告》中提出："新建河南濮阳县渠村和山东范县邢庙两座分洪闸，废除河南石头庄溢洪堰并加高加固北金堤，分洪闸规模分别为 10000 立方米每秒和 4000 立方米每秒左右。"后经国务院批准改建北金堤滞洪区。渠村分洪闸工程于 1978 年竣工，总宽 209.5 米，上下游全长 749 米，共 56 孔，设计分洪流量为 10000 立方米每秒，采取闸门控制分洪。滞洪区末端，在金堤河汇入黄河处建有张庄入黄闸一座，共 6 孔，设计泄洪流量为 270 立方米每秒，倒灌流量 1000 立方米每秒，担负滞洪退水入黄和排涝、倒灌、挡黄任务。改建后的北金堤滞洪区可有效分滞洪水 20 亿立方米另加金堤河 7 亿立方米的来水量。2010 年 10 月，《黄河流域蓄滞洪区建设与管理规划》通过水利部审查，明确北金堤滞洪区作为黄河流域的蓄滞洪保留区。

2015 年 5 月 18 日，国家发展和改革委批复金堤河干流河道治理工程（黄委管辖工程）可行性研究报告；2015 年 11 月 18 日，水利部批复金堤河干流河道治理工程（黄委管辖工程）初步设计报告。该段工程自山东省聊城市莘县高堤口起，至阳谷县陶城铺，主要建设内容包括渗水段险点加固、塌坡段堤防加固、穿堤建筑物改建、险工改建加固、堤顶道路硬化。建成后的金堤河堤防和穿堤建筑物，均为一级建筑物，为提高金堤河防洪能力、保障区域防洪安全奠定了坚实基础。经山东黄河水利工程建设质量监督站核定为优良工程。先后荣获黄委"2015—2016 年度黄河水利建设工程文明工地"、水利部"2015—2016 年度全国水利建设工程文明工地"、

航拍北金堤

黄委"2017年度黄委基本建设样板工程"，并于2018年荣获"2017—2018年度中国水利工程优质（大禹）奖"。

北金堤滞洪区的运用原则是：当黄河上中游发生特大洪水，若运用三门峡、陆浑及东平湖水库滞蓄仍不能解决问题时，即报请中央批准使用北金堤滞洪区分滞洪水，以保证华北平原的防洪安全。北金堤滞洪区滞洪后，退水方式采取高水自流入黄，低水除由张庄闸排泄外，还建有电力抽排站抽排，由张秋闸向徒骇河泄水。

东平湖蓄滞洪区的形成与建设

据文字记载，东平湖的生成演变历史，大致可分为四个时期，分别是远古时的大野泽、秦汉时的巨野泽、宋金元明时的梁山泊和安山湖、清咸丰年间定名为东平湖，几经沿革，历尽沧桑。

秦汉之前的远古时代，东平湖的前身为大野泽。《尔雅·释地》载"尔雅十薮，鲁有大野"，把大野泽列为古代十大湖泊之一。《汉书·地理志》载"大野泽在北，兖州薮"，指明了大野泽的具体方位。

秦汉以后，大野泽又称"巨野泽"。唐代李吉甫著《元和郡县制》说："大野泽在巨野县东五里，南北三百里，东西百余里。"其范围包括梁山、东平、郓城、巨野、汶上、嘉祥、济宁一带的平原洼地。巨野泽曾屡遭黄河决口泛滥，据《史记·河渠志》记载，西汉武帝元光三年（公元前132年）"河决于瓠子，东南注巨野"。这次黄河泛滥，使巨野泽泥沙淤积，泛区地形地貌发生了很大变化。

东平湖实景航拍图（周长征／摄影）

宋代时，巨野泽洼地湖泊逐渐向北推移至梁山一带，故五代时不再称巨野泽而称"梁山泊"。《宋史·宦官传》云："梁山泊，古巨野泽，绵亘数百里，济、郓数州赖其蒲渔之利。"金明昌五年（公元1194年），黄河大决阳武，在梁山泊分流长达近百年，遂造成严重淤积，以致济水湮没，菏泽垫平，湖水逐渐涸退，面积大为缩小。

明代时，古梁山泊只剩下马场湖、南旺湖、蜀山湖、任庄湖、安山湖等五个分散的积水湖，史称"北五湖"。据《东平县志》载"清咸丰五年（公元1855年）河决兰封，灌入县境，安民山屹立洪波中……民田汇为巨泽"。因当时积水淹没地区绝大部分属东平所辖，故有"东平湖"之称。1958年，经国务院正式命名为"东平湖"。

作为黄河下游仅有的天然湖泊，如今的东平湖位于三县交界处与黄河及群山之间。东平湖正位于黄河宽河道向窄河道过渡段转折点艾山以上，其首要任务是分滞黄河下游窄河道难以承载的黄河大洪水，在保证黄河下游安澜方面起着十分重要的作用。

1952年，黄委对东平湖进行了第一次系统建设规划，确定建设东平湖滞洪区，初步构筑起东平湖防洪体系，实施分级运用，解决遇超量洪水"分得进"和减少淹没损失的问题。

1955年7月30日，全国人民代表大会第二次会议一致通过《关于根治黄河水害和开发黄河水利的综合规划的决议》，山东河段选定位山一带建设梯级开发工程——位山水利枢纽，利用东平湖滞洪区建设东平湖反调节水库，东平湖综合治理进入高潮。整个东平湖滞洪区用100.6公里的环湖堤防封闭起来，湖区总面积632平方公里，设计最高蓄水位46米。同时，规划兴建徐庄、耿山口、十里堡3座进湖

1958年5月1日，位山水利枢纽工程开工典礼及誓师大会

闸及穿黄船闸等建筑物群，分洪总流量4840立方米每秒；规划兴建陈山口出湖闸、出湖电站及出湖船闸等建筑物，设计泄量1200立方米每秒，双向泄水运用。1960年秋，东平湖自然滞洪区改建成全封闭的平原水库。

1960年东平湖滞洪区运用后，针对存在的问题，对水库进行了一系列调整和改建加固。1990年初步形成目前的防洪体系，面积627平方公里，以二级湖堤为界分为新老两个湖区，现有环湖围坝100公里，3座分洪进湖闸，总设计分洪能力8500立方米每秒，3座排洪泄水闸，总设计泄水能力3500立方米每秒，水库设计蓄洪水位46米（大沽高程），库容39.79亿立方米，

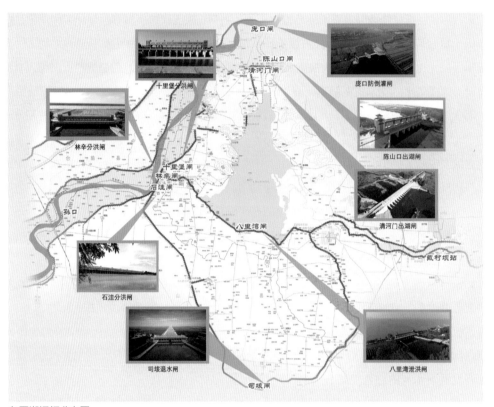

东平湖涵闸分布图

1955 年，苏联专家在东平湖查勘

东平湖综合治理施工

近期防洪运用水位 44.5 米，库容 30.42 亿立方米。这是东平湖开发治理的一个大飞跃，1982 年分洪中彰显出"王牌"工程的威力。

1982 年 8 月，黄河下游发生中华人民共和国成立以来第二次大洪水，花园口站洪峰流量 15300 立方米每秒，孙口站水位达到中华人民共和国成立以来最高洪水位，严重威胁下游堤防的安全。时值党的第十二次全国代表大会召开前夕，党中央、国务院对这次洪水十分重视。国务院召集水电部和豫鲁两省负责同志共同研究战胜洪水的对策，确定运用东平湖老湖分洪，控制艾山下泄不超过 8000 立方米每秒。分洪前，居住在老湖区内的 2.9 万群众两天内全部撤离湖区，生产资料和贵重物品也都安全转移。8 月 6 日 22 时和 8 月 7 日 11 时，分别开启林辛、十里堡进湖闸分洪。分洪历时 72 小时，最大分洪流量 2400 立方米每秒，分洪水量 4 亿立方米。分洪后艾山下泄流量最大 7430 立方米每秒，削峰效果达 28.6%。东平湖蓄滞洪区第一次正式分洪运用，解除了黄河下游洪水威胁，确保了下游防洪安全。

1982 年，林辛闸分洪

1982 年 8 月 9 日，蓄洪后的东平湖滞洪区

　　大汶河是黄河下游最大的支流，通过东平湖进入黄河，因此，东平湖又成为调蓄大汶河洪水的水库。20 世纪 90 年代以来，大汶河先后发生三次较大洪水。1990 年，大汶河戴村坝站发生 3580 立方米每秒洪水，东平湖老湖超警戒水位 41 天，超过紧张水位 24 天。1996 年，大汶河尚流泽站发生 2450 立方米每秒洪水，老湖接纳大汶河来水 12.17 亿立方米，防洪形势一度紧张。

2001 年 8 月 1 日，戴村坝乱石坝溃口

　　2001 年 8 月上旬，大汶河戴村坝站先后发生 1050 立方米每秒和 2620 立方米每秒两次洪峰，由于黄河泄洪不畅，导致老湖水位急剧上涨，8 月 7 日 1 时达到 44.38 米，创历史新高，戴村坝乱石坝被冲垮，大清河、东平湖堤防多处出险，八里湾堤段在暴风雨中发生风浪漫顶，汛情危急。省防指调集解放军工兵部队对入黄河道进行水下爆破，同时调大型机械疏浚出湖河道，山东黄河河务局和东平湖管理局调集专业抢险队对大清河堤防、二级湖堤和戴村坝两端及时进行抢护和防守。在黄河防

2001 年 8 月 2 日，大汶河下游河道抢险

总和山东省委、省政府的精心部
署和指挥下，党政军民经过 10 多
天的团结奋战，战胜了大汶河洪
水，确保了工程安全，夺取了东
平湖抗洪抢险斗争的胜利。

2003 年汛末，东平湖出现建
库 40 多年来的最大风浪险情，二
级湖堤石护坡出现严重坍塌，总
长度达 16.85 公里，堤身淘刷最
深 1.5 米。险情发生后，东平湖
防指迅速组织黄河职工和沿湖群

2001 年 8 月 7 日，老湖湖面出现 8 级大风，风浪拍击毁坏二级湖堤

众上堤防守抢护，经过 4 个昼夜的鏖战，风浪险情得到控制，确保了二级湖堤安全。

2003 年 10 月 14 日，部队官兵在二级湖堤抢护石护坡坍塌险情

　　进入 20 世纪 90 年代，国家通过各种渠道加大对东平湖防洪工程建设的投资力度。加培二级湖堤，提高老湖防洪能力；改建出湖闸，陈山口、清河门两闸泄洪设施得到改善，提高泄流量近 200 立方米每秒；疏浚入黄河道，打通泄洪"梗塞"；戴村坝"修旧如旧"，古老工程旧貌换新颜，恢复固槽拦沙、缓流杀势功能，重现"戴坝虎啸"壮观景象；加高加固大清河北堤，消除了大清河堤防渗水险情；改建八里湾闸，消除二级湖堤险点隐患，为东平湖洪水南排创造了条件；新建庞口闸防止黄河倒灌淤积，减轻了东平湖防洪压力。

　　东平湖蓄滞洪区建设发展经过几十年的艰苦探索，由自然滞蓄黄汶洪水、枢纽控制运用发展到无坝侧向分洪控制运用，最终找到"分得进，守得住，排得出，群众保安全"的科学运用方略。在半个多世纪的规划和建设中，伴随着对洪水规律认识的提高，黄河人在实践中不断完

黄汶相交

善防洪工程体系，东平湖蓄滞洪区消减黄河洪峰流量越来越大，降低艾山以下防洪效果更加显著，为黄河下游窄河道防洪安全提供了较可靠的保证。

　　一颗明珠，一个确保黄河下游防洪安全的蓄滞洪区工程；一誉王牌，一个屡立战功保民生以安宁的黄河防洪工程。这就是东平湖，黄河下游一个牺牲局部保全大局的蓄滞洪工程，危急关头发挥关键性作用，分滞蓄黄河洪水，调蓄大汶河来水。黄河下游人民群众安居乐业，沿黄经济繁荣发展，东平湖蓄滞洪区功不可没。随着社会经济的发展和东平湖蓄滞洪区防洪工程的不断完善，东平湖治理开发将跨入一个崭新时期，东平湖这颗璀璨的明珠，将以更加夺目的光彩，闪耀在齐鲁大地、黄河之滨。

东平湖二级湖堤

东平湖二级湖堤，是黄河下游东平湖蓄滞洪区新、老湖区的分界线。1963年东平湖改为二级运用，将该堤定名为二级湖堤。

东平湖二级湖堤西起沿黄围坝段（围坝桩号8+486），向东经戴庙、二道坡、八里湾、安山镇，越老运河经黑虎庙至解河口与湖东围坝（围坝桩号77+300）相接，总长26.731千米，将东平湖分为新、老湖两个滞洪区。二级湖堤是在原运西堤安山到林辛庄堤段和旧临黄堤安山到解河口堤段的基础上培修而成。

1993年，根据"东平湖扩大老湖调蓄能力工程规划报告"及批复意见，老湖按最高蓄水位44.72米运用（1985年国家高程基准），对二级湖堤进行老湖侧石护坡翻修、加高帮宽等工程加固措施。设计标准为堤顶高程46.72米，顶宽6.0米，临背边坡1:2.5。

2012年6月，国家发展和改革委以发改投资〔2012〕1848号文批复了《黄河下游近期防洪工程建设初步设计报告》，进行二级湖堤加高及护坡加固工程，至2013年8月30日完成主体工程，2015年9月17日通过黄河水利委员会投入使用验收。工程自投入使用验收以来，效果良好。

2017年东平湖蓄滞洪区项目将二级湖堤进行了翻修改造，重新硬化沥青路面，维修多座水闸，有效保护了工程，预防大汶河流域来水，也能够更加充分地发挥黄河下游蓄滞洪区作用。

随着我国经济社会的快速发展，国家建设了多项重大水利工程，在二级湖堤修建了南水北调东线工程第十三级提水站"八里湾泵站"、大运河复航入东平湖的"八里湾船闸""东平湖生态防护林"等重点水利、民生、生态保护工程。如今，二级湖堤在保证防洪安全的同时，也有效保障了区域经济社会发展和生态改善。

二级湖堤石护坡施工

二级湖堤蜿蜒盘旋

戴村坝修复记

　　戴村坝，坐落在山东省东平县戴村东北2公里处大汶河上，始建于明永乐九年（公元1411年），发挥引汶济运的功能，是我国古代伟大的水利工程，被称为"北方都江堰"。历朝屡加整修改建，明万历年间整修3次，清代整修6次，清末建成目前规模；在之后的年代里，政府继续关注并整修戴村坝，民国时期整修1次，中华人民共和国成立后整修4次。由戴村石坝、窦公堤、灰土坝三部分组成，全长1599.5米。石坝由南至北又分滚水坝、乱石坝、玲珑坝三段，长437.5米。它宛如卧波巨龙，丰水期，白浪翻滚，飞流直下，声若虎啸。"戴坝虎啸"成为东平县著名风景之一，属省级重点文物保护单位，山东省爱国主义教育基地。

　　2001年汛期大汶河一场大水，把戴村坝撕开了一个口子。8月，大汶河流域突发洪水，冲决乱石坝，决口宽度约130米，其他坝段亦损坏严重。2002年至2003年，经黄河水利委员会批复，山东黄河河务局和东平湖管理局落实国家投资2400万元，重修乱石坝，增建下游消能防冲设施，并对滚水坝、玲珑坝、窦公堤、灰土坝和南北引堤进行了必要的整修和加固处理。

戴村坝

　　戴村坝修复工程竣工后，工程恢复了原貌，再现昔日雄风。汶河水至缓洪拦沙，戴坝虎啸奇景重现。激流飞瀑，长龙卧波，蔚为壮观，引远近游人驻足观赏。2003年秋汛戴村坝出现2250立方米每秒洪水，2004年先后出现3次较大洪峰，来水超过26亿立方米，为近40年来最大径流量。新修戴村坝经数次洪水考验，坚如磐石，岿然不动；坝安湖宁，人水和谐。

　　历史上的戴村坝作为京杭运河的心脏，从根本上保证了京杭运河的南北贯通，对明清两代的政治统一、经济发展和南北文化交会，都发挥了不可替代的重要作用。如今，戴村坝不仅继续发挥其固定河槽、控制下游河势、缓洪拦沙、削杀水势、蓄水灌溉、保护生态等功能，还承载着传承优秀中华文化的作用。

第五节

黄河入海稳流路

"水有源，故其流不穷"，那么，黄河的源头在哪里？

"河有归，故其终入海"，那么，入海的流路在哪里？

《山海经》和《尚书·禹贡》对禹河故道的描述里都有"积石"之说，春秋时期晋文公重耳诗云："潜昆仑之峻极兮，出积石之嵯峨。"这给人的印象就是，找到了积石山，也就离河源不远了。

《山海经》以昆仑为坐标记述了黄河经禹治理后的流路，"河水出东北隅，以行其北，西南又入渤海，又出海外，即西而北，入禹所导致积山石"，这就是形成于公元前21世纪、后经人类社会管理而又自然流动的黄河河道了。至战国时期的《尚书·禹贡》记载："导河积石，至于龙门，南至于华阴，东至于砥柱，又东至于孟津，东过洛汭，至于大伾；北过降水，至于大陆；又北播为九河，同为逆河入于海。"这是最早记载黄河注入渤海的流经趋向，禹河故道，便是黄河在古代中国版图上的第一次定位。

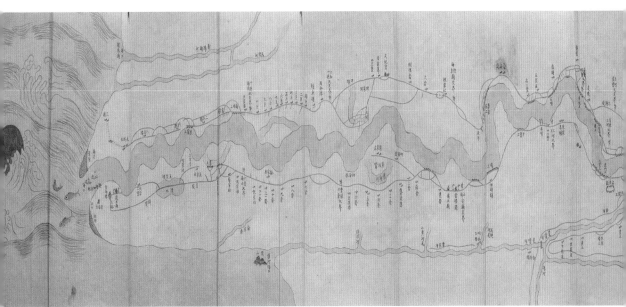

清同治年间六省黄河堤工埽坝情形总图（部分）

探寻古代入海流路

　　黄河历经千年岁月的流淌，随着稳定盛世与动乱不安的交替，入海流路也随之在一次次水殇中改道，每次重大改道后，都会保持数十年乃至数百年的稳定期，这种自然地理与政治生态的巧妙呼应，直至穿透你的思维，循着这历史轨迹，去探寻出背后一个个黄河入海流路的故事。

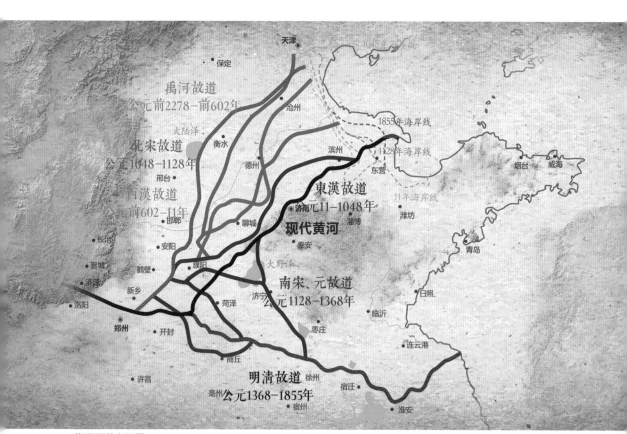

黄河河道变迁图

"春秋西汉河道"。禹治水后形成的"禹河故道"，在相当长的一段时期都是很稳定的。至春秋战国时期，禹河故道发生了历史上有记录以来的第一次大改道。这一时期，诸侯国一度达到数百个，此时的黄河由禹治水初期的低洼河道逐步向"地上河"转变，各诸侯国也开始在自己的领地范围内大量地修筑黄河堤防以抵御洪水，不断抬高的洪水位使得黄河经常发生满溢或溃决，使得黄河河道有了持续向南迁移的趋势，整个河道大概向东南方向平移了一百公里。改道后的黄河大致流经今河南濮阳、河北大名、山东德州等地，经沧州北而东入渤海。这次改道，是黄河下游河道发育演变史上的一次重要转折，在接下来数千年的变迁过程中，黄河基本上是在禹河故道以南迁延演变。这一条流路一直延续至西汉末年，称之为"春秋西汉河道"，这是黄河第一次大改道。

"东汉河道"。西汉距离今日已久远，但"瓠子堵口"却在治河历史上留下了浓重的一笔，瓠子决口是有明确记载的黄河大规模满溢淮河的开始。至西汉平帝即位不久，王莽篡位另立国号"新"。至公元 11 年，黄河迎来了汉代历史上最著名的魏郡元城决口，黄河在西汉故道的基础上，继续向东南方向摆动一百多公里，改道后夺漯水而东流，经顿丘（今河南滑县）至滨州入海，西汉的故道从濮阳至东光就变成了枯河，由此看出，黄河此次改道走了古漯水的流路，相对于西汉河道而言，距离入海口更近，几乎是呈直线状流入渤海，后来的史实也证明，这是一条非常稳定的入海流路。至东汉王景治河后，修筑了自荥阳（今河南荥阳）至千乘（今山东滨州）入海口千余里的黄河大堤，以巩固此流路，可称之为"东汉河道"，这是黄河第二次大改道。自此，历经魏、晋、南北朝、隋、唐、五代十国乃至北宋，没有发生一次重大的黄河改道，留下了"安流千年"的传奇。

"横陇河道"。赵宋王朝开国后，黄河依然沿着王景整治后的"东汉河道"行进。一千年前的"东汉河道"相对于西汉河道而言偏南数百公里，贴近泰山隆起带的北麓，不能继续南侵，径直往东北方向行进至东营入海。西汉河道与"东汉河道"之间有大范围的低洼地带，历经汉、唐、五代十国多年的淤积，低洼地带逐渐淤满，北宋开国以后河患开始严重，不时有决溢，但未造成大的改道，很快就被堵塞住了。景祐元年（公元 1034 年）八月，黄河在濮阳横陇决口，大河径直向东北方向分流，经河北大名至滨州入海。黄河自此离开行水千年的东汉河道，形成了所谓的"横陇河道"。此河道淤塞十分迅速，行河十余年便"高民屋殆逾丈"，且极不稳定。至庆历八年（公元 1048 年），在濮阳横陇决口点上游商胡县再次发生决口，且决口形成的新河道进一步向北摆动，经大名至乾宁军（今沧州北）入海，所径行的路线称"北流"，这是黄河第三次大改道。此次改道拉开了多灾多难的宋代黄河史的序幕，自此到北宋灭亡近七十年的时间里，接连发生了三十多次重大决溢事件。嘉祐五年（公元 1060 年），"东流"的黄河在河北大名决口，从此之后便形成了北流和东流并行的局面，自此"北流"和"东流"之争上演了近 40 年，元符二年（公元 1099 年）六月，黄河在内黄决口，重新恢复"北流"，"东流"再次断绝，最终以回河"东流"失败告终，直至亡国了事。

"北流、南流"。北宋王朝被黄河折腾得死去活来，殊不知，到了南宋初年，大臣杜充为对抗南侵金兵，在河南滑县决口以阻金军的追击，黄河就此告别了北方故道而沿东南向流入泗水，夺淮河而注入黄海，拉开了黄河史上第四次大改道的序幕。自此，黄河河道从北宋时期的北流、东流两分支同入渤海，变成了"北流、南流"两分支分别入渤海、黄海。"北流"较细小，注入大野泽后经北清河（大清河）而入渤海；"南流"是主流，注入大野泽后经南清河（小清河）而入黄海。这南北两支分别入黄海、渤海的状态非常稳定，一直维持到至元二十六年（公元 1289 年），黄河逐渐离开游荡千年的河北平原，形成以南向流经淮河流域交错水网为主的新局面。

"明清故道"。自第四次大改道，黄河南流对淮河水系的侵扰就连绵不断，贾鲁史无前例地在大洪水期开工治河，疏汴渠、修北堤、堵决口，使得南流所经汴渠、泗水、淮水等均能复其故道、舟楫通行，令人称叹不已。但在历史的大潮中，一度恢弘的元政权终于被受其侵扰多年的淮河流域农民军轰然击溃，落寞的故道没有了昔日的风采，却被冠以贾鲁河的名字一直流传至今。时间来到了明代开国之初，黄河虽处在稳定期，仍然呈现为南北两个方向的多条流路，当时黄河的主流就是贾鲁治河后形成的开封、归德（今商丘）、徐州一线，东南方向经泗、淮而入海的流路，但入淮通道常迁徙不定，或泗水、或涡水、或颖水……之后刘大夏"北堵南分，引水入淮"的治河方案，先治上流，分别开新河、疏浚旧河，将洪水导入河道正流，即清人胡渭认为的"南向导流"，也被称为黄河史上第五次大改道，从而也促成了明清河道的雏形。明中后期，嘉靖四十四年（公元 1565 年）到万历二十年（公元 1592 年），潘季驯共四次主持治河工作，其"筑堤束水，以水攻沙"策略，彻底扭转了黄河下游河道"忽东忽西，靡有定向"的混乱局面，黄河下游河道才基本固定，自此"明清故道"行水两百余载。

入海流路到山东

千百年来，黄河在华北大平原上频繁决口改道，下游人民生灵涂炭，灾难深重。由于黄河改道，纵横推延，历经反复冲淤和重组，古老的黄河在山东塑造了一片神奇的土地，那就是黄河三角洲。

清咸丰五年（公元1855年），黄河在河南开封府兰阳县（今兰考）北岸铜瓦厢决口，向东北方肆意横流，夺山东境内大清河入渤海。自此以后，它在广袤的河口地区来回游荡一百多年，塑造了近6000平方公里的近代黄河三角洲，在这块年轻的土地上，有着一条条微微隆起的黄沙

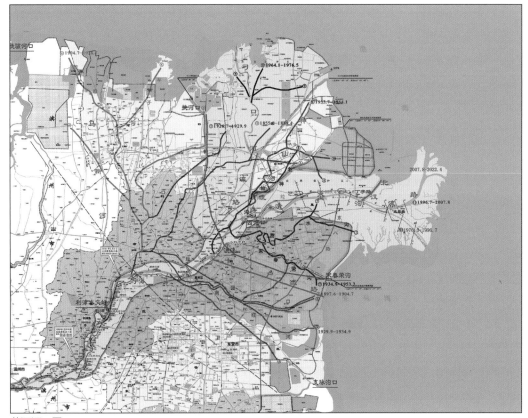

黄河河口图

地带，那就是黄河入海走过的路——三角洲上的黄河故道。一条条故道，昭示黄河的一次次改道，循着这些印迹去寻觅这一条条故道上的岁月沧桑。

"铁门关故道"。黄河改道大清河自利津铁门关入海后，在陈庄韩家垣子决口改道，行水时间为 1855 年至 1889 年，历时 34 年。

"毛丝坨故道"。黄河在韩家子垣决口后，改道东流，经四段、杨家嘴，由毛丝坨（垦利建林东）以下入海，行水时间为 1889 年 4 月至 1897 年 6 月。

"丝网口故道"。黄河决北岭子改道东流，由薄庄南过集贤，转向东南，经左家庄、永安镇，由丝网口（今宋坨子）以东入海，行水时间为 1897 年 6 月至 1904 年 7 月。

"徒骇河故道"。黄河决薄家庄改道西北流，经虎滩嘴、薄家屋子、义和庄入徒骇河下游绛河故道，在太平镇以北老鸹嘴入海，行水时间为 1904 年 7 月至 1926 年 7 月。

"旧刁口河故道"。黄河在八里庄以北（今吕家洼）决口东北流，经丰国镇（今汀河）北，由刁口河入海，行水时间为 1926 年 7 月至 1929 年 9 月。

"支脉沟故道"。土匪在纪家庄盗掘堤决，大河东去，流路散乱，先后由南旺河（今支脉河）、丝网口、宋春荣沟、青坨子等海口入海，行水时间为 1929 年 9 月至 1934 年 9 月。

"甜水沟故道"。黄河在今涯东村决口，河水东向漫流，先由毛丝坨以北老神仙沟入海，是由人工改道，后又形成神仙沟、甜水沟、宋春荣沟三股入海形势，行水时间为 1934 年 9 月至 1953 年 7 月。

"神仙沟流路"。神仙沟发源于黄河北岸，穿过东营市河口区的孤岛、仙河两个小镇，从东营中心渔港注入渤海，全长约 60 千米。1855 年黄河夺大清河以来，出海口门屡被泥沙淤填，出水不畅，逼使尾闾流路多次变迁。1934 年，合龙处民埝决口，大河东去，流路散乱。1938 年，国民政府下令在郑州花园口炸毁大堤，黄河夺淮入海，原流路枯竭。1947 年，花园口口门堵复合龙，黄河归故，仍徇原河道入海。1952 年，甜水沟流量有逐渐向神仙沟增加的趋势，甜水沟曲折多弯、水流不畅，神仙沟比降大，河身短，河势低，水流畅通。两股河在小口子处靠近，形成坐弯。为推进农业生产、河口治理，1953 年 4 月，山东黄河河务局报请黄河水利委员会批准，决定挑通两沟，合股归一，引甜水沟河水直入神仙沟，裁去神仙沟上游（四段河）一段弯道，称"小口子裁弯改道"。之后，甜水沟及其以下的宋春荣沟完全淤塞，大小孤岛连成一片，四段河弯道也淤积断流，形成神仙沟独流入海形势，是黄河归故以来第一次较大的人工改道。1964 年，黄河改道刁口河，原神仙沟河道淤闭。20 世纪 60 年代末，胜利油田在孤岛地区开发建设，在原河道基础上多次疏浚治理，形成了神仙沟河道现状。如今，神仙沟依然在这片神奇的土地上流淌着，蜿蜒的河道串联着孤岛、仙河两座小镇，河畔苇荻漫天，槐林蔽日，已然成为当地的生态景观和文化品牌。

"刁口河流路"。刁口河流路位于黄河三角洲北部，全长约52千米，自1964年至1976年，行水12年零5个月，期间共来水5180亿立方米、来沙135亿吨，填海造陆面积约506.9平方千米，海岸线外延17千米。到1976年，因为河口泥沙淤积越来越严重，入海河流壅高，河水下泄不畅，改道清水沟入海，刁口河遂成黄河故道。刁口河在淤废后湮没沉寂，与昔日的甜水沟、神仙沟等，一起成为黄河故道，遁入了黄河入海口一望无际的水草，在岁岁暮暮中丰茂，在风花雪月里霜凋。

由于黄河三角洲成陆时间短，受河流、海洋、人类活动及气象等多种因素影响，呈现为行河岸线淤进、非行河岸线侵蚀后退的规律。当入海沙量较少，海洋动力的作用会把过去淤进的岸线冲刷带走，形成大面积蚀退。刁口河停止行水34年后，流路由于长期备而不用，缺少淡水补充，出现了河道萎缩、湿地退化、海岸线蚀退、生物物种减少、生态环境恶化等严重问题。针对这些问题，2010年6月，黄河水利委员会作出部署，在黄河第十次调水调沙期间实施了黄河三角洲生态调水暨刁口河流路恢复过流试验，自此，停止行河34年的刁口河重新焕发生机。

2013年7月的黄河刁口河故道

入海流路

1934 年 8 月
甜水沟流路

今涯东村决口，河水东向漫流，先由毛丝坨以北老神仙沟入海，后又形成神仙沟、甜水沟、宋春荣沟三股入海形势。

1929 年 8 月
支脉沟流路

土匪在纪家庄盗掘堤决，大河东去，流路散乱，先后由南旺河（今支脉河）、丝网口、宋春荣沟、青坨子等海口入海。

1904 年
徒骇河流路

黄河决薄家庄改道西北流，经虎滩嘴、薄家屋子、义和庄入徒骇河下游绛河故道，在太平镇以北老鸹嘴入海。

1926 年 6 月
旧刁口河流路

黄河在八里庄以北（吕家洼）决口东北流，经丰国镇（今汀河）北，由刁口河入海。

1889 年
毛丝坨流路

黄河在韩家垣子决口后，改道东流，经四段、杨家嘴，由毛丝坨（垦利建林东）以下入海。

1897 年 5 月
丝网口流路

黄河决北岭子改道东流，由薄庄南过集贤，转向东南，经左家庄、永安镇，由丝网口（今宋坨子）以东入海。

1855 年
铁门关流路

黄河改道大清河自利津铁门关入海后，至 1889 年在陈庄韩家垣子决口改道，历时 34 年。

1976 年 5 月
清水沟流路

罗家屋子人工截流成功，炸开西河口引河挡水坝，改由清水沟入海至今。

1964 年 1 月
刁口河流路

罗家屋子破堤分泄凌洪，由草桥沟、洼拉沟入刁口河漫流归海，又复改道刁口河，行水 12 年又 5 个月。

1953 年 7 月
神仙沟流路

小口子裁弯改道，开挖引河促成神仙沟流路。

大河之治终河口

大河之治，始于河口，终于河口。稳定入海流路，探寻治理河口新途径，是摆在黄河口治理决策者面前的现实问题。1953 年和 1964 年，黄河河口进行了小口子裁弯改道和罗家屋子分洪改道，因势利导，减少了受灾损失。在此经验基础上，1976 年进行了人民治黄以来第一次有计划、有目的、有组织的人工改道实践——黄河改道清水沟，由此揭开了河口治理史上"固住河口，稳定流路"的新篇章。

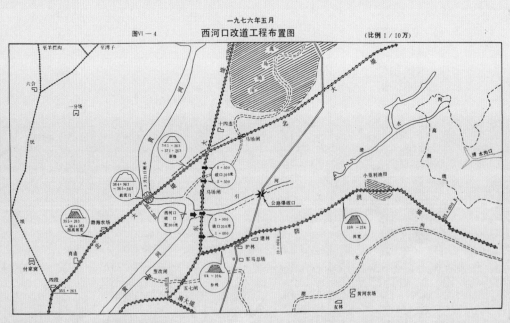

1976 年 5 月，西河口改道工程布置图

改道清水沟。黄河三角洲这片神奇的土地，不仅蕴藏着被视为经济命脉的石油资源和天然气，还有 1204 万亩土地，凭借着油田与黄河，三角洲有着无穷的发展潜力。然而，这块宝地却因黄河入海流路的频繁摆动而阻碍着开发的步伐。在胜利油田开发、黄河三角洲建设、严峻的防洪形势等各种矛盾交织下，稳定黄河入海流路已然成为摆在人们面前的重大课题。不承想，竟是一次失误的防洪预报，找到了黄河入海流路频繁摆动的症结，选定了新的入海流路。

1967 年 8 月，黄河洪峰以 6970 立方米每秒的流量向河口地区逼近，是年发生了两次洪峰，作为新中国第一代工程技术人员的王锡栋，根据以往的经验部署防守，第一次洪峰到来，比推估的水位高了 0.7 米，第二次洪峰到来，按第一次的实际水位推估，又低了 0.6 米。为什么黄河水位一反常态，而且单单是最下游河道异常表现突出？为了解开这一团团迷雾，由北京水利科学院、黄河水利委员会、济南军区、山东黄河河务局等单位组成一支 128 名的河口查勘队伍，进行了中华人民共和国成立以来第一次大规模的河口勘察。勘察队员在没有任何交通工具的条件下，跋涉在茫茫的入海口荒原上，北至挑河口，南到支脉沟，往复数百里，就着海风，啃着窝窝头，一个月的时间，一份详细的黄河入海流路形势图摆在了决策者面前。迷雾终于散去，第一次洪峰时，散乱的入海流路使洪水壅高不下，故水位抬高；第二次洪峰到来时，入海口已被刷开，水位自然降落。通过每条黄河故道的实地勘察，对河口入海流路的变迁也有了更清晰的认识，经反复斟酌，最终选定离海近、影响范围小的清水沟作为新的入海流路。

理想的丰满，往往伴随着现实的残酷，这条新的入海流路在走向畅流的道路上，也经历着岁月的蹉跎。1967 年 12 月，一份倾注了黄河人心血的《关于黄河河口地区查

黄河截流伊始，利津修防段职工司毅民、罗新力、民技工通讯员张大民创办了《黄河战报》，共出了 20 多期，通报工程进展，宣传好人好事，激励民工圆满完成任务

黄河截流战报

勘情况和近期治理意见的报告》出台，争取到了黄河口治理史上第一个中央建议地方项目。1968 年春，在黄河入海口茫茫荒原上，开挖引河、加培南大堤、新修防洪堤……展开了河口治理史上第一次大会战。1969 年春天，大河截流的时机成熟，当各种准备就绪时，却传来东方红（大孤岛）地区打出石油的消息，油田部门要求延缓黄河改道清水沟时间。1970 年初，时任水利部部长的钱正英亲临河口视察，定下了"尽量利用现河道，当西河口水位升到 10 米时，相机改道"的原则，改道清水沟由此受阻。1975 年汛期，西河口呈现近 10 米的高水位，

1976 年，黄河改道截流祝捷授奖大会场景（张仲良／摄影）

1976 年 5 月 3 日，国务院做出批复，同意改道清水沟建议。于是，黄河口罗家屋子截流、西河口改道工程正式开工，大家团结一致、紧密配合，历经四十个日日夜夜，工程告竣，黄河入海口任意摆动的历史得以改写，滚滚黄河终于按照人的意愿从清水沟注入渤海。

"疏浚稳流路"。人与自然抗争的历史，永远不会停止脚步。清水沟改道成功了，然而清水沟流路究竟能畅流多少年？走过了 12 年的清水沟流路，1988 年时由于河床淤积抬高，支流汊沟增多，改道迹象日趋明显。何去何从？于是，一份《稳定黄河口清水沟流路三十年以上的初步意见》在一次专家论证会上亮相，首次完整地提出了"用沙、排沙、摆动点下移，宽河固堤、束水攻沙、淤滩刷槽"

黄河改道工地上涌现出许多先进人物和群体，图为利津县皂坝头村女子推土班，她们的事迹曾在《山东青年》登载（张仲良／摄影）

的治理措施。但是，多数人对此持疑惑与观望态度，最终，"市政府出政策，油田出资金，河务部门出方案"的三家联合治河方针出台，于是，"截支强干，工程导流，疏浚破门，巧用潮汐，定向入海"的河口治理方案渐趋成熟并付诸实践。

黄河人睿智和拼搏的精神，时刻闪耀在河口治理之中。语言的描述，无法描绘出那日日夜夜的艰辛与奉献。1988—1993年，先后截堵支流汊沟80多条，延长加高北岸大堤14.4公里，修做导流堤53公里，修建控导护滩工程3处，险工3处，清除河道障碍20平方公里，爆破和挖除红泥嘴、鸡心滩面积3.4平方公里，每年组织船只在入海口近20公里的河道内来回拖淤，河口疏浚治理达到了预期效果。

1988年6月，清7截流工地（赵相平提供）

各县区修防段调集精干职工赴清7截流工地，右一为利津修防段原工务股股长张相农，特聘为技术指导

1976年5月27日，黄河口罗家屋子人工截流成功，黄河入海由西河口改道清水沟。这是历史上第一次有计划、有设计、有准备、有科学理论依据的人工控制改道实践。图为民工用胶轮小推车筑拦河坝

　　清水沟流路，能否较长时期的稳定，能否与未来水沙条件相适应，已然成为黄河三角洲发展和石油开发的定盘星。1996 年经国家计委批复，实施了黄河入海流路治理一期工程，历经 17 个春秋，工程的实施与口门疏浚试验一道，使一条行将改道的入海流路延长了行水年限。

河口疏浚之打通拦门沙

在一期工程实施的同时，曾经是梦想的"挖沙降河"工程变为现实，1997 年 11 月 23 日，在利津崔庄控导，当挖掘机庄重而有力地向着干涸的河道挖下历史性的第一铲，人民治黄史上首次挖河固堤启动了。2001—2002 年实施第二次挖河固堤试验，2004 年开始第三次挖河固堤试验，从旱挖到流水中用泥浆泵开挖，再到挖泥船配合远距离输沙装置实施，流路在技术的改进中日益通畅，一次跨越 7 年时间的挖河固堤工程，起到了降低河床、减缓淤积的作用，为黄河入海流路稳定提供了保障，保持了单一、顺直、畅通入海的良好局面。许多专家认为，现行黄河清水沟流路再继续行河 30 ～ 50 年，是完全有可能的。

八连护滩进占

"探路行致远"。在探索稳定入海流路的同时，稳流（不断流）又成为黄河口的一个难题。20 世纪 70 年代以来，黄河下游频频断流，黄河山东段自 1972 年以来的 28 年间，最下游的利津站累计断流 82 次 1070 天；90 年代，年年出现断流，断流最为严重的 1997 年，利津站断流 13 次 226 天，330 天无水入海。1999 年黄河水资源实施统一调度，黄河实现了连续 23 年不断流。自此以后，河口的湿地得以恢复，生态趋向好转。

现行流路截流接近尾声，水流愈急

前景堪喜，隐忧尚存。如今，在黄河三角洲这片神奇的土地上，黄河口一改千年不羁的性格，欢快地流淌着，催生着一个又一个发展的奇迹。然而，清水沟流路稳定至今，带给黄河人的不仅仅是欣慰，更是使命。这条流路究竟能走多远，50 年？80 年？甚至 100 年？这都是在可行条件下持续改造的预测行水年限。而如何寻求一条防洪安全、生态健康、流路稳定的河口之路，是黄河人持之以恒的探索课题，黄河水流淌不息，探路的脚步不止。

第六节

堤工技术承河安

在浩瀚的治河长卷中，承载着大河长治久安使命的堤工技术也随着时代的波澜逐步发展、逐步成熟。

古代用土来填筑堤防，但只有取用适合于建造堤防的土料，并采用适当的技术施工，才能发挥挡水的作用。春秋战国时期，人们已经认识到土料含水量对堤防填筑质量的影响，以及在不同季节土壤含水量的差异及其与施工质量的关系。

《管子·度地》指出春三月之季是堤防施工的最好时机。可见，当时对土料的工程特性和填筑质量的关系，已经有较深入的认识，并认为控制土料含水量是提高填筑质量的关键。含水量对夯筑质量的影响已为现代力学实验所证明，有了适宜水量的土料，还必须加以夯实，以增加土体的紧密度和干容重，从而保证土体的抗渗透能力和抗倾覆的稳定性。古代常用的夯实工具有夯、硪、杵等，大河硪工的夯筑技术沿用至今。

筑堤还需要测量技术。大禹治水时采用"准绳""规矩"等基本测量工具，在树木上刻画标记，进行原始的水准测量，以"定高下之势"。堤防建成后，既要受风吹雨淋的剥蚀、风浪的冲刷，还要受到穴居动物的侵害，特别是白蚁和獾鼠洞穴是堤防之大害。消除堤防隐患、保证堤防质量，成为堤防修筑中需要探索的技术问题，形成一系列堤防隐患探测技术。

随着防洪工程技术的不断发展和演进，堤工技术在每个朝代都有着充分的体现。西汉时已有了石堤，五代时期开始在黄河大堤以外距离主河槽较远处修筑遥堤，宋元时期对刺水堤和护岸堤有了发展运用，明代形成了遥堤、缕堤、格堤、月堤和减水坝相统一的黄河堤防体系，并十分重视利用含沙量高的河水放淤来加固堤防。由此，"放淤固堤"在堤防维修中成为行之有效的办法。

古代实行以工程手段为主的防洪方略，兴建了各种类型的防洪工程，其中在堤防工程技术方面取得了较为显著的成就，一些传统的堤防工程技术在当代仍得到广泛的应用。

大河硪工之夯筑技术

　　硪工（夯筑技术）：以夯为具，以筑为基，是为"夯筑"。在《新华字典》中，"夯"意为"砸地基的工具"，通常取材于石，又名为石硪，简称硪；"筑"，意为"建筑、修盖"。夯筑技术是堤防修筑中不可或缺的一项工序，从事这一工序的叫作硪工。硪工指利用杵、石硪等工具，按照一定的工程标准，将虚土夯实，依次筑牢大堤。在打夯（硪）筑堤过程中，常常伴有硪号，用以协调动作、激发情绪，提高工程质量和进度。

民工们用灯台硪将
土方层层夯实

奔流数千年的黄河，一半蕴藏着古老，一半充盈着希望。河流哺育了灿若星河的华夏文明，也创造了浩如烟海的河工技术，从堤防修筑到埽工护岸，再到堵口截留、堰闸建造，一项项世代相传的技术见证了人类同黄河战天斗地的艰辛历程，更凝集着祖祖辈辈劳动人民的智慧心血。其中，夯筑技术作为堤防修筑中不可或缺的一项技术条件，不仅对修堤固堤有着举足轻重的作用，更成为黄河文化的重要组成部分。

巍巍堤工，夯筑始成。常言道，兵来将挡，水来土掩，在人们同洪水斗争的过程中，"土掩"是最根本的措施。枕河而建的防洪大堤并非由虚土构成，而是用层层夯实的土壤堆筑而成。筑堤治水，全在夯实。

夯筑技术渊源深长，其史可追溯到距今 4000 年之久的新石器时代。据考古发掘证实，龙山文化时期（时为新石器时代晚期）黄河下游已广泛使用了夯筑技术，山东章丘城子崖遗址、寿光边线王遗址，河南安

第一次大修堤期间，黄河碙工使用灯台碙加固堤防

阳遗址、登封县告成镇王城岗遗址及淮阳城东南平粮台遗址，均有夯筑城基发现，测定年代多在距今 4000—4500 年。夯筑技术，早期用于城防、台基的修筑，后广泛用于修筑河防。在古代治水文献中，就有共工氏"壅防百川，堕高堙庳""鲧障洪水"以及禹"陂障九泽"的记载。透过遥远的遗迹和文字，亦可遥想远古时代的共工、鲧、禹等人带领着民众，采用夯筑的办法筑堤治水的宏大场景。至商代，夯筑技术逐渐趋于成熟，修堤治水屡见不鲜，《管子·度地》有言"令甲士作堤大水之旁，大其下，小其上，随水而行"。后又经秦、汉、唐、五代到北宋，夯筑技术得到进一步的改进，筑堤治河更是久盛不衰。特别是在汉代，随着夯筑技术被广泛使用，黄河堤防建设得到进一步加强，许多河段的险要处配以石工，防洪能力加强，称之为"金堤"，黄河出现了"千年无患"的安澜岁月。

夯筑技术的进步，离不开夯筑工具的嬗变。

对险工进行石化改造，是第一次大复堤中的一项重要措施。图为中华人民共和国成立初期的险工散抛乱石现场，硪工正在夯实土方

在新石器时期，用来夯实的器具是杵。至明代以前，也以石杵、铁杵居多。杵是由一人操作，重量轻，落地面积小，夯实效果虽佳，但夯实厚度较小，效率不高。据潘季驯在《河防一览·修守事宜疏》一书中记载：“每高五寸，即夯杵三二遍。”

链接

杵

新石器时期黄河沿岸已使用了夯筑技术，用来夯实的器具是杵。“杵”，古文为“午”，林义光《文源》：“工，像杵形，实杵之古文。”这类器具早期为石质，如倒垂的窝头，后来渐有生铁浇铸的。上安木柄，柄上端有小横木把手。也有通身木质的，高 1.2 米左右，下端 10 厘米见方，向上渐收、变圆，手柄处收至一弧口粗。现在民间还有这类工具，俗名“戳杠子”，多用于夯实屋内地面。

清康熙以后，黄河筑堤始采用硪。乾隆年间，打硪活动逐渐发展壮大起来，在一些大的工程中，多人参与使用的石硪逐步代替了个体掌控的杵。后来，随着清代官堤形成，筑堤硪具也有了统一的规制标准。其实，硪与夯同为砸地基或筑堤的一种工具，只是在黄河下游地区，"硪"的名称更加流行。硪通常为石制，由数人共同操作，重量多为七八十斤，或者更重一些。硪的落地面积和夯实力度都比杵大。夯实器具的改进，大大提高了堤防土壤的紧密度，强化了抵御洪水的强度。

坚实长堤在寸寸生长，硪的样式也层出不穷。清代的完颜麟庆纂辑的《河工器具图说》中，罗列了当时所用的硪，主要有墩子硪、束腰硪、片硪、灯台硪、云硪、铁硪等数种。

中华人民共和国成立前后，通行于山东沿黄地区的硪具主要有立式与卧式两种，重量多在 50 公斤左右。立式的硪叫"灯台硪"，形状宛如旧时的油灯灯台，两头大、中间细，顶部和底部皆为平底圆形，顶部直径约 30 厘米，底部则稍大一些，约 45 厘米。上拢下缩接合处为硪腰，高约 3 厘米。硪的总高度在 45 厘米左右。卧式的硪通称"烧饼硪"，又叫"片子硪""莲花硪"，其外形为一个扁圆形的石墩子，其形如饼，有的在上面雕一硕大莲花，故而得名。硪的底部为圆形，比灯台硪稍大，高约 16 厘米，直径约 55 厘米。进入 20 世纪 50 年代，由于"灯台硪"和"烧饼硪"的重量不够，难以达到堤防夯实的标准，在时任惠垦修防处主任田浮萍的号召推动下，河口地区首先推广使用"碌碡硪"代替了"灯台硪""片硪"。1954 年以后，大河上下的筑堤硪具一律改用"碌碡硪"。"碌碡硪"为圆柱状，高约 90 厘米，上下底

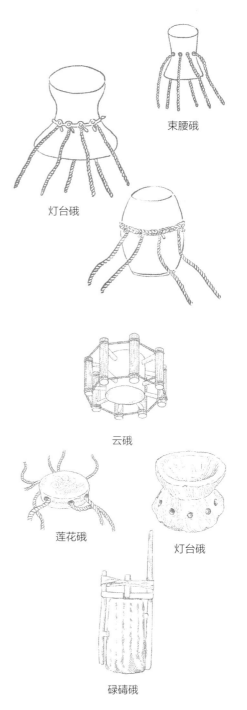

束腰硪

灯台硪

云硪

莲花硪

灯台硪

碌碡硪

上面雕有莲花图案的片硪，又名莲花硪

当年硪工用的碌碡，重达 60 千克

直径均在 40 厘米左右，重量 60 公斤左右。刚开始推广使用时，大家纷纷就地取材，用铁丝把打麦场的石碌碡加上一长一短两根木棍绑扎起来，长木棍用作扶手。因其外形如柱，它也被叫作“立柱硪”“立硪”或“立柱”，后来有了专用的石硪，其形状与碌碡相似，便也沿习了“碌碡”这一名称。

一盘硪，众人抬。灯台硪和烧饼硪大多需要 8 个人来拉，因而也称之为“八人硪”。而碌碡硪与它们有所不同，它的夯体一侧需有一根直立的木棍，即扶手，须专门有 1 人“掌把”，也叫“扶夯”，以保持硪的垂直稳定；其余 7 人拉硪，其中有一人面对掌把人，叫作“顶绳”，拉“顶绳”的人要始终与“掌把”的人保持平行，确保硪的落点准确。一般“碌碡硪”标配 8 人，也可根据“碌碡”大小确定人数，最多不超 10 人。

夯筑

光绪年间官府统一配发的抢险打桩石硪，长立方形，高约 45 公分，宽 25 公分，中间有孔，一面刻有"东王庄"字样，一面刻有"公记"，原藏于利津县利津街道王庄村一村民家中，据介绍，此硪由专人保管，已传至五代（赵剑波收藏）

灯台硪、片硪制作讲究，其周身都被凿出了 8 个"鼻孔"，俗称为"硪眼"。"硪眼"楔入木橛，叫作"硪橛儿"，用以拴"硪辫儿"。"硪辫儿"用沤好的苘麻拧成，手持部分有核桃粗，尾部略细，总长 2 米多。硪辫儿绳后稍搭系上约 12 厘米长的板皮圈，套在硪橛儿上。8 根圈儿套好后，偎硪橛儿下方再缠上一根皮条，把石硪辫儿圈紧紧固定，这样既防止了硪辫儿飞脱，又减少了硪辫儿的磨损。

除以上筑堤用的硪具外，还有专门用于黄河抢险下桩用的夯具。山东利津县青年书法家赵剑波曾在黄河王庄险工附近的东王庄村觅得一具石夯，是清代光绪年间的，重约 30 公斤，上刻着"公记"和"东王庄"字样。据这家人家说，这具夯是由官府统一配制的，由他家高祖使用保管，已传至五代。以此看来，黄河官堤形成后，筑堤抢险用具有了统一标准。据专家分析，这具石夯主要用于抢险、筑埽时下桩，它的中部有一圆孔，可穿过木棍作为手柄，两侧各有对穿硪眼，供 4 人拉曳。这种硪后来被生铁筑成的手硪替代，目前使用的 8 人铁手硪制作工艺复杂，手持、硪辫儿双用，桩高时用手下砸，桩约齐腰高时，随着号令换作硪辫儿。

无论是 8 人拉，还是 10 人抬，一盘盘厚重的石硪都在见证着古老黄河的奔涌，更铭记下新生大堤的巍峨。

1946 年 4 月，迎着战火和洪水的双重压力，人民治黄的嘹亮号角在山东大地昂然奏响。面对孱弱不堪的黄河大堤，中国共产党带领新生的人民治黄机构，义无反顾地扛起了"束水归槽""整险固堤"的重任。从蓬勃高涨的复堤整险运动到如火如荼的三次大修堤，刚刚从苦难中走出来

链接

复堤整险中的劳动竞赛活动

1946年人民治理黄河创业初期，面对眼前隐患众多、千疮百孔的黄河大堤，新生的人民治黄机构义无反顾地承担起复堤整险任务。为了加快复堤进度，冀鲁豫区黄委会有组织地在广大民工中开展了劳动竞赛活动，专门赶制了几十面锦旗，上面绣着"威震黄河""万里屏风""功高大禹"等金色大字，准备随时奖给复堤英雄。另外，还给力鼎千斤的碾工们准备了大红绸子，谁打碾打得好、打得牢，就给谁披彩挂红。复堤整险运动中，涌现出了"挖土大王"高法成和"推土打碾英雄"龙凤英等一大批先进人物。

的沿黄百姓，纷纷加入了筑堤队伍，自发组建起土工、石工、碾工、边铣工、锥探工等十余种队伍。因使用石碾而专司人力击实土层的碾工队，一跃成为各筑堤工种中人数最多的一类，在石碾的起落之间，夯实着大堤的筋骨。

1947年6月1日利津复堤碾工队合影

特别是 1950 年，历时八年之久的第一次大复堤沐浴着新中国的灿然曙光缓缓拉开大幕。一时间，绵延千里的黄河山东段堤防，漫卷旌旗染红河畔，人山人海昼夜不息。密密麻麻的治河民工拼搏奋战在复堤一线，他们在肩扛人抬、手拉车推中，焕发出蓬勃的热情，交错着铿锵的脚步，将土层一点点筑厚，让大堤一节节坚实。

最为雄奇壮观的场面还要数众人打硪。数万硪工汇集在黄河岸边，千百盘石硪起伏于泥土之间，相互配合又彼此呼应，拓印下众志成城的决心，点燃着人定胜天的信念。

其实，筑堤活动在民间多被称为"砸黄堤""修堤""修黄堤"，特别是"砸黄堤"这一别称，生动形象地概括了打夯修堤的热闹景象。一个"砸"字，既映照着打硪压土的一举一动，干劲十足，又彰显了华夏民族与生俱来的献身精神。"砸"出了对黄河水的爱恨交织，"砸"出了水患面前的不屈不挠，这些都融入了血液，刻进了骨髓，在生命长河中经久不息，久久回响。

硪拉得好不好，土压得实不实，这些都考验着硪工的技术和配合。通常说来，八九个年纪相仿的河工拉一盘硪，并根据各自的劳动力强弱及高矮不同，参差排列，均衡分布。大家手持硪绊儿，眼盯石硪，脚踏黄泥，心中笃定。当笨重的石硪被高高抡起，所有队员屏息凝神一齐换手，借助巧劲把硪绊儿放长放松。刹那间，飞至顶端的石硪笔直落下，队员们依旧不慌不忙，又以迅雷之势将硪绊儿抓短抓紧，自始至终眼不离硪，手不离绳，力争一气呵成。与此同时，脚下功夫也不容小觑，既要重心稳当，又要动作一致。在心、眼、手、脚的相互照应下，石硪于俯仰之间高高起、重重落，稳中不乱，平而有力。当黝黑的脸庞渗出汗水，健壮的臂膀鼓起青筋，和谐的步调错落有致，百斤重的石硪在硪工手中飞舞着、跃动着、翻腾着，把攒足力量的泥土嵌进大堤的每一寸肌肤。只见"切边"的硪花重叠搭连，"压肩"的硪花严密紧凑，宛如长龙的黄河大堤迸发着滚烫的生命力，成为母亲河最坚实的依靠。

第一次黄河大修堤时的打硪场景

————————————　链接　————————————

碿花

　　碿花是碿击地打出的印痕。不同的石碿，对碿花的要求也不同。用灯台碿和片碿，起碿高度离地面近4米，共打5遍，每平方米9个碿花。用立碿则要求拉高1.7米以上，套打2遍，每平方米25个碿花。头遍为虚土坯行碿，碿花纵横排列，即一部分碿花重叠搭连，叫作"切边"；第二遍行碿时，则错开第一遍打的碿花行列，打在两行之间，名为"压肩"。处处"切边压肩"，就表明碿击严密，不漏空白。虚土行碿，不论单遍双遍，一律"切边压肩"，碿花排列纵横双向错开，名为"行碿纵横交错"。拉碿不稳，落碿不平，碿花一边深一边浅，便会出现"马蹄花"，便属于夯实质量不高。

黄河碿工普遍使用"碌磕碿"（60公斤左右）加固堤防。夯实标准为"上三打二"，即虚土厚30厘米，碿实后厚20厘米。碿花密度达到每平方米25个

　　打硪不仅是个技术活，更是个繁重而单调的力气活。如何持续鼓舞河工情绪，使之处于奔放欢快的状态，并且始终保持协调的动作？一种应和着打硪节奏的俚曲应运而生，这就是"硪号"，又叫"夯号"，是民间劳动号子中最主要的流派之一。

　　流传于黄河两岸的号子有着悠久的历史。在邈远的远古时代，逐水而居的先民在与洪水的抗争中，为了更好地协作，形成了一种有节奏、有规律、有起伏的"杭育杭育"之声，黄河号子方见雏形。据《宋史·河渠志》记载："凡用丁夫数百或千人，杂唱齐挽，积置于卑薄之处，谓之埽岸。"文中提到的"杂唱"，便是"黄河号子"最早的文字记录。随着时间的推移，黄河号子在奔涌的波涛中吐故纳新，逐渐发展成带有浓厚地域特色的号子，有了个性鲜明的抢险号子、土硪号子、船工号子等不同类别，在母亲河畔争奇斗艳，绽放异彩。

　　硪要起得高，才能压得实；力要用得匀，才能打得稳。这就需要万众一心，劲往一处使，心往一处想。为了达到这一目的，河工们编创了硪工号子来进行引领，并在一代又一代河工的传唱中留存下来。时至近代，伴随着人民治理黄河事业方兴未艾，硪号更加丰富多彩，唱词更加积极热情，它以朴实明快、情绪激昂、雄浑有力的节奏旋律，配上带有浓郁地域风情和人文特色的唱词，在"一领众和"之间，一次又一次将土层砸实，一轮又一轮地为大堤壮骨，成为黄河文化活的记忆。

　　号要叫得好，硪才起得高，土才压得实，而这些全凭"号头"的本领和功夫。"号头"即为硪号的领号人，不仅肩负着扶夯领号的任务，还掌握着安全、方向和硪花的密度，这就需要号头不但有副好嗓子、好体力，还要会编词、反应快、节奏感强，可谓是"眼观六路，耳听八方"，不经历三五年的磨砺，是无法胜任的。有位曾在筑堤工地上工作了数十年的老河工回忆："在打第一遍夯时，不能急，慢慢来。因为土是虚的。但是硪要起得高，这样才落得重，锥得深。有经验的号头一般用比较抒情的长号，歌词故事性强，硪起时'号头'的声音加重，众人相和，力量恰到好处地聚于这一刹那，那硪起得自然就高；第二、三遍时，大多用中号，介于长、短号之间，唱词简短明快，诙谐有趣；最后一遍时，坝面已平坦坚硬，硪工们脚下利索，易于操作。此时接近收工，高低找平成为主要环节。'号头'采用无唱词的短号，同时指挥着硪工们高处重打，凹处轻掭。一样的号，这个人喊，和那个人喊，全不一样；有催硪的，有不催硪的，'号头'的功夫一见高下，差距大着哩！"

　　旖旎大堤绵亘有多长，高朗硪号喊得就有多响。遥想昔日黄河大复堤的打硪场面，那是何等的恢弘壮阔，又是怎样的荡气回肠。

　　浊浪翻腾，响遍行云。几百盘石硪摽起了劲，几十番唱词亮开了嗓，石硪在辽阔的空中上起下落，号声在悠长的河流里响天彻地，都迸发着百万河工披坚执锐、一往无前的磅礴力量，又绽放着黄河儿女粗犷坚毅、豪放乐观的精神光芒。

领：喂呀嗨，喂！喂！喂！

应：喂，喂，喂扬！

领：嚎嚎来两号呀！

应：喂，喂，喂扬！

领：拉上去呀！

应：喂喂呀，嗨呀！

领：正月里，正月正，

应：嗨扬嗨！

领：白马银枪小罗成，

应：嗨扬嗨！

领：一十二岁打登州，

硪工用片硪（莲花硪）夯实堤坡，堤坡布满了硪花

打罢登州救秦琼！

应：打罢登州救秦琼呀！

……

经验丰富的"号头"用一句"喂呀嗨"撕破了寂寥的苍穹，这是一曲名为《十二个月》的"大号"，号头凭着深邃的唱腔，将历史与戏剧糅合在一起，配着硪点，声声感叹。"大号"也叫"长号""老号""豫东号"，声调苍凉悲怆，曲折委婉，长于抒情，多用在打头遍夯。作为最富黄河特色的大号，它的曲调和唱词往往被刻上了地方戏曲的烙印。在鲁西南，到处有人唱豫剧，硪号的曲调也就应的是豫剧的板眼。到了鲁西北，人人会唱吕剧，硪号就有《四平调》之类。介乎于这两个地区之间的是梁山县的硪号，人们称之为"梁山号"，又因为所讲的大多是戏台上演过的，故而也叫它"硪戏"。如《陈州放粮》曲段就把古典名著《三侠五义》里的戏文搬上了筑堤工地。号头唱戏文，众人边听边应和，这些戏中的故事硪工们大多熟悉，应和起来随心所欲。如有一年大兴唱样板戏，京剧《红灯记》中李玉和的一段唱词就移植到了大复堤工地上：

链接

电影《高家台》

《高家台》作为国内首部以黄河滩区改造为题材的故事电影，它以山东省黄河滩区脱贫迁建的重大民生工程为背景，生动讲述了利津县北宋镇旧村台改造、发展特色产业、推动乡村振兴的感人故事。

影片拍摄地选择了位于黄河滩区的北宋镇高家村，村子紧邻黄河，世世代代的老百姓倚河而居、枕河而眠。过去上百年的时间里，地处黄河最下游的利津滩区村庄几乎年年被淹，个别年份一年数次。堆筑高高的房台，躲避年复一年的洪水，便成为安土重迁的滩区人们的唯一选择，高家村也不例外，久而久之也就有了"要活命，筑高台"的共识。

影片选取了"高高房台便是救命台"的现实立意，以堆筑高台所用的"石夯"为象征，将过去沉淀的"守望相助、累土成山"的石夯精神，升华为现在的万众一心、团结向上的社会主义新农村的时代担当。跟随着影片淳朴干净的镜头，豪迈嘹亮的《打夯歌》声声绕梁，"夯拉起哦——嗷号来哟！咱们使劲干啊——嗷号来哟！黄河长又长啊——嗷号来哟……"夯号喊出了欢声笑语，石夯砸出了幸福生活。

临行喝妈一碗酒，

浑身是胆雄纠纠。

鸠山设宴和我交朋友，

千杯万盏会应酬。

时令不好风雪来得骤。

妈要把冷暖时刻记心头……

每句唱词的最后一个字，都从众硪工口中喷出，而这个"字"，譬如"酒"，则是在随着硪起时唱出来的。那年月，样板戏人人都会哼唱两句。

号声此起彼伏，硪花美不胜收，力的凝聚与情的抒发完美结合，刚柔并济，张弛有度。

最后一遍时采用的"小号"，又叫"短号""快号"，简短跳跃又催人奋发。在词少语速快的"小号"引领下，越唱越快，越打越急，不知不觉间，喷薄而出的呐喊簇拥着朵朵硪花，进涌而发的热血氤氲着蜿蜒长堤，远远望去，连片起伏的石硪在高低错落中汇成了流动的浪涛，成千上万的河工于纵横布列里诉说着守护家园的故事，一幅你追我赶、互不相让的热烈画卷沿着母亲河畔铺展开来。

领：高高地起呀么

众：嗬嗨！

领：重重地落呀么

众：嗬嗨！

领：向西排呀么

众：嗬嗨！

领：挨着来呀么

链接

《治黄民工打硪歌》

春风吹来真正暖，哎呀呀咳！

上级号召修大埝！哎呀呀咳！

保住黄河不决口，哎呀呀咳！

才能有吃也有穿，哎呀呀咳！

猛力打，哎呀呀咳！

加油干，哎呀呀咳！

不怕受累不怕苦，哎呀呀咳！

咱们应当多流汗，哎呀呀咳！

哎呀呀咳！

大埝修的铁如坚，哎呀呀咳！

冲不塌来刷不坍，哎呀呀咳！

两岸人民千千万，哎呀呀咳！

不遭水灾不挨淹，哎呀呀咳！

举得高，哎呀呀咳！

打得严，哎呀呀咳！

不磨洋工不偷懒，哎呀呀咳！

早干完来多生产，哎呀呀咳！

哎呀呀咳！

忙生产来多生产，哎呀呀咳！

打下粮食吃不完，哎呀呀咳！

支援部队送前线，哎呀呀咳！

打垮美帝援朝鲜，哎呀呀咳！

美国鬼，哎呀呀咳！

好大胆，哎呀呀咳！

侵犯和平来挑战，哎呀呀咳！

早晚的你要完蛋，哎呀呀咳！

哎呀呀咳！

众：嗬嗨！

……

当热情退却，疲惫席卷，一曲介于"大号"和"小号"之间的"中号"从远方悠然飘来，热烈中不失沉稳，欢愉中蕴含深意，让人打起硪来更觉自由洒脱，欣喜舒畅，在缓解紧张劳动之余，为再次投入战斗加油鼓劲。在黄河入海口一带，比较有代表性的要数"博兴号"，它诞生于乡野之间，生长在黄河之滨，唱词活泼明快，朗朗上口，颇有吕剧《四平调》的独特韵味。特别是在黄河第一次大修堤全面展开之际，时任山东利津县四图村的妇女主任马福英带领全村妇女参加了修堤硪工队。马福英生来有副好嗓子，快人快语，尤其擅长叫"博兴号"，因而这种号子在当地又被称为"马福英号子"。号子一经她的口中喊出，常常能带起两三盘石硪，在起落之间将女性的娇柔与号声的豪迈交织辉映，让人忘记了疲惫，忘却了忧愁。

领：家雀（晨）子嗑麦子儿呀，

众：捎……唝！

领：一嗑一大堆儿呀么，

众：捎……唝！

领：这夯打得高哪，

众：哟儿哟喂！

领：往西排呀么……

众：捎……唝！

……

"马福英号子"很快传遍了各个工地，指挥部还组织硪工队"号头"们前来学习取经。原济南黄河修防处主任孟庆云，时年21岁的利津修防段工程队副队长深深爱上了这个美丽端庄、思想进步、敢于冲破世俗的好姑娘，时不时地往四图硪工队跑，后来果然成就了一段美满姻缘。

正当河工在悠扬的硪号中放松身心时，号子忽然一变，洪亮的声腔如激流，铿锵的节奏似烈火。"号头"们各施绝技，新一轮的战斗瞬间打响：

莫要慌来莫要忙，

慌了忙了力不长。

这个夯，

是条龙，

摇头摆尾往下行！

……

1951年3月,黄河利津王庄段硪工打桩挂柳缓淤

大堤石硪遍布,河道号声连天。从《治黄民工打硪歌》中流露的奋进之勇,到《抗美复堤大竞赛》里喊出的坚毅之声,再到《筑起堤防歌》中书写的团结之力,河工们将自编的修堤治河歌曲留在了汗水里,洒在了大堤上。他们唱和着熟悉的号子,夯将起笨重的石硪,一步一个脚印地负重前行,一种一收获闪耀希望。

伴着质朴高亢的硪号声,第一次大修堤镌刻下夯筑技术的丰功伟绩,以7657万立方米的土方量,让曾经千疮百孔的下游堤防焕然一新。紧接着,1962年第二次大修堤启程,历经3年时间,所用碌碡硪一度高达6000具,夯筑技术依旧扮演着加固加高大堤的主力军角色。直到进入20世纪70年代末期,黄河迎来了第三次大修堤,此时机械施工成为主角,黄河堤防建设自此踏上专业化、机械化的道路。至此,流传千年的夯筑技术逐渐退出历史舞台,盘盘石硪带着时光的记忆挥手揖别,声声硪号也穿透历史的云烟渐行渐远。

第二次大复堤中的硪工队,多是妇女和儿童

用铁硪打冰

　　河山带砺，长堤裕国。历尽沧桑的夯筑技术从远古悄然走来，在古代野蛮生长，于近代盎然成熟，它如流星般照亮不居岁月，曾聆听过澎湃长河奔腾向海的呢喃，也触摸过抔抔黄土厚重沉郁的脉搏，更勾勒出黄河文化生生不息的魂魄。散落星河的石硪浇筑起巍峨长堤，正用绿意葳蕤、整洁平顺的如砥坦途，鼓起守护黄河安澜的钢铁力量；回荡百年的硪号唤醒了闪光信仰，亦用团结拼搏、锲而不舍的伟岸精神，激励万千治黄儿女踔厉奋发，勇毅向前。

------------------------------- 链接 -------------------------------

《抗美复堤大竞赛》

复堤就是上战场，挖土工具就是枪，

抗美复堤大竞赛呀，轰动在每个堤段上。

优胜扛旗随风荡，日日夜夜修堤忙呀，

（推动土车轰隆隆声呀，飞轮转来把堤上呀）

为了保护我们的祖国，我们站在建设的最前线！

为了我们永做主人，就要加紧建设来巩固堤防！

堤防隐患探测技术

千里之堤，溃于蚁穴。这句谚语，反映了堤身隐患对于黄河大堤的危害性，深刻揭示了防微杜渐的哲理。

中华人民共和国成立初期，百废待兴，脆弱的黄河大堤遭受各种"蚁穴"的侵蚀。堤身填筑不实，堤基渗透变形，另外军沟、战壕、防空洞、藏物洞、废砖窑、墓坑、树坑等诸多问题严重威胁着大堤的安全。据1950年黄河下游大堤普查结果显示，山东黄河河务局所辖河段发现獾狐等动物洞穴1385处，水沟浪窝5399处，军沟碉堡382处，红薯窖及其他洞穴104处。这种或明或暗的堤身隐患，严重威胁着黄河大堤的防洪安全。对此，黄河水利委员会一方面制定了处理隐患的计划并付诸实施，另一方面出台检查堤身隐患的奖励政策。沿河各级治河机构与地方政府组成联合普查领导小组，深入发动当地群众，持久地开展起隐患普查工作。

在这些隐患中，獾、狐等动物洞穴，由于隐蔽性强，不容易发现，因此对黄河堤防安全的

黄河下游大堤普查

威胁最为严重。清代河务机构曾设有专职捉獾的"獾兵"，常年负责捕捉危害堤防的动物。中华人民共和国成立后，为了普查大堤隐患，沿堤群众组织起了许多捕捉獾、狐小组和专业队，不少群众也自发行动，利用农闲时间，积极捕捉害堤动物。当时，根据捕捉獾、狐的数量，可以得相应数量的小米为工钱，这一做法的推广，使大河上下很快掀起了捕捉害堤动物的热潮。

堤防隐患探测古已有之。传承至今的拉网式工程普查，是堤防管理中最常用也最经济的隐患探测方式之一。每年汛前、汛后，以及雨雪天后，堤防管理人员用徒步拉网的方式对堤身各部位进行检查，对发现的裂缝、陷坑、獾狐洞口等详加记录描述，并对症下药，采取补救措施。

如果说拉网式普查还仅限于外表观察的话，那开挖检查则是对大堤由表及里的进一步探测。所谓开挖检查，是对普查发现的情况，开挖探槽、探坑或探井，查明隐患在堤身内部的状况。开挖检查的优点是简易可行，直观性强，开挖后可及时回填处理。但由于开挖深度和工作量受到限制，对延伸至堤身深层的裂缝、洞穴等难以彻底处理。锥探工作的引入，解决了这一技术难题，也将黄河堤防隐患探测工作推向崭新高度。

"一根钢丝探隐患，一碗黄沙补漏洞。"堤防，民之命也，誓保大堤安澜的黄河职工与当地民众一起，先后探索总结出大堤锥探、压力灌浆等多种行之有效的堤防隐患探测和补救技术，从上至下，由表及里，筑牢了巍巍长堤的"钢筋铁骨"。

通过锥探发现隐患，之后利用人力或机械压力将泥浆灌进锥孔进行隐患消除，"锥探"和"灌浆"同步进行。因此，人们习惯于将锥探和灌浆统称为"锥探灌浆"。

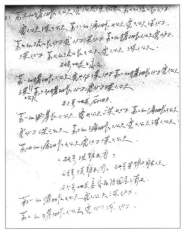

1951 年 9 月利津三区的锥探工作总结（局部），总结中详细记载了出工人数、每天进度，所查军沟、獾、狐、鼠洞穴的大小及方位

1953 年韩星三锥探事迹材料（利津黄河河务局供稿）

20 世纪 90 年代使用的 dxx—15 型柴油机带动的灌浆机

　　锥探灌浆在黄河固堤中发挥了至关重要的作用，也在治黄史上留下了浓墨重彩的一笔。锥探，是一项具有悠久历史的堤身隐患探查方法。北宋时已有记载，明代广泛用于堤防施工的质量验收和检查旧堤堤身隐患。清代被称为"签堤"，即用长3尺上带手柄的铁签插入堤身，凭手感探查堤内洞穴。黄河大堤锥探是在大堤上用人力或机械操作，将圆形或管状铁管锥插进堤身，凭借操作人的感觉或灌沙检验，来判断大堤密实程度和是否存在隐患。灌浆是通过人力或灌浆机械，将一定配比的黏土泥浆经过锥孔凭借机械压力送到堤身、堤基的裂隙、接缝或空洞等隐患之中，使其充填密实，提高大堤的抗渗御水能力。

　　锥探有三大步骤，锥探、灌沙和挖填。所用工具主要有大锥、小锥，灌沙用的漏斗，不漏沙的篮子、铁桶、木桶和碗，挖填用的铁铣土车等。锥探是第一步，也是技术要求最高的一步。锥探时，如用小锥，每锥只需1人；如用大锥，需4人合作，第1人要求身材较高，主要任务是掌握锥体上下垂直，不使倾斜或弯曲。第2、3人以中等身材有力为好，负责打锥和拔锥。第

链接

锥探灌浆技术发明人——靳钊

黄河大堤锥探除险技术发明者——黄河工人靳钊

　　靳钊，平原省封丘黄河修防段工人。靳钊生在中华人民共和国成立前，从小家境贫寒，为了谋生，经常到黄河滩里挖煤换粮糊口。为了能找到洪水带来的沉积碎煤，他发明了铁条探煤法，找煤又快又准。参加人民治黄工作后，为维护大堤安全，响应上级号召，开展堤防隐患普查，寻找动物洞穴。他从挖煤的经验与实践中得到启发，试用铁条锥探，摸清了害堤动物的洞穴。通过锥墙头、锥土牛、锥水沟浪窝，找到了锥探洞穴的感觉。1950年4月，在王芦集正南大堤上锥出来第一个洞穴。实验成功，宣告了黄河大堤锥探技术的诞生。随后，摸索着改进锥探技术，由几个人架着一条七八米或10多米的钢锥，往堤内钻，凭着钢锥进土快慢、声响和人的感觉，判断有无"隐患"，当时被黄河职工风趣地称为给黄河大堤"打针注射"，这种技术又被称为靳氏锥探法。

　　靳氏锥探法，为堤防灌浆消灭隐患开了先例，闯出了路子。因贡献突出，1950年，靳钊获得了500斤小米的奖励，之后又获评河南省劳模、全河首届劳模，1956年4月赴京参加全国农、林、水战线劳模表彰大会，受到毛主席及其他党和国家领导人的亲切接见。

4人以矮个有力为最好，主要任务是掌握锥尖，防出危险。锥探后立即灌沙，灌沙的目的在于发现隐患。灌沙时先将漏斗放在锥眼上，漏斗下孔最好距锥眼寸许，用碗盛满沙倒入漏斗内，每倒一碗沙摘下一个牌子放在漏斗内，以便计数，根据碗数判断隐患情况。最后一个环节是挖填，挖的坑要上口大、下面小，如升斗形状。填土每坯不得超过3公寸，层土层夯，坯坯验收，要和原堤一样坚实。锥探的灵魂环节在"喊号"，4人配合得好不好，效果高不高，全在"喊号"上。第4人负责"喊号"，也可轮流喊，整个打锥的节奏，跟着喊号声进行。打锥开始时叫"起号"，一人呼三人应，呼声长应声短。呼声应声起，4人齐力往下打锥。锥入土以后，改用"碎号"，呼声短应声亦短，呼号一呼一应，动作是一提一蹲，矮提轻墩。坠入15公寸以下时，再改用"慢号"，呼声应声都是要高要长，动作是高提猛打，先慢后快，愈打愈紧，在同样土质情况下可以一气打完，如硬土层太厚时，可灌些水，改用"碎号"打几下，突破后再改用"长号"。

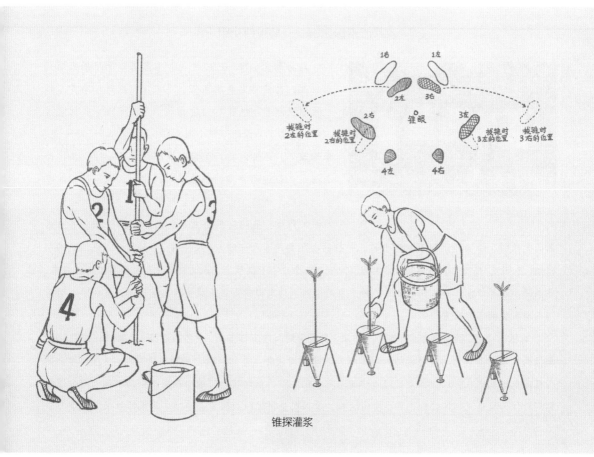

锥探灌浆

黄河大堤锥探灌浆工作，在施工中需要极大的劳动强度，并且没有成功的历史经验可以借鉴，全凭锥探人强健的体力和实践经验去发现和解决问题。1950 年，山东黄河各修防段开始试用直径 0.005 米、长 6 米的钢锥来锥探堤身隐患。1951 年，各修防段对重点堤段进行了锥探，每米大堤锥 3 ～ 5 眼，锥探工具改为直径 0.013 米、长 6 米的钢筋，两端制成六楞头的大锥，4 人操作。大锥适合堤身较高堤段和红土堤段，缺点是感觉不灵敏，个别小洞很难发觉，主要靠灌沙发现隐患。1952 年，山东黄河全面开展锥探工作，按每米大堤锥探 13 眼的密度进行普锥探查，共发动民工 4000 余人、黄河职工 2000 余人，组成了 44 个锥探大队，1152 个小组，锥探大堤 332.35 万眼，发现獾洞 631 个、鼠穴 329 个、防空洞 11 处，以及碉堡、军沟、树坑等，完成挖填土方 27.5 万立方米，增强了堤防工程强度。

链接

黄河锥探旗帜——马振西小组

荣获"治黄模范"的齐东马振西锥探小组

马振西（1911—1979 年），山东省邹平市码头镇孙家村人，时任村委会副主任，是土改、生产、治黄工作中的积极分子。他自 1951 年汛期自愿报名参加锥探灌浆工作，成立了马振西锥探小组（马振西、潘承全、李全尧、李学理），是黄河上两千余锥探小组中的一组。马振西小组成员经过两年多的积极钻研找窍门，积累了锥探灌浆的经验，减轻了劳动强度，总结出了"骑马蹲裆式"锥探工作法，他们使用的工具是直径约 16 毫米粗 6 米多长的大铁锥，锥头是上圆下四楞尖的。一般的小组都是 5 人一组，4 人持锥，1 人支杆，他们是四人持锥，不用支杆。打探 5.5 米，每日打眼 400 ～ 600 余个，不仅节省了人力，而且大大提高了工作效率，马振西小组操作方法与工具的改进，对于当时增产节约及提前彻底消减黄河大堤隐患，减少洪水对黄河下游人民的危害有重大意义。

马振西小组"骑马蹲裆式"锥探工作法，多次受到山东省河务局、黄委的表扬、奖励。1952 年 8 月，马振西出席黄委召开的黄河堤防加固工程先进经验座谈会，并作经验介绍和现场表演；9 月出席全国劳模国庆观礼代表会议，在天安门城楼受到毛泽东主席的亲切接见，后山东省河务局副局长门金甲带领到长江传授交流锥探经验。黄委发出通知，号召在全河堤防加固中普遍推广马振西锥探工作法。

技术的进步、效率的提高，离不开工具的改进和提升。1953 年，锥探工具改为用长 10 米、直径 0.016 米的锥杆，直径 0.02 米的锥头，可以锥探 8 米以内的隐患，扩大了锥探隐患的范围。利用长锥锥探，由于锥孔直径大，用向孔内灌泥浆的办法发现隐患，如果灌入的泥浆体积超过了锥孔的体积，就证明有隐患。为了不漏掉堤身中的隐患，在锥探中还实施了密锥灌浆。在临河、背河、堤顶各布置 5 行孔，锥眼深度到地面以下 0.5 米左右，锥眼一般排列成梅花型。1958 年，山东黄河河务局组织机修队自制两部压力灌浆机，在济南老徐庄进行压力灌浆试验。1960 年，在对压力灌浆的一些技术问题进行试验后，编写了《黄河堤防用锥探及灌浆消灭堤身隐患的方法》《堤防的锥探和压力灌浆》《黄河堤防压力灌浆加固施工须知（草案）》等，对压力灌浆和消灭堤身隐患起到了指导作用。1960 年以后，山东黄河各修防段都推广了压力灌浆，每年组

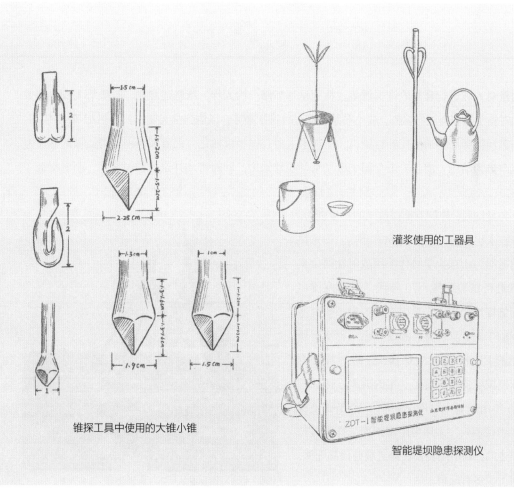

灌浆使用的工器具

锥探工具中使用的大锥小锥

智能堤坝隐患探测仪

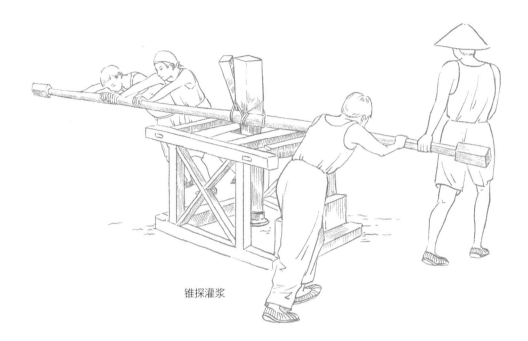

锥探灌浆

织力量对大堤进行反复的锥探灌浆。特别是每加修一次大堤，或修建涵闸、虹吸等工程，都普遍地对新土层和新旧结合部，或土石结合部进行锥探灌浆，以达到密实要求。20世纪70年代初，山东黄河河务局制造了杠杆打锥机，实现了人力打锥半机械化，而灌浆也由人力舀灌的静压力灌浆改进为动压力灌浆。由1部195型柴油机作动力，同时带动拌浆桶和泥浆泵，明显提高了效率。

与此同时，伴随着锥探技术的步步创新，物探技术也在突飞猛进。1960年后，山东黄河河务局与山东大学协作采用放射性同位素^{60}Co进行试验研究；70年代，采用直流电法探测堤坝隐患，先后引进鞍山电子研究所研制的YB-1型裂缝探测仪和山东省水科所研制的ED-80型土坝探伤仪，进行堤防隐患探测试验，均取得了一定的成果。1980—1985年山东省水科所又研制了TZT-1型堤坝隐患探测仪，采用电阻率剖面法探裂缝位置和走向，利用经验公式确定裂缝顶部埋深，黄河上也多有应用。

1964年采取锥探灌浆技术加固堤防

链接

"黄河744型打锥机"主创者——彭德钊

彭德钊，1934年10月生，河南镇平人。原河南黄河河务局副总工程师。

1969年，作为下放干部，彭德钊与几个同事一起，来到河南黄河河务局温陟黄沁河修防段。此时，为增强黄河大堤的抗洪能力，修防工人普遍采用人工锥探大堤隐患，之后进行灌浆填实的方法。这种方法既消耗体力又进展缓慢。善于思考、喜欢观察的彭德钊将主要精力放在锥探灌浆技术的革新上。1970年7月，一种手推式电动打锥机问世了，一天可锥探近200眼，工效比人工锥探灌浆提高了5倍。1971年，电动打锥机开始向全河推广。20世纪70年代，国家电力不足，农村供电极不正常，黄河堤防上经常没电，这种电动打锥机常常无法使用。1974年4月，彭德钊成功研制了柴油机自动打锥机，用研制成功的时间将其命名为"黄河744型打锥机"。它只需一人操作，锥深9米，日锥孔近400眼，工效比电动打锥机又提高了1倍。这一机械的发明，也使锥探灌浆成为20世纪后期黄河堤防消除隐患、增强抗洪能力的主要措施之一。

创新源于实践，实践验证效果。经过几代治黄工作者不懈的努力和探索，在黄河堤防工程除险加固方面，开展了大量群众性技术革新活动，形成了独具黄河特色的堤防工程技术体系。一组历史数字清楚地表明了锥探灌浆的效果：1949年花园口站发生12300立方米每秒洪水，下游沿河堤防发生漏洞806处；自1950年开始实施锥探灌浆以后，1958年花园口站发生22300立方米每秒洪水，下游沿河堤防发生了19处漏洞；又经过二十多年的锥探灌浆后，1982年

采用大锥锥探堤防。大锥长10米，用16毫米圆钢制成

花园口站发生 15300 立方米每秒洪水，下游沿河堤防没有发生一处漏洞。锥探灌浆技术不但在我国长江、汉江、淮河等流域推广，而且还在援外工程上使用，都取得了良好效果，是黄河职工对全国堤防加固工作作出的一个重要贡献。

    大堤无言，岁月留痕。沿着长堤寻一个时间逆流，跨越时空，我们置身那些智慧与汗水交织的劳动现场，随风飘动的灌沙旗，石锤敲击的叮当声，嘹亮的喊号声，有节奏地起身下蹲的工人们，是劳动场更是战场。锥探烫手了，垫块破褥子；手磨破了，扯块布条缠扎；技术攻关了，汗水都是甜的……筑堤的人换了一茬又一茬，技术更新了一代又一代，唯有恒久不变的黄河精神与大堤永存，伴大河长流。

机械锥探灌浆机

放淤固堤技术：黄河治理过程中一项"以河治河"的重要举措，是指将挟带大量泥沙的水流引入背堤一侧，由于流速变缓，泥沙大量沉积形成依附大堤的带状土方，起到加宽堤面、延长渗径、提高堤防强度和增强堤防整体稳定性的作用。

放淤固堤技术

"黄河水啊黄泥汤，年年沉积闹水荒，垒石筑坝年年高，难道你要涨天上？"这是以黄河上第一艘吸泥船研制为背景的原创话剧《红心一号》中的经典台词，由此可以看出，在与黄河

2004年标准化堤防工程放淤固堤

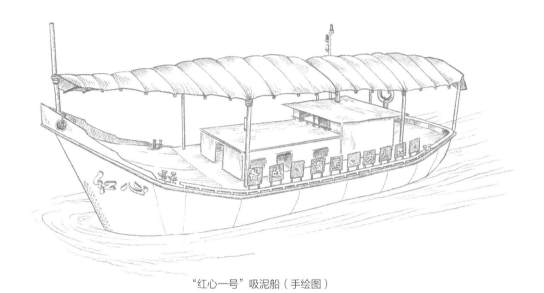

"红心一号"吸泥船（手绘图）

水患灾害斗争的艰辛。仅从先秦至民国的 2500 多年中，黄河下游便发生决溢 1500 余次，大的改道 26 次，其中特大改道 5 次，滔滔巨龙携黄沙破堤而下，给中华民族带来了沉重的苦难。

黄河宁则天下平。为寻求定河安邦之法，千百年来，一代代仁人志士苦苦探寻，从堵塞到疏浚，从分水到治沙，在与黄河水患"对抗"中，放淤固堤技术堪称"巧思"。与传统的"以人治河"观念不同，它巧借黄河水少沙多的特性，顺乎河势，因地制宜，留"黄"去"清"，开辟了一条"以河治河"的新路径。

放淤并不是新鲜事儿。先秦时期，陕西富平赵老峪就已经开始利用洪水漫地淤田，距今约2300 年。万历《富平县志·水利》有记，自秦孝公重用商鞅变法后，奖励耕战，水利工程渐有兴修，赵老峪引洪漫地即大致开始施行，经过多年漫淤，把原来"地土高燥"的穷乡僻壤，变成"土润而腴"的肥沃良田。公元前 230 年秦灭楚之后，秦始皇把赵老峪洪漫地赐给有功的大将王翦，"流曲大川为方百里，秦王翦美田千顷之地"成为美谈。后因经济便捷，放淤肥田技术不断传承发展，在宋代开始大规模实施，产生了巨大的经济效益和社会效益。

引水放淤既能肥田，是否也可另作他用？由此，放淤固堤的理念应运而生。史料记载，放淤固堤产生于明代，万历年间，万恭、潘季驯就曾提出落淤固堤的办法，试图利用黄河泥沙淤积的规律来达到治河的目的。清代乾隆、嘉庆时期（公元 1736—1820 年），在黄河及海河水系各河上形成了放淤固堤的高潮，被视为黄河下游"以水治水"的上策。

当时的放淤固堤大致分为两大"阵营"，一方是由刘天和、万恭、潘季驯等人为主的"河滩落淤派"，他们或提出沿岸密栽低柳，水涨淹柳，水退沙留，或主张利用缕堤、格堤、丁坝一类建筑或"木龙"、埽工等护岸工程进行落淤，从而起到留住泥沙、加固堤坝的作用。另一方则为"堤背放淤派"，其中尤以月堤放淤最为常见，即在险工背后或堤后洼地周围筑月堤，再在大堤上分开上、下二口，既可用静水放淤，又可用流水放淤，从上口进水引沙淤

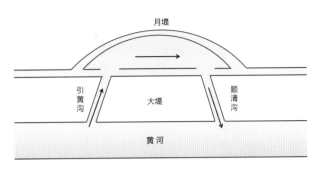

放淤固堤平面布置图

月堤放淤图示

洼，从下口排清水归河，既高效又省力，在当时备受推崇。两派各有千秋，殊途同归，共同推动了明清时期放淤固堤事业的发展。据统计，仅乾隆、嘉庆时期，大规模的放淤便有六七十次之多，黄河上的放淤区长宽更是达到几十丈至几十里不等。

架设放淤固堤管道（董海锋／摄影）

正在作业的吸泥船

作为黄河泥沙利用的重要手段，放淤固堤技术一直延续至中华人民共和国成立以后。随着技术及理念的进步，治黄工作者不再满足于自流放淤的"低效"与"偶然"，逐步发明了利用吸泥船放淤固堤的技术，造就了一个著名的水利工程措施品牌——机淤固堤。

机淤固堤的首次尝试。1964年治理黄河会议上，周恩来作出了"使水土资源在黄河上、中、下游都发挥作用，让黄河成为一条有利于生产的河"的指示。黄河水利委员会在继续开展自流放淤固堤的同时，同意山东黄河河务局用泥浆泵进行堤防冲填试验。

试验选定在济南泺口险工下首、泺口铁桥上首进行，1965年上半年开始，同年结束。用一只木船，装上两只电机分别带动泥浆泵和高压水枪泵，用高压水枪泵冲搅河底泥沙，再用泥浆泵抽吸，通过管道输送到堤背修筑的淤区内，排走清水，沉沙固堤泺口。试验结果，每立方米河水中含沙量达200多公斤，共淤填土方14000多立方米。

此次实验证实了机淤固堤的可行与高效。1969年，山东齐河修防段廉价买了一只泥浆泵，安装在一只小木船上进行吸泥试验，因小船漏水没有成功。后又在一只木筏上安装了三条虹吸管，安上水泵、电机、水枪继续试验，淤平了王窑分段圈堤内的洼地。取得初步成果后，1970年2月正式成立造船组，决心打造一只专门用来吸取黄河泥沙的船只，对常年与河水、石头打交道的黄河职工来说，研制吸泥船并非易事。但大家信心坚定、干劲十足，当时在齐河修防段下放劳动的黄河水利委员会工务处处长田浮萍和该段职工一起大胆钻研，土法上马，修旧利废，当年 7 月终于建成黄河上第一只简易机动自航式钢板吸泥船"红心一号"，9 月在齐河南坦下水试运转成功，翌年正式投产，开辟了黄河下游机淤固堤的新纪元。1972 年 10 月 30 日的《大众日报》在纪念毛泽东主席视察黄河 20 周年的专版中刊登了一篇《自制吸泥船》的文章，报道了齐河修防段的这一成果。至 1973 年，山东黄河已制造吸泥船 21 只，累计完成土方 293 万立方米。

随着机淤固堤技术的广泛应用，一支集修堤、防汛、抢险于一体的机械化专业施工队伍快速成长起来。从 1979 年机械化施工队伍初步组建到 1985 年第三次大修堤结束，6 年间，共完成各类土方 3.6 亿立方米，机淤固堤 562 公里。它有效改变了黄河洪水漫滩后，大堤渗水、管涌险情频发的不利局面，减缓了河道的淤积抬高，保护了耕地，创造出了巨大的社会效益、经济效益和生态效益。

1974 年 6 月，黄河水利委员会在放淤固堤工作开展得较好的山东齐河召开放淤固堤现场会，明确将制造吸泥船淤背固堤作为黄河下游近期治理的重要措施之一，并把它列入国家计划。

1975 年 10 月，新华社就山东黄河职工利用黄河泥沙淤背固堤取得显著成绩，为堤防建设闯出一条新路的事迹作了报道。1977 年，时任国务院副总理李先念对黄河下游使用吸泥船机淤固堤作出批示："很好，继续总结提高。"

1978 年，山东黄河职工创造的引黄放淤固堤经验捧回"全国科学大会奖"。

1982 年，利津修防段宫家分段工人张建成、王庆宝、崔文君、张秀泉对吸泥船远距离输水管道加力站柴油机循环水冷却装置进行了革新，利用输沙管道中的冷水带走机器冷却水的热量，从而达到了机器的正常运转。这一革新节省了投资，且挪动方便。图为生产中的宫家分段 3 号吸泥船

链接

黄河上第一艘吸泥船——"红心一号"

　　20世纪黄河下游汛期险情不断，为求解决之计，20世纪六七十年代，齐河黄河修防段职工受虹吸引黄灌溉沉沙淤地的启发，提出研制吸泥船机淤固堤的想法。1970年2月，该段成立造船组，试制吸泥船。

造船组成员各司其职

　　没有造大船的空间，修防段在南坦险工划出一块空地当场地，挖土平坑，搬石头垒墙，拉起破帐篷当厂房。造船厂建成之初，正值寒冬，黄河南坦岸边，顶冷风、冒霜雪，职工夜以继日露天造船。

　　据当年"红心一号"吸泥船研制人员之一的袁根喜老人回忆，当年造船时，工具、设备、技术、料物都奇缺，但同志们齐心协力，凭借着"一颗红心两只手，自力更生样样有"的精神，仅用一部电焊机、两个氧气瓶和几把大锤，便开始了轰轰烈烈的造船事业。没船台，就在南坦黄河坝头上垫起方木当船台；没有压平机，就拼上满身的力气，用大锤和压堤用的混凝土碾轧钢板一点点砸平、压展；没有圆钢加工设备，就平地挖炉，冒着上百摄氏度的高温将灼烧后的圆钢烧了砸、砸了烧，反复上百次将圆钢加工成型；没有起重设备，就赤膊上阵、肩扛人抬。

　　尤其是造船初期，学习电焊的工人李少敏没有经验，焊接时不是钢板烧窟窿，就是焊缝焊不透，眼睛被强光刺得又肿又胀，衣服也被火花烫成了"马蜂窝"。但是，他积极钻研，努力克服困难，在较短时间内掌握了电焊技术。为了适应整个船上几十种不同的弯度，大家齐心协力，最终受车床上花盘的启示，经过反复试验、反复改进，造出了一台能够弯各种不同角度的"万能胎具"。随后，又根

造船场景

弯压船体肋骨

自制施工工具

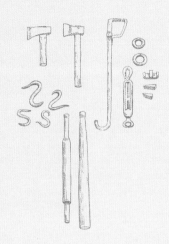

"红心一号"吸泥船在南坦险工
成功下水运行

制造"红心一号"吸泥船的自制工具　　　自导自演黄河治理文化特色舞台
剧"红心一号"

据施工需要，制造丝钢钳、杆钳、平锤等十余种机具，保证了造船正常进行。

　　艰难困苦，玉汝于成。在造船组全体职工的努力下，1970年7月，黄河上第一艘简易机动自航式钢板吸泥船终于诞生，并命名为"红心一号"，于同年9月在南坦险工成功下水运行，由此开启了黄河下游机淤固堤的新纪元。

　　后随着机淤固堤技术日臻完善成熟，吸泥船的含沙量由最初的几十公斤提高到如今的几百公斤，输沙距离更是从原来的几百米延长至数十公里，收获了改良土地、灌溉农田、节省财力等多重效益。

1970年，"红心一号"造船组全体人员合影

于先秦，盛于北宋，复兴于

于今，一路成长为护堤塞决

器。穿越历史的云烟，黄

是中国古代水工建筑的

是世界河工史上的卓异不

历史最悠久、应用时间最长

用最大的一项河工技术，

阔的浑融相依中，成长为

一朵瑰丽奇葩。

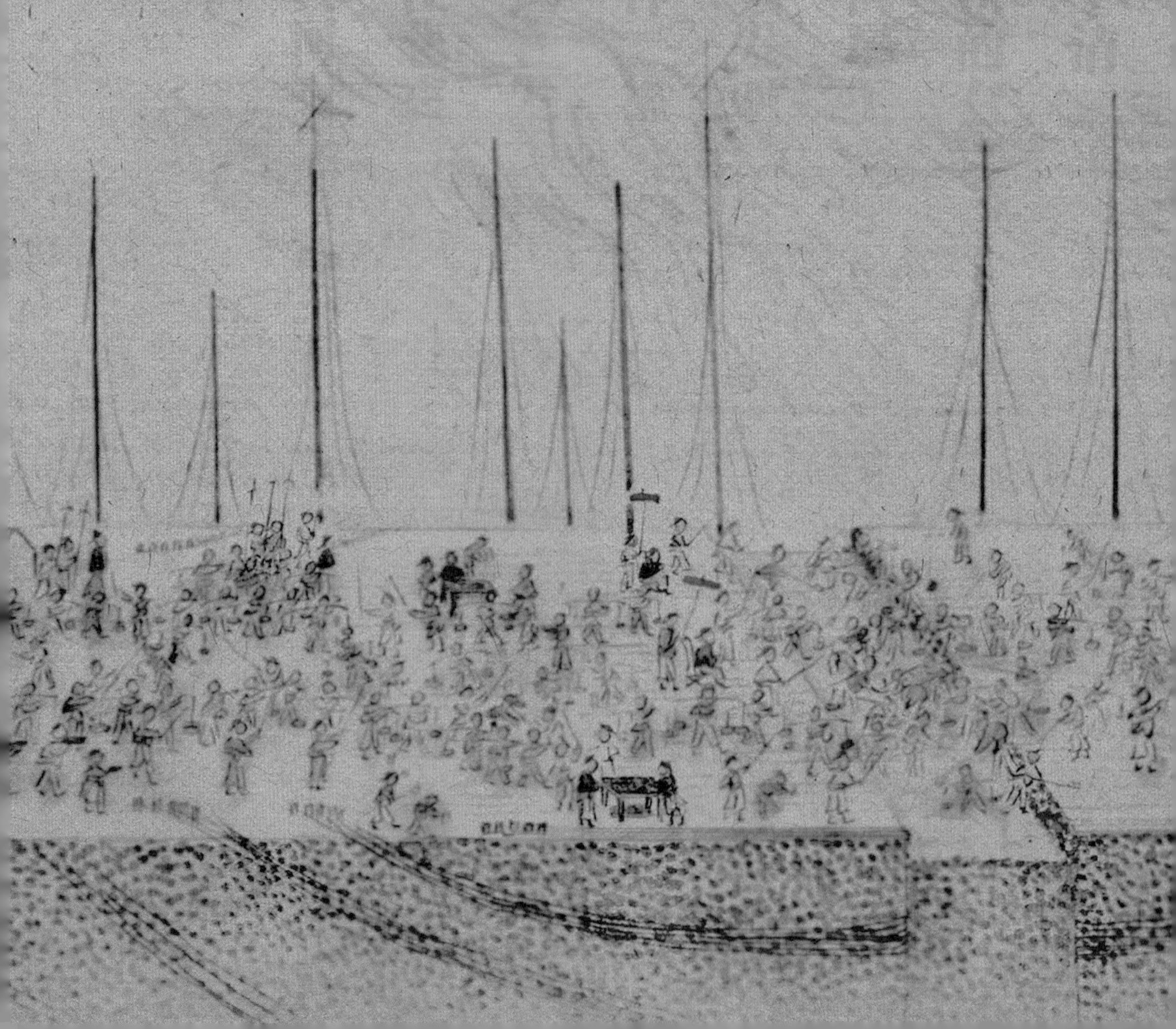

第二章

千年埽工见沉浮

铺展中华文明的逶迤画卷，一曲曲
的黄河宛然在目。饱经沧桑的
一处处昭如日星的钩沉遗迹
出，迸发出浪漫而厚重的不朽

　　铺展中华文明的邈邈画卷，亘古奔涌的黄河宛然在目。其中，洪水与智慧碰撞而成的黄河埽工，满载着古代人民的创造精神，始于先秦，盛于北宋，复兴于清，重塑于今，一路成长为护堤塞决的有力武器。穿越历史的云烟，黄河埽工不仅是中国古代水工建筑的重大发明，更是世界河工史上的卓越杰作，被誉为历史最悠久、应用时间最长、发挥作用最大的一项河工技术，在悲哀与壮阔的浑融相依中，成长为黄河治理文化中的一朵瑰丽奇葩。

清代埽工抢险场景图

位山枢纽 1959 年

埽之溯源

　　黄河孕育着文明，也承载着灾难。面对这条"善淤、善决、善徙"的桀骜大河，守护堤防、堵塞决口成为黄河下游历代治河民众首当其冲的重任。伴随着洪水与抢护的频繁交锋，一种能够用来保护堤岸、抢堵溃口、施工截流且适应黄河多变、简洁易行的河工建筑——埽工便诞生了。

　　长久以来，黄河埽工以树枝、柴草为主要材料，再用桩、绳连接，辅以土石，通常修建在堤防靠水的地方，借以抗御河水对其的冲击，保护堤身的安全。一个个被简称为"埽"的埽个或埽捆在绳索的串联下累积连接起来，沉入水中并加以固定，就成为埽工。

　　河为根，埽为魂。黄河埽工作为黄河上最古老的御水建筑物，最早可追溯至春秋时期，距今已历经 2700 多年。

　　《管子·度地篇》中记载了管仲与齐桓公讨论有关治水事宜。当齐桓公问及"如何治水"时，管仲回答道："常以冬少事之时，令甲士以更次益薪，积之水旁。州大夫将之，唯毋后时。其积薪也，以事之已；其作土也，以事未起。"接着管仲又侃侃而言："堤防可衣者衣之，冲水可据者据之，终岁以毋败为固。"这里的"衣"大约指的是在堤上种树植草，防止雨刷风蚀；而"据"则是用以对付水流冲刷的防护工程，相当于现在的护岸险工。从中可以看出，那时已经开始用柴草和土作为治水的材料，来构筑护岸工程，早期的埽大抵起源于此。

　　战国时期，作为法家创始人之一的慎子在稷下讲学时提及："治水者，茨防决塞"。"茨"有堆积、填的含义，"防"则表示堤岸，有"大者为之堤，小者为之防"之说。不难推断，"茨防"便是用草木土石筑堤堵塞决口，是一种类似埽工的建筑物。而慎子口中的"茨防"后被清代的治河名臣陈潢认为是"即今黄河之埽也"，更加佐证了埽工早在先秦时期便初露头角，并已经能用于堵塞决口了。

　　此后，随着黄河下游的决徙之患日益严峻，埽工在堵口中发挥了越来越大的作用，特别是汉武帝时期著名的瓠子决口，采用的技术措施虽然缺乏详实记载，但仍可见类似于埽工的技术被应用其中。《史记·河渠书》中有"下淇园之竹以为楗""颓林竹兮楗石菑"的记载，对于文中"楗"的含义，结合南宋史学家裴骃在《史记集解》中的注解，加之唐代史学家司马贞在《史记索隐》中的阐释，"楗"原指门栓，"菑"则代表直立的竖桩，如两头出榫、分别插入外圈轮牙和车轴箍之间的辐条，结合上述分析，后人遂将"楗"定义为以竹、石为主要结构的堵口技术。成书于清代的《河工器具图说》之《大埽》条下曰："埽即古之茨防，高自一尺至四尺曰由，自五尺至一丈曰埽，《史记·河渠书》下淇园之竹以为楗是也。"这证实了"楗"就是"埽"的前身。

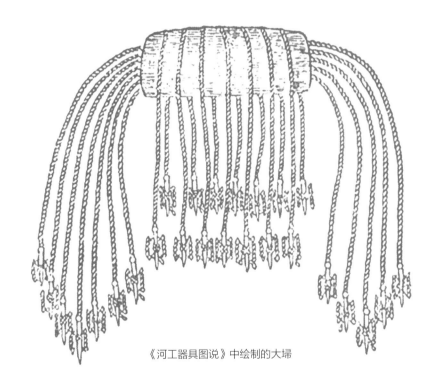

《河工器具图说》中绘制的大埽

如果说"茨防""楗"是埽工的乳名，那直到千年之后的北宋，这种水利工程才被正式冠以"埽"之名，跻身水利专有名词的行列。自此，依河而建、傍水而立的埽工，踏着浩浩汤汤的无涯波涛，一路成为黄河治理史上最普遍、最实用的河工建筑物。

埽之更迭

　　滔滔大河流淌过钟灵毓秀的山川平原，也串联起悄然流逝的古老岁月。触摸浪涛的脉搏，从利用草木土石修做的"茨防"，到借助竹石交织而成的"竹楗石菌"，从烦琐复杂的卷埽，到简易便行的厢埽，黄河埽工在澎湃激流中生长着，赓续着。

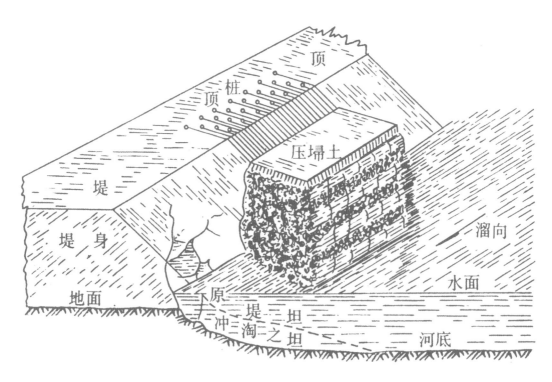

捆厢埽示意图

河工用埽，沿革已久。

翻阅浩瀚典籍，先秦时期"茨防"的制作方法已无从考证，只留下寥寥数语以示后人。西汉年间的"竹楗石菌"之法虽也只有寥寥数语，但在历代史学巨擘的辨析剖解中也可略知一二：以竹篾、石块、薪柴为主要材料，先将横向的"楗"和竖直的"菌"在河底纵横交错穿插以构筑竹络，再将石块、薪柴等填筑其间，就这样，一个体积庞大、重达千斤乃至万斤的阻水构件拔地而起，在湍急的水流中用以进行落淤缓溜、堵塞决口。这种竹络构件便类似于后来的"埽"，而在技术匮乏的当时足以震撼世人。

历经动荡的黄河在东汉王景的治理下，迎来了千年安流的漫长时光，也使得这一时期有关黄河堵口技术及埽的发展记载屈指可数。

倔强倨傲的河流从来不屑于规行矩步，凭着泛滥改道的"本事"，致使北宋时期黄河中下游屡屡决溢、洪灾频繁。据记载，在短短的 168 年间黄河决溢 155 次，几乎一岁一决，无决溢的年份少之又少，故有言之："河之患，萌于周季，而浸淫于汉，横溃于宋。"其河患之严重、治理之艰难、民生之困苦不言而喻。

在黄河洪灾勤密的裹挟下，治河技术在北宋时期迎来了巨大发展。埽工技术更是迈入了鼎盛时期，无论是技术实践，还是制度管理，都形成了相对完善的体系，对以后元、明、清治理黄河、堵塞决口、护理堤岸产生了深刻影响。

《河工器具图说》中绘制的埽枕

回望河患频频与繁华似锦并举的北宋，在建朝 60 多个春秋后的天禧（公元 1017—1021 年）年间，残破不堪的京东故道上已坐落着 46 座埽，它们上起孟州（今河南省焦作市孟州市），下至棣州（今山东省滨州市惠民县），横跨黄河下游 500 余公里，拼尽全力平息波涛的怒火。此时的埽已不再单一用于堵塞决口，而是多个埽组成了一处处护卫河堤的埽工，就像现在由多处坝岸相连而成的黄河险工一样。在此以后，黄河接连发生两次大迁徙，形成北流与东流同存的二股态势，溃决泛滥一拥而至，随之埽工增修也从未间断。到北宋元丰四年（公元 1081 年），根据都水监丞李立之的建议，沿北流河道又陆续增修埽工至 59 处，在一次次冲锋陷阵中目睹决口与堵复的更迭交替，于一轮轮智慧碰撞中推动治河技术创新与实践的蓬勃发展。

宋代的埽为卷埽，其做法在《宋史·河渠志》《河防通议》等文献中都有颇为详细的记载，为后人研究埽工技术提供了宝贵的资料。《宋史·河渠志》用简洁明了的语言记述了声势浩大

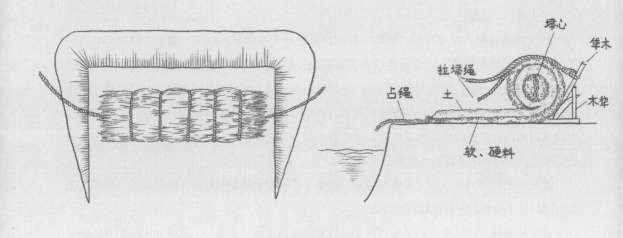

卷埽制作手绘图

的卷埽修做场景。做埽前，先选择一处宽平的堤面作为埽场，将数条用芦苇打成的草绳密布于地面，每丈下铺一条麻绳，每两条麻绳搭配一条行绳，草绳上铺上梢枝和芦获一类的软料，紧接着压一层土，土中掺杂些碎石。再用大竹绳横贯其间，大竹绳又被称作"心索"，这是贯穿埽的"大筋"，作为卷埽主心骨的寓意跃然纸上。待到竹心索固定好位置后，接下来就是声势浩大的卷埽环节。由于这种埽的体积庞大且笨重，"其高至数丈，其长倍之"，一般需要河工五六十名，若埽长八丈的，需四五百名，如果长达十丈的大埽，则需要人夫五六百名。卷埽时，两位敦实健硕且谙熟卷埽之道的人夫担任埽总一职，一人执旗招呼指挥，一人鸣锣把握节奏，百名河工分工有序，密切配合，齐心协力，牵拉捆卷、栓绳固定一气呵成，埽捆便做成了。最后到了振奋人心的下埽环节。这时，锣声此起彼伏，彩旗摇曳绽放，成百上千人喊起了震天号子，拼上了浑身气力，脚下的步伐描摹出满身的力量，随着"扑通"一声，身形硕大的埽捆被推至堤身单薄处，溅起层层浪花。待埽捆沉入水后，岸上的众人以迅雷不及掩耳之势，迅速将竹心索牢牢拴在堤岸的木柱上，同时又自上而下在埽体上打进木桩，一直插进河底，将埽体固定起来。就这样，一个个埽捆紧紧相依，一座座埽坝接踵相连，不惧酷暑寒流，亦无畏浪打风吹。

　　同样是卷埽，北宋沈立编纂的《河防通议》详细记载了另一种修做方式，与《宋史·河渠志》所载的制埽之法有所不同，并且创造性地将埽捆称之为"束"。制作时，先将柴草、树枝等软料卷成束，然后将束下放到堤身险要之处，再往里填塞薪刍。值得一提的是，束上可以叠加束，

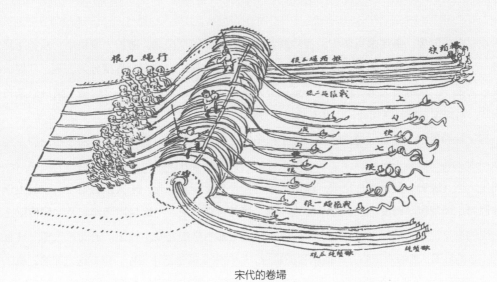

宋代的卷埽

两束之间用竹索交结而成的网子索加以连接固定，同时用树枝进行填塞充实。表述看似简单，过程却很艰辛。为了保证束与束之间衔接紧密、不留缝隙，河工们只得孑然站在束上，束依水摆，人随束动，于天地之间，躬身弯腰将竹索扎紧缝密，用树枝柴草填补严实。这样的修埽方式，也常常伴随着危险。若遇大水，人和束霎时便会被激流冲走，人物两空，荡然无存。层层叠叠的束因为作用不同，被赋予了传神的名字：最下面的束，称为扑崖埽，又叫入水埽；最上面的束称为争高埽；大溜顶冲且难以防护的束，称为防埽。长期浸泡在水中的束常会发生朽烂，一遇激流便随水刷去，这时上面的束旋即下压，紧接着又卷新束继续压下，直到稳定为止。束的高度自十尺至四十尺不等，但长度一般不过二十步。如果险工地段较长，可让若干个束并排连接起来，连接的长度可达二三百步以至上千步（约合今三四百米至一千五百余米），远远望去宛如一条水上长龙，蔚为壮观。与此前的埽体相较，沈立笔下的埽工颇有特点，埽体修成后，不再用竹心索贯穿固定，而是充分利用大河水沙时时流动的秉性，让单个的"束"可以随黄河河底冲刷而自由下沉，不致使埽体基脚淘空，从而达到稳固堤坝的目的。以"束"为名的埽捆沿着自然发展规律，让修做方式、实用效果均与时俱进，而后人也亦有鉴于此。

在河患频多的北宋，"未曾水来先垒坝"成为治水者的共识。夹河而立的埽工多设立在堤防的主要防守堤段，且按照大堤距河远近及河势不同等，来确定对埽工的防护主次，"河势正著堤身为第一，河势顺流堤下为第二，河离堤一里内为第三"，这是说在不同河势下，大溜直冲埽坝时最为险要，需要重点防护；溜势顺着埽坝时险要程度次之，防护力度稍小；溜势距离堤身一里之内时再次之，防护力度更小。而距离水远的大堤，也按安全程度分为三等，"堤去河最远为第一，次远者为第二，次近一里以上为第三。"若遇大水来袭，又根据工情缓急来布置修防，对埽坝进行修缮加固，以此对抗洪水侵袭。

有了垛垛埽坝，便有了道道守护。由于埽多为草木土石结构，修补维护已需常态，加之需要囤积大量料物以备不时之需，于是，配置齐全、长期驻守并维护黄河河堤的机构——埽所应运而生。据《宋史·河渠志》记载，淳化二年（公元991年）三月，宋太宗曾诏令："长吏以下及巡河主埽使臣，经度行视河堤，勿致坏隳，违者当寘于法。"这是河埽建制及主埽使臣之名出现的最早记录。后又见沈立之言："监埽使臣与都水修护官及本州知、通同兼管辖，凡有缮治，必候协谋，方听令于省，转取朝旨而后行。"在宋人的笔记小说中，也有这方面的记载："每一二十里，则命使臣巡视，凡一埽岸必有薪茭、竹揵（楗）、桩木之类数十百万，以备决溢。使臣受命，皆军令约束。"不难看出，宋代的埽所建设已颇具规模，从中央到地方，从河官到埽兵，其相应的机构、官职都已经趋于完备，特别是还明确了地方长官及巡河主埽使臣所担负的巡视河堤、准备埽料、堤防堵口等职责，这与今日的行政首长负责制有异曲同工之处。

同洪水搏斗，不亚于行军打仗，充足的"粮草"是打赢胜仗的坚强后盾。对于具备堵口修防功能的埽坝来说，提前储备丰富的埽料也尤为重要。

北宋时期，制作埽的用料多以草料、梢料、木料、竹料、土石等，其中最主要的是"梢"和"草"，这两种物料构成比是"常例卷埽梢三草七"，也就是"梢"占三成，"草"为七成。"梢"主要是"榆柳枝叶"；"草"也就是"芟"，主要是芦荻之类。值得一提的是，这个时期制埽开始使用大量的木料，尤以榆、柳最为常见，特别是因为"柳遇水即生"，且"柳随地可种"，柳树的枝叶成为制作埽的最好材料，这也是北宋制埽技术的一项创新。"草"的特性虽然不像"柳"那样"遇水即生"，但"草虽至柔，能狎水，水溃之生泥，泥与草并力，力重如碇"，在堵水决口中起到了独特的功效。除了"梢"和"草"，制埽还需要把料物结合在一起的"索"。"索"的种类很多，材料、规格不同，用途也不同，多用竹子制成，如竹索、小绞索、手索等，也有用芦苇制成的苇索。

草木做成的埽，经不住河水积年累月的风吹浪打，易毁坏腐坏。这就要经常储备物料来维护埽岸和备不时之需，故在北宋就明确规定了准备埽料的制度，要求沿河各州出产埽料的地区地方官，会同治河官吏，每年秋后农闲季节，率领丁夫水工，收采埽料，准备来年春季施工时用。这些埽料称为"春料"，包括"梢、芟、薪柴、楗橛、竹石、茭索、竹索"等，数量达"千余万"。

纵观整个宋代，黄河并没有因为河官的尽心竭力而加以收敛，反而越发猖獗。纵使黄河治

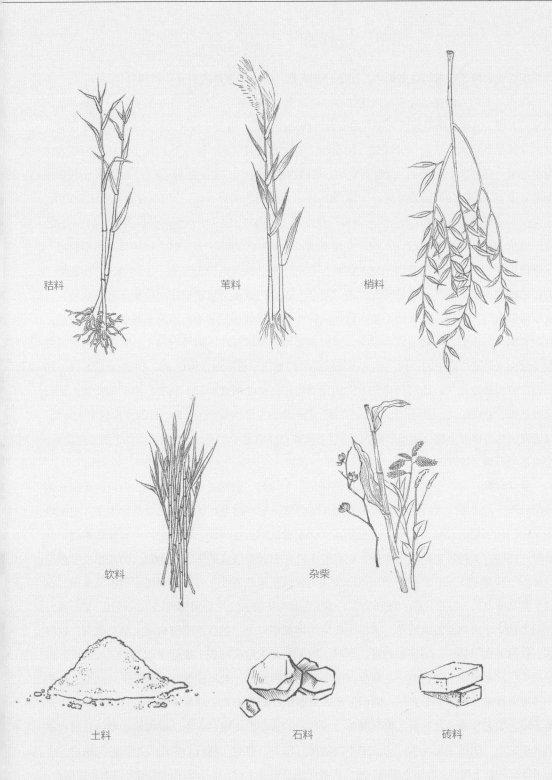

秸料　　　　　葦料　　　　　梢料

软料　　　　　杂柴

土料　　　　　石料　　　　　砖料

制作埽的用料

理举步维艰，埽工技术却在厮杀中冲出了一片天地，在之后百年的时光中璀璨夺目。

恣意不羁的黄河在历经三次大迁徙后，在金章宗明昌五年（公元 1194 年），一股脑冲破河南原阳大堤，分南北两派奔腾入海。由于黄河向南迁徙后，相当一段时间黄河下游河道不固定，黄河主流摆动很大，决口十分频繁，因而埽工的位置已有变化。除了开封以上宋代的旧埽大体保留下来，开封以下新河因主流时有变动，故埽工相对较少。《金史·河渠志》记载，金代黄河下游兴置有 25 埽，每埽设散巡河官一员，每 4～5 埽设都巡河官一员，全河共配备埽兵 12000 人。由这样一支组织完善、制度严密的河兵专门负责埽工的修守，成为近代黄河防洪的重要组织力量。

金代末期，面对纷争战火，加之国势渐衰，大量的人力、物力、财力被转移到军事领域，但资源的匮乏并没有阻挡黄河治理的脚步，在这一极其特殊的历史时期，一种名为"树石埽"的技术腾空而出，成为金代独一无二的"家学"。金代散巡河官蒲察铉所著的《树石埽记》一文中对其有详细描述："骤出不意，附河居民不系林坞间，髡其水，木之不果者，官给之价，联以竹绳，压以石段，顺流以积垒之，目曰树石埽。"树石埽以树和石为主，其他工料有竹绳及少量土木杂草。其中的"树"多为不能结果的树木，"石"则是重达 80～120 斤的石段，两者通过竹绳加以连接，依河势自然下沉而逐层堆积，从而形成埽坝。从史料中不难发现，树石埽与之前的卷埽相比，使用占比较小的"草"不再作为主要构成部分，绳、桩的作用也大为降低，这些变化也可以看出树石埽在降低人力、物力成本方面做足了功夫，虽是现实条件下的无奈之举，但也不可不谓之技术进步。

直至元代，黄河下游河道又发生大的变化，金代的一些埽工也失去作用。因元代黄河长期多支分流，所以整个元代未见提及沿河埽工的修守。这一时期埽工技术仍以卷埽为主，更多地用于保护局部堤防和堵口工程中，对此，元代学者欧阳玄在《至正河防记》中有详细描述。开始时，在埽台上按规定距离钉木橛，以直径 1 寸左右蒲苇绞成的绵腰索直铺，两端扣在木橛上拉紧，一般宽 10～20 步，长 20～30 步，另外以直径 3 寸或 4 寸的曳埽绳索横铺在上面。在这中间又铺上长 300 余尺的大缆作为管心索，在其与绵腰索交叉处用细绳结扣成网状。紧接着，在网上铺上千束乃至万束的草，再将土石均匀地摞在草上，然后把绵腰索拉上结扣成网，这样草石就像装在了袋中，不容易散开。这时，数千名河工站在网袋上来回走动，"丁夫数千，以足踏实"，待到草土卷达到一定高度，两名河工跃然而上，敲起锣鼓，喊起号子，众工人应声一齐用力推卷，直到捆卷到位。随后，用四五条粗壮的腰索系于埽捆之上，将其拉到坝头，准备下埽。数名身强力壮的河工屏气凝神，或持埽的管心索顺埽台下踏，或将管心索挂在埽台铁锚大橛之上，缓慢下沉入水。与北宋不同的是，每下一埽后，将管心索埋入挖好的沟槽中，上面用厚厚的草土覆盖，再加土填筑，随后再铺一层草料及土料。这样填平的沟槽又成为新的埽台，

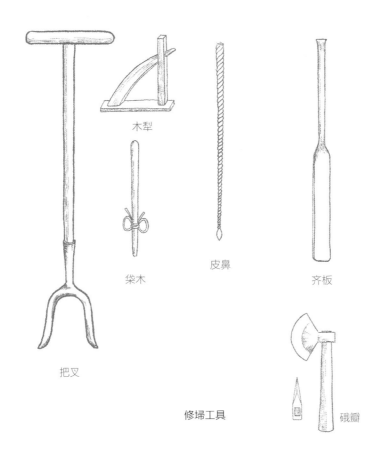

木犁

袋木　　皮鼻　　齐板

把叉

修埽工具　　碛瓤

而管心索让各个埽捆相互压实挤紧，从而埽埽相叠，不易发生摆动，以此加固堤防。

　　岁月向前，河流向海。历经沧桑的黄河再次于明孝宗弘治七年（公元1494年）迎来大迁徙，挥别河南开封昂头直奔东南，自此黄河下游河道不再任意摆动，逐渐有了相对稳定的流路。随着黄河一路流过开封、兰考、商丘、砀山、徐州、宿迁、淮阴等地，堤防修守再次提上日程，作为防御利器的埽工更是备受重视，被大量应用于堵口工程，这时使用的埽工还是传统的卷埽。对此，曾任明代总理河道的万恭在《治水筌蹄》中所有记述："先以椿草固裹两头，以保其已有。却卷三丈国大埽，丁头而下之，则一埽可塞深一丈、广一丈，以复其未有，易易耳。"明代卷埽在埽料的使用上也有一些变化，从宋代的"梢三草七"，到元代的"草九梢一"，金代则是多用石、少用草，而在明代的梢料又有增加，用柳稍料约占草的五分之一，无柳时则用芦苇代替，不再使用竹索，而代之以麻绳，石料反而用得较少。

　　河流依旧流淌，枕河而兴的埽工技术在清代乾隆年间迎来重大变革。

　　一直以来，由于卷埽体积大，修做时需要宽敞的场地和大量的人工。所以，卷埽的修做方法也一直在不断改进，直至清乾隆十八年（公元 1735 年）出现了厢沉式的修埽方法。这一年，江苏铜山县发生决口，大学士舒赫德谙熟河工，特别是擅长堵筑机宜，在他的指挥下，开始用兜揽软厢（顺厢）进占，但在合龙时仍用卷埽。也正是从这时起，厢埽法开始用于堵口。清嘉庆以后普遍推广使用，征战大河上下的古代卷埽技艺几乎失传。

沉厢式修埽不再依靠宽敞的施工埽台，而是利用由依河搭建的临时软埽台演化而来的捆厢船，埽的制作改在堤面与捆厢船之间进行。修埽时，人们将捆厢船横于坝头，在船和堤之间用绳索挂缆固定，随后在缆上铺施秸料（高粱秆）和土，以土压料，以料固土，再用绳和固定桩将之捆扎成整体为一坯，松缆下沉，逐层修做，坯坯加厢，直至到底，继而护根，以达稳定，即修成为一个埽体。开始几层，上料要厚，压土要薄；在埽体接近河底时，因过流断面减小，流速增加，水流冲刷力加大，应采用薄料厚土的办法，促其下沉。当险工段由多段埽工组成时，应将上游埽段做成体型较大的当家埽，以挑离水溜，避免各埽段均衡迎溜。这种做埽的方法一直沿用到现在。

与此同时，清代在埽料使用上也不同以往。清康熙年间，卷埽材料的比例由宋元时期"梢三草七"改为"柳七而草三"。其原因为"柳多则重而入底，然无草则又疏而漏，故必骨以柳而肉以草也"。至于梢草与土料的比例，黄河的经验是："埽内宜软不宜硬，宜轻不宜重也。

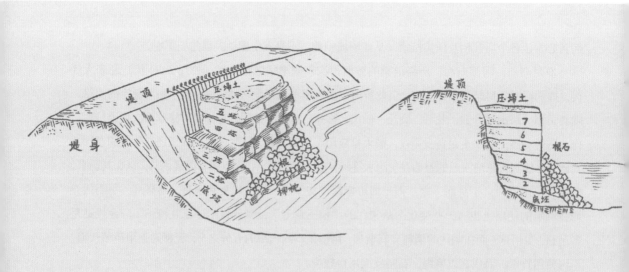

顺厢埽图　　　　　　　　　　　　　　　　厢埽剖面图

轻软则水入沙停，合而为一。硬重则桥搁攻挤，必致内溃。"这是说要充分利用黄河含沙量大的特点，借助水中泥沙进一步加固埽体。清康熙河道总督靳辅曾指出："至于沉系埽个，全在揪头绳索，其力尤重子桩，必须多而壮，埽必重而后沉，当"柳七而草三"填土之后，倘埽工之外，忽起翻花大浪，急须于堤内下埽填土，昼夜压截。其翻花浪起于数十丈之内尤易，若起百丈之外，则危矣。其堤工若但坍陷而平下，犹可填土加埽，若一悬空则危矣。若内外倾欹，亦不可救。此河防所不载，堵决者不可不知也。"直到清雍正二年（公元1724年），质地轻软又可就地取材的秫秸逐渐代替了柳梢，秸料做埽被正式批准在山东、河南的黄河上加以应用。值得一提的是，由于秸料有一定的弹性，所以修成的整个埽体也具备了一定的弹性，无论是用来护岸还是堵口，更能减缓水溜冲击和阻塞水流。但秸料较轻，需用绳缆捆缚定位才不致漂移。"厢成之埽被溜掣动，全凭土压，绳缆无能为力"。同时，为增加埽体抵抗水溜的稳定性，各坯中的压土量也成为关键因素，最好采用老淤土，即经过风化后的胶泥，其次是壤土，最不济的情况下才会使用粉土或沙土进行压埽，在料和土的紧密融合下，埽工得以越发坚固。

　　修埽除了需要料、土，还离不开桩、绳。粗大的木桩和结实的桩绳将埽所用的秸料、梢料牢牢盘系在一起，而桩和绳构成不同的组合就被称为"家伙桩"或"家伙"。

　　打桩栓绳作为修做埽工的重要环节，不同的情况要使用不同形式的家伙桩，不同的家伙桩

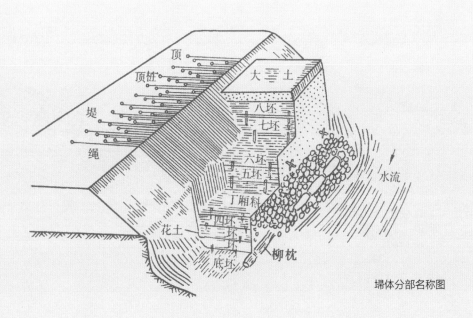

埽体分部名称图

则有着不同的拴绳规则。实践证明，打桩拴绳不仅是个体力活，更是个技术活，能否合理巧妙地使用家伙桩，关系着厢埽修做的成败。

在长期的修埽实践中，家伙桩根据桩绳的位置、固结力的大小、受力的快慢等特点，衍生出类目繁多的种类，并被赋予了一个个生动形象的名字。如按桩绳圈数及伸缩性可分为软家伙和硬家伙，又如按桩绳在埽肚内外的位置可分为明家伙和暗家伙，再如根据使用桩绳的多少划分为一般家伙和重家伙，等等。再往细处划分，家伙桩的分类更加有趣别致：三根桩插成三角形的叫三星抓子，四根桩插成正方形的叫棋盘。此外，还有满天星、羊角抓子、五子、七星、骑马等，这些名称大抵是根据木桩的根数和拴桩的手法而来。值得一提的是，各种家伙的桩绳，在埽面上一般都采用对称拴打的方式，以保持受力平衡，从而确保了埽体坚实稳固。

绕埽而生的料、桩、绳、土、水被常年与河水打交道的老河工比作人身的皮、骨、筋、肉、血。其中，"料"可以抗御水流的冲刷，所以好比埽之皮；"桩"可以支撑埽体，为埽之骨；"绳"可以拴系埽体，为埽之筋；"土"可以充实埽体，为埽之肉；"水"可以涵养埽体，为埽之血。类比之生动形象，为后人所乐道。

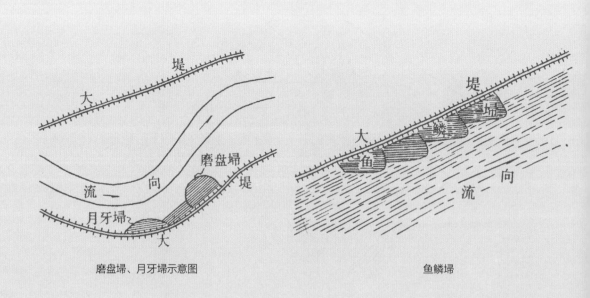

磨盘埽、月牙埽示意图　　　　　　　　　　　　　　鱼鳞埽

------------------------------ 链接 ------------------------------

柳石工

　　柳石工多出现在 20 世纪 50 年代以后，由兴盛于清乾隆时期的秸土工演进而来，是以柳枝代替秸料或苇料，以石料代替土料，以铅丝代替部分绳缆而修筑的埽工工程。柳石工用料颇为讲究，通常说来，柳枝以枝叶茂盛、枝条柔软的新鲜柳枝为好，弯曲、粗而短的柳枝不宜采用，石料则以块石为主，相较于秸土工来说，柳石工抗御水流的能力更胜一筹。柳石工主要有柳石搂厢、柳石枕两种结构形式，而它们也一直沿用至今，在防洪抢险中发挥着重要作用。

　　清代的埽工根据修埽方式、用途形状等，衍生出琳琅满目的名字。按修做方法有顺厢和丁厢之分；按形状又有磨盘、月牙、鱼鳞、雁翅、扇面等埽；按作用又分为藏头、护尾、裹头等埽；按所处位置又分为金门占、合龙占等埽。时至今日，这些耳熟能详的名称，仍以险工坝头的形态护送河水东流。

　　埽工在漫长的治河岁月里，展现出了缓溜落淤、修做迅速、取材方便、适应性强的优势，但也暴露着体轻易浮、容易腐朽、修理勤而费用多的缺点，常常是"一年做，二年修，三年就得挖窟窿"，不适用于永久性工程。清乾隆后期，开始在埽前散抛碎石护根。清道光十五年（公元 1835 年），河东河道总督栗毓美又提出发展砖工、代替抛石护埽的建议。到了清光绪十四年（公元 1888 年），河道总督吴大澂再次建议筑石坝以代秸埽，并提出用水泥涂灌坝身砖面石缝，以此来稳固埽坝。很快，时隔两年后，泺口险工的石坝首次亮相，紧接着山东黄河埽坝逐渐改筑为石坝，但受当时投资所限，改建速度仍然缓慢，到 1930 年时，仍有许多坝岸为埽坝。

　　历史的车轮碾过古老时光，迎来了中国共产党领导的人民治黄。特别是中华人民共和国成立以后，黄河下游治理本着"宽河固堤"的方针，为确保防洪安全进行了四次大修堤，同时对险工坝岸进行了加高改建，逐步将秸埽改砌为石坝。至 20 世纪 50 年代末，山东河段险工基本实现石化，坝岸工程强度有了很大提高，为防御黄河大洪水奠定了坚实的工程基础。

　　如今，历尽忧患沉浮的埽坝早已不见踪影，眼前一座座坚不可摧的石坝绵延相连，它们留恋着邈远时光，更守护着安澜希望。

埽工分类

按修做方法划分——

顺厢埽：料物的铺放与水流方向成平行的埽，可用于堵口工程或护岸工程。

丁厢埽：料物除底坯用顺厢外，其余各坯料物均按垂直于水流方向铺放的埽，可用于护岸工程及抢险。

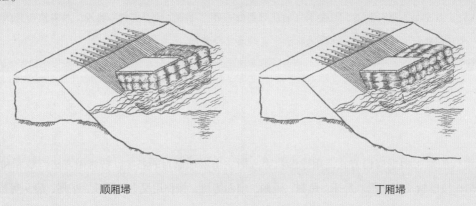

顺厢埽   丁厢埽

按形状划分——

磨盘埽：呈半圆形，用于着溜较重的部位，它能上迎正溜下抵回溜，常被用于埽群中的主埽。

鱼鳞埽：头窄尾宽，形似鱼鳞，往往连续数段或数十段，多用于大溜顶冲及坐弯地段，是最常用的一种形式。

月牙埽：形似月牙的埽段，它较磨盘埽小，阻溜轻，可用来抵御较轻的正溜及回溜。

雁翅埽：头尖尾宽，形似雁翅，段段相连，可抵御正溜和回溜。

扇面埽：外宽内窄，形似扇面，可以抗御正溜及回溜淘刷，但不及磨盘埽的御溜能力大。

凤尾埽：即挂柳，其做法是将带有枝叶的柳树倒挂于水中，用绳缆拴牢，系于堤顶或岸顶的桩上。树冠坠压重物数处，使其入水，并要数株或数十株为一排，可以消刹水势，缓溜落淤，保护岸坡。适用于边溜及风浪冲击堤岸的地段。

耳子埽：位于主埽两旁的比较小的埽，因似主埽的两耳而得名，其作用是防止回溜淘刷。

按作用划分——

藏头埽：在险工段上首修建的埽，可修成磨盘埽、月牙埽等形式。作为一段险工上端的埽头，掩护以下埽段，免遭抄剿后路之险。

护尾埽：在险工段末端修建的埽，可修成月牙埽、鱼鳞埽等形式，用以托溜外移，防止水流淘刷埽段以下堤岸。

裹头埽：在大堤决口后的断堤头或修挑水坝的坝头，为防止水流冲淘所裹护的埽。

等埽：又称旱埽，在河水将到堤根之前预先在旱地上做的埽，只待河水到达时，即可防止水流冲刷堤岸。

按堵口工程中的位置划分——

金门占：在截流、堵口时，龙门口左右的两占作为堵口合龙时的重要阵地，取"金门"坚固之意，故得之。

合龙古：又称萝卜埽，通常为形状上口大、下口小的大埽。在堵口、截流合龙时应用。

门帘埽：亦称关门埽，在堵口、合龙后，为防止口门透水，利于闭气，在口门处迎水面所修的埽，形似一道古朴的门帘。

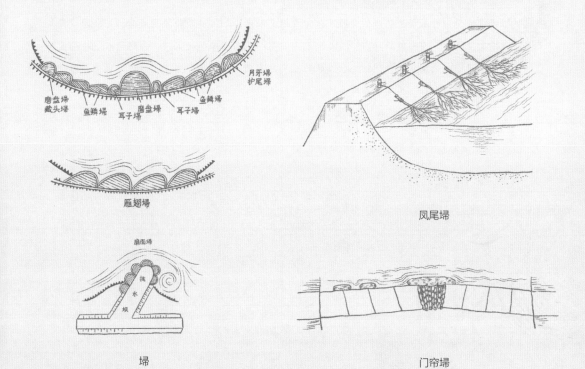

雁翅埽

凤尾埽

埽

门帘埽

厢埽家伙分类

以桩绳在埽肚内外的不同，分为明家伙和暗家伙。其中，除去在岸上的顶桩外，外露于埽身的家伙叫作明家伙，反之全部桩绳都在埽肚内的叫暗家伙。明家伙使用的桩绳多、力量大，多在堵口和截流中使用，桩绳的拴打方法有骑马、揪头与保占、单包角、双包角及束腰等形式。暗家伙则在截流、堵口、抢险、护岸中都可使用，常用的桩绳拴打形式有：羊角抓子、鸡爪抓子、单头人、三星、棋盘、五子、连环五子、七星、满天星等。这些家伙的选用，要根据河底土质、水深、流速、流向等情况来确定。

根据使用桩绳的多少划分为一般家伙和重家伙，一般家伙使用的桩绳较少，团结力相应较小；重家伙则使用的桩绳多，团结力大，如七星、七星占等，而在堵口和大抢险时多用重家伙，依次来抗击强大水流冲刷。

依照桩绳圈数及伸缩性，又可分为软家伙和硬家伙。软家伙是桩绳在桩上绕的圈多，绳缆伸缩性大，受力慢，往往在埽身下沉后才起后拉作用；硬家伙则是绳缆在桩上绕的圈少，绳的伸缩性小，受力快，在需要桩绳很快受力时采用。选择软、硬家伙需要视情而定，如河底为胶泥滑底时，可采用软家伙满天星，以增大阻滑力。而一般的埽占，头几坯要用三星、羊角抓子等硬家伙，以防被水流冲向前爬；在埽占中坯，埽体尚未到底前，用软家伙或软硬兼有的家伙，如棋盘、五子，以团结埽体，适应河底不平的情况；埽占到底后，再次采用羊角抓子、鸡爪抓子、七星、骑马等硬家伙，以防埽、占前爬。

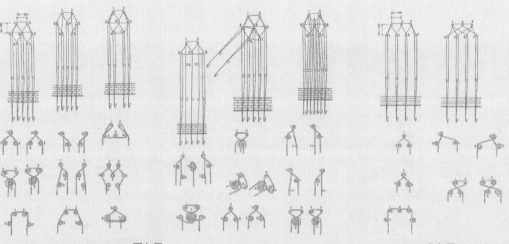

圆七星　　　　　　　　　　　　　　　　　　　　　　　　扁七星

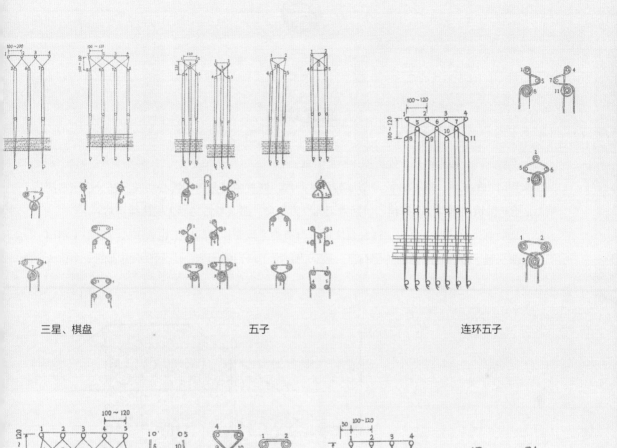

三星、棋盘　　　　　五子　　　　　连环五子

满天星　　　　　　　　蚰蜒抓子

埽之功勋

一方埽工，一段篇章；一处埽坝，一腔心血。

凝望时空的长河，捡拾浊流亲吻过的记忆碎片，回首激浪刻画的惊心动魄，在一次次塞决堵口、抢护险情的硝烟中，拼凑起黄河埽工的跌宕生命，感叹着古老埽工的伟绩丰功。

有堤防就会有决口，有决口就会有堵口，具备落淤减溜作用的埽工也就被大量应用于堵口工程。西汉瓠子堵口时用到的竹楗石菑，被认为是埽工堵口的起源，成为治水史上的一个重大创举。

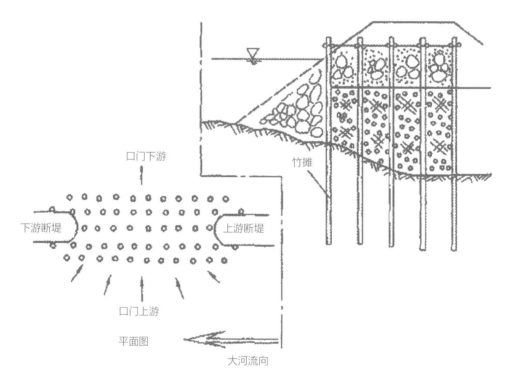

瓠子堵口布楗示意图

西汉元封二年（公元前 109 年），48 岁的汉武帝在目睹了河患所致的饥民蜂起、民怨沸腾的惨状，终于再次下决心治理河患、堵塞溃口，此时距离瓠子决口已过去 23 年。面对异常艰巨的堵口任务，汉武帝亲临指挥，大臣汲仁、郭昌坐镇一线，几万民工闻令而动，浩浩荡荡的堵口队伍奔走在口门上下。这次堵口复杂而繁重，汲仁和郭昌吸取了 23 年前堵口失败的教训，改"堵"为"导"，独创"下楗止水"之法，即先在口门横向处将大竹插入河底，由稀到密连成数排竹桩，在竹桩之间投入大石块，以减缓口门水势；然后再用草料填塞其中，最后再逐层向上压土压石，用以堵口。这种方法与近代的桩石平堵法颇为相似。由于当时堵口的材料匮乏，随行而来的官员无论官职大小，纷纷加入了搬运大军，从百里之外的淇园（战国时卫国的皇家园林）运来竹子、柴草，参加堵口施工。汉武帝见状深受震撼，望河而作《瓠子歌》，在宏大神圣的叙述中再现瓠子堵口的壮阔场面。举全国之力，终于成功地堵塞了决口，并在其上修建宣房宫，此后数十年黄河再没泛滥成灾。

时间到了宋代，随着埽工技术趋于成熟，堵口实践也日渐丰富，达到了古代传统堵口技术的高峰。

北宋庆历八年（公元 1048 年），黄河决口澶州商胡埽（今河南濮阳），河水奔走，民怨沸腾。朝廷命时任三司度支副使的郭申锡主持堵口工程。他以规范的"整埽塞决"方法进行施工，即从决口两端逐渐堵塞，等待决口宽度剩下 60 步时，再沉下 60 步长的大埽进行"合龙门"。然而，当进行到"合龙门"的关键一步时，由于水势猛烈，呈倾泻之势，加之埽身太长，凭人力难以压到水底，致使不能断流，屡塞不合。此时，有着丰富抢险堵口实战经验的河工高超结合当时的河势水势、河床土质、现有材料、技术能力等因素，创造性地提出了"三节压埽法"。盲目自信的郭申锡并没有将其放在心上，而是继续沿用之前治水堵口的老办法。一旦经验与实际脱节，往往事与愿违。郭申锡命人几经下埽，却几经失败，在反复做埽、下埽中不仅浪费了大量的人力物力，还耽误了宝贵的抢险时间，最终没能按期完成任务，还被朝廷降职。

河北安抚使贾昌朝随即被派来继续负责堵塞决口，他不再沿用郭申锡的老经验，而是采取了高超的计策。"第一埽水信木断，然势必杀半。压第二埽，止用半力，水纵未断，不过小漏耳。第三节乃平地施工，足以尽人力。处置三节既定，则上两节自为浊泥所淤，不赖人功。"即将原来 60 步长的埽分为三节，每节长 20 步，三节之间用绳索连接。先下第一节埽，此时洪水对埽的冲击力会减为原来的三分之一，众人的力量就可以压住埽，避免被水冲走。待第一节埽压下沉底固定之后，再下第二节埽。待第二节埽固定后，决口只剩下 20 步，人们就可站在岸边进行施工，不必在水中承受着水的冲力，行动更加自如有力。第三节埽安置完毕，前两节埽早已被浊泥淤固稳定，这时再在埽上压上土层进行加固，与在平地上施工一样，十分快捷方便。

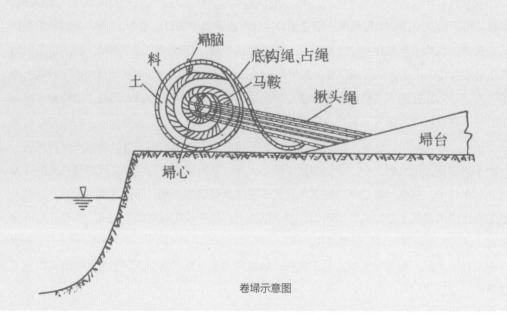

卷埽示意图

在高超的指挥下，决口很快得到封堵。此法深受北宋著名科学家沈括（公元 1031 ～ 1098 年）的赞赏，并被收录到《梦溪笔谈》中，为后世所称颂。

北宋熙宁十年（公元 1077 年）七月，河决澶州曹村（今河南濮阳），澶州北流断决，河道南徙。次年（北宋元丰元年）闰正月开始堵口进占，至 4 月 23 日合龙方告完成。曹村决口合龙时，已至农历四月，黄河水量较大，加上口门已缩窄至十丈，单宽流量显著增大，口门外的跌塘深由最初的一丈八尺猛增至十一丈，龙口处水流湍急震撼。时任河北转运使的王居卿创造性地提出了两项工程措施："制为横埽，以遏绝南流"和"重埽九纂而夹下之"。《宋史·王居卿传》这样记载他提出的合龙方法："立软横二埽，以遏怒流，而不与水争。"但苦于记载过于简略，后周魁一先生研究认为，"软横二埽"的施工方法与后代合龙时常用的二坝和关门埽颇为相近，即在正坝施工的同时，在距离龙口下游三百米至五百米处作一月堤形的二坝。王居卿的堵口方法作用显著，据御史中丞蔡确说，"河决曹村，方议塞决口未定，闻转运使王居卿建横埽之法，决口断流，实获其力"，并当即将其作为都水监的施工规范定了下来。

时光又踏过 273 个春秋，元至正十一年（公元 1351 年），贾鲁在主持山东曹县白茅堵口时，巧妙地将沉船之法与卷埽之法相结合，成功在汛期堵塞泛滥 7 年之久的口门，创造了汛期堵口的奇迹。《至正河防记》详细记载了这一堵口过程。

贾鲁限于当时的历史情况，在施工程序上选择了先疏后塞。首先整治故道，疏浚减水河；

再筑塞小缺口，培修堤防；最后才堵塞白茅决口。然而，待到堵口之时，正遇八九月秋涨，口门之处波涛汹涌，堵口难度徒然增大。贾鲁"乃精思障水入故河之方"，决定"入水作石船大堤"。他命人在挑水大堤施工规划线上逆流排列 27 艘大船。各船均用铁锚、竹绳固定在预定位置。每条船底先铺散草，船舱内装满小石子，其上用木板钉合。船舱上密布草土埽捆，用麻绳将其紧绑在船体上。各船之间，又用大木横连，麻绳绑缚。沉船时，每艘船上安排两名身手矫捷之人，手持利斧，立船首尾，岸上槌鼓一经响起，数人同时开凿船底，顷刻间便将脚下之船沉入水中。凿船沉舟后，口门水势凶猛，浊浪排空，又立即树水帘，下小埽、抛草土，填压跺实，上加筑大埽。前船沉后，"势略定，寻用前法，沉余船以竞后功"，并在船堤之后加压三道草埽，"中置竹络盛石，并埽置桩，系缆四埽及络"。又由于"船堤距北岸才五十步，势迫东河，流峻若自天降，深浅巨测"，于是在堵塞口门时，"先卷下大埽约高二丈者，或四或五，始出水面"。当修至河口 20 步时，河水嘶吼，巨浪猛疾，若自天降，怒吼咆哮，犹撼船堤，形势十分危急。贾鲁依然指挥若定，对参与堵口的官吏工徒"日加奖谕，辞旨恳至"，众人感激涕零，一刻不停地加快堵复进程。终于历经 65 日，白茅堵口终获成功，"龙口遂合，决河绝流，故道复通"。贾鲁所创的"石船堤"之法挽黄河回归故道，被清代靳辅赞赏道"贾鲁巧慧绝伦，奏历神速，前古所未有"。

进入清代，堵口技术随着修埽方式的转变，也迎来了较大的改进，即在进堵合龙时，由传统的卷埽法改为厢埽法。厢埽合龙，先在口门两端牵拉绳网，俗称龙衣。龙衣用小绳扎紧在合龙缆上。在龙衣上铺放秸料和土袋，施工人员上埽跳动下压，合龙缆同时放松，待埽料下沉至水面，再次铺放埽料，如此逐层下压，直至压埽至河底，堵口合龙。

翻阅史料同样可以发现，埽工堵口与近代引进的新法相比毫不逊色。如 1921 年的山东利津宫坝堵口、1946—1947 年的花园口复堵，所用的新法接连受挫，最终也都在埽工的补救下取得成功，足以说明埽工在堵口合龙中的作用不容小觑。

宫坝决口时，在各项堤坝工程中对关键部位进行厢修起到了事半功倍的作用。老河工们说，宫坝堵口单凭"洋鬼子"那一套是不行的，最终还是咱们的埽工起了大作用

宫坝堵口中，秫秸、乱石、桩、绳是工地上的主要料物

仰望着古代人民的智慧结晶，人民治黄事业踏上新征程。虽然1946年以后开展了声势浩大的复堤整险运动，但由于主河道溜势多变，坝岸坍塌也时有发生。特别是面对接踵而至的洪水巨浪，为了保证坝岸和堤防安全，防止险情扩大，力争在最短的时间内恢复或新修防护工程而进行临时抢险，最行之有效的仍要数埽工。

1947年花园口合龙，黄河归入故道，黄河下游迎来首个汛期。黄河沿岸的利津大马家、王庄、张滩、綦家嘴、济阳谷家等险工先后发生塌坝溃堤等严重险情，抢险队员昼夜抢修厢埽，抛护柳石枕，方才转危为安。1949年黄河先后在汛期迎来七次洪峰，千里河防大水迫岸盈堤，险情起伏丛生。在菏泽苏泗庄险工，5段石坝、4段秸埽着溜下蛰，修作9段新埽坝才得以脱险；在垦利前左险工，1号坝裹头护沿全部被冲垮，整段埽体被冲走，千余民工通过捆抛柳石枕重新抢厢裹头，直至埽坝稳定。1976年两股洪峰落天而来，在高青孟口控导附近防洪堤发生大面积坍塌，200多名解放军和部队民兵在激流中采用挂柳缓淤、搂厢抢护、抛枕护脚等方法进行抢护，直至抢险胜利。

埽工技术除了在堵口抢险中大显身手，在水利枢纽的截流工程上也尽展拳脚。

20世纪50年代后期，为了满足黄河沿岸灌溉、航运及向京、津送水的要求，相继开工修建起位山、泺口、王旺庄3处水利枢纽工程。其中，位山水利枢纽工程中进行大河截流时采用了埽工进占截流法,这也是历史上首次利用埽工技术腰斩黄河,其场面之宏大、节奏之紧张、意义之重大,尤为引人瞩目。

1959年11月25日,截流工程开工誓师大会在聊城陶城铺黄庄滩头隆重举行。整个截流工程分正坝、边坝、土柜、后戗等四部分,正坝共分七个占子和一个金门占。正坝、边坝用层料层土与木桩、麻绳间隔相作而成;土柜、后戗用土堆筑,作为埽体阻水与安全的依靠。当时,大河流量800多立方米每秒,流速达5米每秒。截流工地白天人头攒动,夜晚星火点点。只见15只架缆船牵拽着长达200余米的钢丝缆,把正坝和边坝的两只巨大的捆厢船扯在中央,护卫着埽坝的迅速进占。运送土料的四路大军像4条飞舞的长龙,将一筐筐泥土投向占体,汇成了一股股坚不可摧的力量。

截流工程进展迅速。12月4日2时,第5占完成。6日0时,第6占金门占告捷。这时过水河面只剩下42.8米。7日9时,指挥部下令爆破拦河闸引河,使部分黄河水通过拦河闸泻流,为实施抛枕合龙创造条件。12月8日,指挥部决定实施抛枕合龙,截流工程迎来最紧张的时刻。

远眺河面,一根根"龙筋"(合龙大缆)活扣在龙门两厢金门占的24颗粗壮的"龙牙"(合龙桩)上,巨大的"龙衣"(绳网)已凌空系在合龙大缆上。滚滚黄河水争先涌入正坝龙门口,从"龙衣"下面呼啸而过。坝边一声令下:合龙开始!只见一位年轻河工如飞燕般凌空跃上"龙衣",紧跟着七八个小伙子也鱼跃而上。接着,团团秸料翻江倒海般拥上"龙衣"。紧接着,已78岁高龄的老河工薛九龄跃上悬空的"合龙占"上,喊起号令,随着三声锣响,庞大的"龙门占"稳稳地沉下河底,将雄伟的东西坝头连接成一体。仅历时14天,拦河大坝得以合龙,大河截流赢得胜利,而这足以让黄河埽工再次彪炳史册。

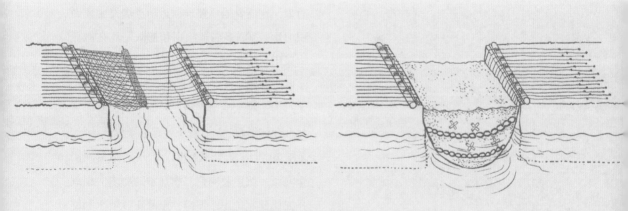

合龙占过程图,左图为铺龙衣,右图为合龙占

　　悠悠河脉，赫赫埽工。每一座埽工的身旁，都流淌着澎湃激昂的河流；每一方埽坝的身后，都挺立着誓守安澜的脊梁。历经沧桑洗礼的埽工技术，见证过磅礴洪水呼啸落天的惊涛骇浪，也铭记下劳动人民抗洪抢险的矢志不渝，更淬炼出众志成城永固安澜的黄河精神。如今，那些鲜活的、厚重的、遥远的埽工在东升西落间迎来新生，它们沉淀炙热，酝酿光芒，依旧傲然守望着浩渺东流的浊浪，依然低声吟诵出"我在河安"的夙诺。山川茫茫，大河泱泱，埽工传奇，山高水长。

庆祝截流成功的队伍

久风范。

黄河水的厚重，塑造了中华民

万宗同源的民族心理，形成了

合的主流意识和推动治理的

聚着中华民族百折不挠的

着中华民族坚毅不屈的品格，

黄河水的激越，萌发了片片

煌的黄河文化，浩如烟海的

想方略，文学名篇利润润

河儿女筚路蓝缕，饱大斗

凝聚着治河先贤聪明才

验智慧，也印刻着以人为

中华优秀传统文化基因

黄河水的豪情，见证了中华民族的荣

辱和沧桑巨变。从黄河片流而下

到千官望长安，万回开会元灯火

从积贫积弱、满目疮痍的旧中国到繁荣

富强、蒸蒸日上的社会主义新中国

第三章

古史今事话抢险

　　黄河水的豪情，见证了中华民族的兴衰荣辱和沧桑巨变。从黄河岸边的第一堆篝火，到千官望长安、万国拜含元的开元盛世，从积贫积弱、满目疮痍的旧中国，到繁荣富强、蒸蒸日上的社会主义新中国，古老的黄河诉说着中华民族的动人故事，期冀着劳动人民对安居乐业、物阜民康的长久夙愿。

　　黄河水的厚重，塑造了中华民族万姓同根、万宗同源的民族心理，形成了大一统大融合的主流意识和兼收并蓄的包容精神，凝聚着中华民族百折不挠的精神气质，彰显着中华民族坚毅不屈的禀赋性格。

　　黄河水的激越，萌发了异彩纷呈、灿烂辉煌的黄河文化，浩如烟海的治河著述、思想方略、文学名篇和钩沉遗存，浓缩了黄河儿女筚路蓝缕、战天斗地的奋斗精神，凝聚着治河先贤探索实践、创新开拓的经验智慧，也印刻着以人为本、自强不息等中华优秀传统文化基因。

黄河梁山段

黄河冲积　海岱成陆

当尧之时，天下犹未平，洪水横流，泛滥于天下……水逆行，泛滥于中国。——《孟子》

第一节

悬顶之患诉春秋

黄河从世界屋脊出发，奔流而下，掀起万丈狂澜，九曲蜿蜒，独流婉转，浩浩汤汤，奔腾入海。

自古至今，一句"母亲河"的称谓，包含了多少离别苦、几许游子意、几多家国情。

曾几何时，黄河是一条桀骜不驯、灾害频发的灾难之河。但在中华民族5000多年文明史上，黄河流域有3000多年是全国的政治、经济、文化中心。千百年来，中华民族在与洪流浩劫、自然灾害的反复斗争中，不仅使华夏民族由刀耕火耨走向现代文明，而且使中华民族由松散的政治实体逐步走向统一融合的泱泱大国。

葵丘会盟　浮雕壁画

历史忧患

黄河是世界上最难治理的大河。受地理条件、气候条件、水系条件等自然因素和人类生产、生活、人为干预等人为因素的交叉制约和影响，流域内气候复杂多变，是旱灾、洪灾、水土流失等自然灾害的高发区。据《墨子·七患》记载："禹时七年水，汤时五年旱。"可见在大禹的时代灾害亦如今日，有旱有涝。

时空更迭，流年奔逝，黄河在岁月的嬗变中匆匆流淌，当我们重新回顾那些镌刻着艰辛苦难、血泪斑斑的黄河忧患史时，仍然能够感受到中华儿女怒吼奔腾、不屈不挠的铮铮铁骨。

赤地千里人相食

黄河流域大部分地区属于南温带、中温带气候区，流域内幅员广阔，地形复杂，各地区的气候差异显著。东南部属半湿润气候，中部属于半干旱气候，西北部为干旱气候。据 1956 年至 2000 年观测资料统计，流域多年平均降水量 446 毫米，降水量总的趋势是由东南向西北递减。流域降水量的年际变化十分显著，年内分配极不均匀，连续最大 4 个月的降水量占年降水量的 68.3%。

这些独特的自然因素，让干旱灾害成为黄河流域最常见的自然灾害。

依据 500 年记录比较详尽的气候资料，黄河中下游地区大旱约 50 年一次，小旱则四五年即有一次。

黄河流域的大旱，频率高、分布广、范围大、持续久，对农牧业危害极大，常常形成"饿殍遍野""赤地千里"的局面。

先秦时期，流域直接记载干旱的史料不多，而最早的记录来自于《竹书纪年》，文中有载："夏帝癸十年，伊洛竭"。这是黄河支流伊洛河发生枯水现象的最早记载。

———————————— 链接 ————————————

《管子》中的水文概念

　　《管子》书中记载有较多的水文概念。如《度地》篇记述有对河流的分类："水有大小，又有远近。水之出于山而流入于海者，命曰经水；水别于他水，入于大水及海者，命曰枝水；山之沟有水一无水者，命曰谷水（季节河）；水之出于他水，沟流于大水及海者，命曰川水；出地而不流者，命曰渊水。此五水者，因其利而往之，可也；因而扼之，可也。"

　　将河流分为"经水"（干流）、"枝水"（支流）、"谷水"（季节河）、"川水"（人工河）和"渊水"（湖泊），这在水文地理学上，是世界上最早提出的河流分类概念。又如《水地》篇有："夫水，淖弱以清，素也者，五色之质也。淡也者，五味之中也。"说到纯水无色无味，为淡为素。水能中和五味（酸、咸、辛、苦、甘）而成为淡水。据此，并对春秋诸国的水质作了评价，"夫齐之水，道躁而复；楚之水，淖弱而清；越之水，浊重而洎；秦之水，淤滞而杂；晋之水，枯旱而浑；燕之水，萃下而弱，沉滞而杂；宋之水，轻劲而清"。说明北方河水多泥沙，含多种化学元素，以致易淤、易浑、易浊、易滞。南方河水则较清纯。在《地员》篇中，还对地下水的埋深与水质的关系作了描述。

管子辅国，倡导治国先治水。他的治水思想，主要分布在《管子》一书的《牧民》《立政》《乘马》《水地》《五辅》《度地》《地员》等7篇中，内容涵盖治国与治水、水的行政管理、水的哲学、水的自然现象等多个方面

流民图（明·吴伟　大英博物馆藏）

　　黄河流域最早的一次连旱记载，也来自于《竹书纪年》，文中称汤"十九祀（商代称年为祀）大旱，二十至二十四祀大旱，王祷于桑林，雨"。

　　西汉时期，有关黄河流域旱灾的史料开始逐渐增多，自汉惠帝五年（公元前190年）至[新]王莽地皇三年（公元22年）的212年中有24个大旱年，平均9年一遇。其中有2次较重的干旱，汉宣帝本始三年（公元前71年）夏，黄河流域东西数千里大旱；[新]王莽地皇三年（公元22年）"天下大旱，关东饥，人相食，蝗飞蔽天，流民入关数十万人"。史料上第一次出现了"人相食"的记载。

链接

桑林祈雨

　　据《吕氏春秋》记载：昔者汤克夏而正天下，天大旱，五年不收。汤乃以身祷于桑林，曰："余一人有罪无及万夫；万夫有罪在余一人。无以一人之不敏，使上帝鬼神伤民之命。"于是剪其发，以身为牺牲，用祈福于上帝。民乃甚说，雨乃大至。

　　意思是说，传说商代开国之君成汤灭夏之后，汤十九年至二十四年，连续五年的大旱，粮食绝收，汤亲自在国都亳（今商丘）东部的桑林祈求上天降雨，他说："我一人有罪不要殃及百姓，若百姓有罪，也由我一人承担，莫要因为一人触犯了上天，而使鬼神作出伤害百姓性命的事来。"汤以自身作牺牲来祈雨，剪发及爪，自洁，坐在柴上，准备自焚以祭天。火将燃，即降大雨。

　　关于桑林祈雨的历史典故，不少史书中均有记载，如战国《尸子》：汤之救旱也，乘素车白马，著布衣，身婴白茅，以身为牲，祷于桑林之野。

　　西汉《淮南子·主术训》：汤之时，七年旱，以身祷于桑林之际，而四海之云凑，千里之雨至。

　　清末民初国学大师王国维在《今本书纪年疏证》中记述：商汤"二十四年，大旱，王祷于桑林，雨"。

东汉光武帝建武二年（公元 26 年）至献帝兴平一年（公元 194 年）的 169 年中有 14 个大旱年。其中较大的旱灾有 2 次，根据《资治通鉴》记载，光武帝建武二年（公元 26 年），"关中饥，人相食，城郭皆空，白骨蔽野，一金易粟一斛"。旱区大致在今陕西至豫西一带，出现白骨遍野、十城九空、粟米昂贵的人间惨剧。献帝兴平元年（公元 194 年）黄河中下游"自四月至七月不雨，三辅大旱，旱蝗亡谷，百姓相食"，三辅地区的大旱和蝗灾造成了百姓相食的情况。

自西晋至元代千余年间，由于大旱成灾而造成人口大量死亡者更是史不绝书。干旱、疾疫、蝗灾轮番降临，"父卖其子、夫鬻其妻""骨肉相食，流殍满野""死者枕藉于路"的惨烈景象触目惊心。

明清之时，干旱灾害更为频繁，大旱之年共 100 年。其中，明代共历 276 年，仅大旱之年就有 73 年，平均不足 4 年一次，其灾害之频繁，冠绝史书，是诚旷古未有之记录。尤其是明代崇祯年间发生了近 500 年来持续时间最长、范围最大、受灾人口最多的旱灾。

明思宗崇祯元年（公元 1628 年）秦、晋、豫、鲁、北畿大旱，其中以陕北尤甚，草木枯焦，秋绝籽种。之后几乎连年干旱，崇祯二年米脂、镇原等处饿死的人都无法计算，崇祯三年隆德"父子相食"。崇祯六至十四年（公元 1633—1641 年）黄河流域持续 9 年特大旱，旱情重，范围大；"人相食"；崇祯八年靖边民饥死者十之八九，晋豫飞蝗蔽日；崇祯九年陕西礼泉无麦，人多渴死，豫北河水竭；崇祯十年旱区西至宁夏、平凉，向东扩展至河北、山东，崇祯皇帝久祈不雨而颁发"罪己诏"；崇祯十一年"山陕豫西草根树皮殆尽"，河水变小变清以至枯竭，"瘟疫盛行，死者甚众"；崇祯十二年中原鬵河、淮阳河、泌河等河水皆竭，飞蝗蔽天，公鬻人肉，旱区遍及西北、华北、华东、中南。崇祯十三至十四年旱情最重，范围最大，核心旱区如山陕甘冀出现"人相食"的极旱情况；陕西"绝粜罢市，木皮石面皆食尽，父子夫妇相割啖，十亡八九"，即父子夫妻相互割肉而食；山西"汾、浍、漳河均竭，民多饿死"，临汾夏季甚至"风霾不息"，即持续性沙尘暴；河北"九河俱干，白洋淀涸，尸骸遍野"；河南"大旱蝗，禾草皆枯，洛水深不盈尺，草木兽皮虫蝇皆食尽，民饿死十之五六，流亡十之三四，地大荒"；山东"飞蝗蔽天，蝗蝻相生，食草和树皮，井泉湖泊尽涸，泗水断流"；江苏、淮北大旱，"黄河水涸，蝗蝻遍野，流亡载道"；黄淮海平原和长江中下游旱区连成一片。这个时期，外有清兵临境，内有连年旱灾，人祸天灾致使明代经济的全面崩溃，并激化了社会动荡，加速了明代走向灭亡。

到了清代时期，大旱之年共 27 年，平均约 10 年一遇，期间发生 10 次特大旱，尤以光绪二至四年（公元 1876—1878 年）持续三年的特大旱最为惨烈，据《清史稿灾异五》记载，光绪三年大旱，黄河中下游因旱灾饥饿致死者达 1300 万人。民国自 1912—1949 年共计 38 年发生 6 次大旱灾，其中有 3 次特大旱灾，其中最为严重的当属 1927—1929 年持续三年的大旱，以山

崇祯皇帝的第二封罪己诏

崇祯皇帝一生共下过六封罪己诏，第一封：崇祯八年，因凤阳明祖皇陵被毁下诏罪己；第二封：崇祯十年，因北方大旱、祈雨不至下诏罪己；第三封：崇祯十五年，因松锦大战失洪承畴，又李自成所部杀孙传庭而下诏罪己；第四封：崇祯十六年，因闯王政权建立、楚王遇难下诏罪己；第五封：崇祯十七年，因李自成称帝，挥军北上，兵临城下而下诏罪己；第六封：崇祯十七年，崇祯皇帝以临终遗诏的形式颁罪己诏。

据《明季北略》记载，崇祯十年，崇祯皇帝在久祈不雨后，在罪己诏上痛切肺腑地说道：

"张官设吏，原为治国安民。今出仕专为身谋，居官有同贸易。催钱粮先比火耗，完正额又欲羡余。甚至已经蠲免，亦悖旨私征；才议缮修，（辄）乘机自润。或召买不给价值，或驿路诡名轿抬。或差派则卖富殊贫，或理谳则以直为枉。阿堵违心，则敲朴任意。囊橐既富，则好恶可容。抚按之荐剡失真，要津之毁誉倒置。又如勋戚不知厌足，纵贪横了京畿。乡官灭弃防维，肆侵凌于闾里。纳无赖为爪牙，受奸民之投献。不肖官吏，畏势而曲承。积恶衔橐，生端而勾引。嗟此小民，谁能安枕！……"

东省为例，1927 年 56 个县受旱灾，"秋收不及四成，灾民 2000 万"；1928 年 79 个县受灾，"灾民 500 万人"；1929 年 94 个县受水旱灾害，"受灾 728.5 万人"。

中华人民共和国成立以来，黄河流域也发生过多次特大旱情，比如：1965 年山西、河北、陕西大旱，1972 年北方出现了严重干旱，20 世纪 70 年代后期以来，黄河在济南以下已多次出现断流现象，1972—1999 年的 28 年间，黄河下游共有 22 年断流，平均 5 年中 4 年断流，90年代以前断流一般出现在河口地区，90 年代以后上延到济南附近，1998 年上延至河南开封以上，断流河段长度超过 700 公里，占黄河下游河段全长的 90% 以上。1995—1998 年利津站断流的天数均超过 100 天，1997 年达 226 天。1997 年断流，致使山东沿黄 130 万人吃水困难，粮食减产 27.5 亿千克，棉花减产 5 万吨，直接经济损失 135 亿元。

值得欣喜的是，自 1999 年，国务院授权黄河水利委员会对黄河水量实施统一调度，首开大江大河统一调度先河，至今已实现连续不断流，万里长河实现了从断流到河畅、从羸弱不堪到生机盎然的转变。

黄河下游历年断流情况统计图（利津站数据）

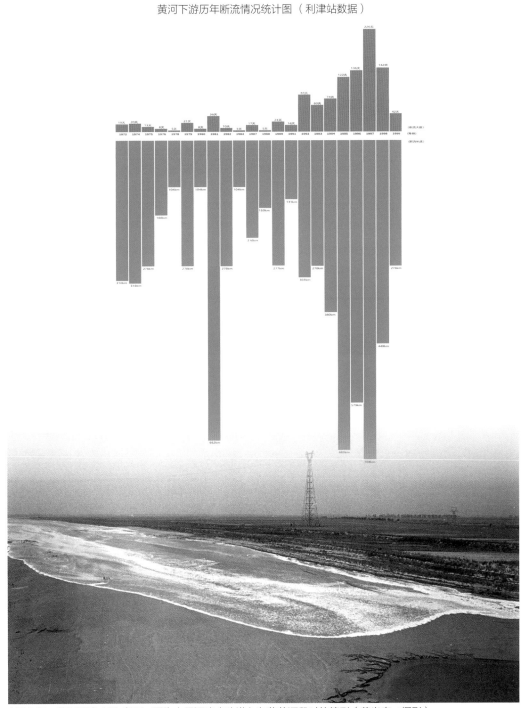

1996 年，黄河断流 130 多天，图为水量调度水头进入东营黄河段时的情形（蒋义奎／摄影）

黄河自古多洪灾

黄河水少沙多的水文特征在世界大江大河中是绝无仅有的，黄河多年平均天然径流量535亿立方米（1956—2000 年），三门峡多年平均输沙量为 16 亿吨（1919—1960 年），平均含沙量 35 千克每立方米，黄河平均每年约有 4 亿吨泥沙淤积在下游河道。

巨量泥沙在河道中不断淤积，导致下游"地上悬河"高耸，下游河道成为与淮河流域、海河流域相隔的分水岭。

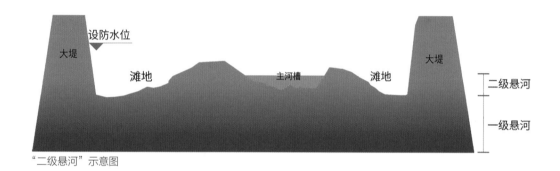

"二级悬河"示意图

水沙输送年内分布十分集中的水文特征，使黄河具有了"善淤、善决、善徙"的特性。据统计，80% 以上的泥沙在汛期集中输送，汛期泥沙又集中在几次高含沙量的洪水，有时一次大洪水就能在下游形成 10 亿吨以上的泥沙淤积。

因此，历代黄河防洪治理都格外艰难，历史上曾"三年两决口、百年一改道"。

1921 年，黄河在宫坝决口

1930 年，北六分段孙家被冲毁的残埽

据史料记载，自公元前 2000 年至 1985 年的 3985 年中，中国发生较大的水灾有 1029 年，其中黄河流域发生较大的水灾有 617 年。历史上黄河下游决溢频繁，自公元前 602 年至 1938 年的 2540 年中，决口泛滥的年份达 543 年，甚至一场洪水多处决溢，总计决溢 1590 余次，改道 26 次，灾害之惨烈，史不绝书。

北宋著名文学家王安石曾以诗句形象地描述了黄河洪灾的惨重景象，"派出昆仑五色流，一支黄浊贯中州。吹沙走浪几千里，转侧屋间无处求。"

黄河流域的水灾主要是洪水在黄河下游的决溢泛滥，但是在区域持续暴雨下，中上游山洪暴发亦常造成局部洪灾。古人以大雨"三日以往为霖，平地尺（雪）为大雪"，因此持续降水成灾也同时记录。

黄河的凌汛决溢是洪水灾害另一种表现形式。自 1855 年至 1955 年的 101 年中有 29 年发生冰凌决溢。1956 年以来，经采取多种防凌措施，下游凌汛未曾成灾。

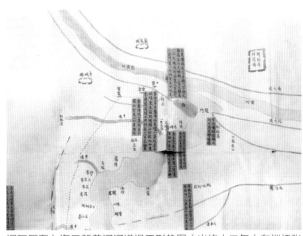

铜瓦厢至入海口新黄河河道堤工形势图（光绪十二年山东巡抚张曜《奏为遵旨查勘山东黄河情形并酌拟办法事》奏折呈览图）

链接

千古悠悠太阳渡

太阳渡位于今三门峡市陕州公园一号码头附近，其对岸是山西省运城市平陆县，是连接晋豫的古渡之一。太阳渡在古代叫茅津渡（现在的茅津渡古代为沙涧渡），大约形成于春秋时期。当时在北岸有茅城，因此得名，又名陕津。公元前655年，晋献公假道于虞，伐灭虢国，即由此过河。公元前627年，秦晋崤之战，晋出奇兵从此过河，以逸待劳，败秦于崤山。

汉代在黄河北岸设大阳县，南北朝时北周在黄河北岸设大阳关，以此守津，故此处又称大阳渡，俗称太阳渡（太，即"大"意）。此渡口在清道光时被冲毁。

大量王侯将相、文人墨客都曾在此留下足迹和佳作。

《旧唐书·太宗纪》载：贞观十二年（公元638年），"次陕州，自新桥幸河北县，祀夏禹庙"。有史料显示，唐太宗在过浮桥时，对浮桥十分欣赏。在过桥后，乘兴写《赋得浮桥》诗一首：

> 岸曲非千里，桥斜异七星。
>
> 暂低逢辇度，还高值浪惊。
>
> 水摇文鹢动，缆转锦花萦。
>
> 远近随轮影，轻重应人行。

薛瑄，字德温，号敬轩，河津（今山西省运城市万荣县里望乡平原村）人。明代著名思想家、理学家、文学家，河东学派的创始人，世称"薛河东"。他曾赋诗《陕州渡河》：

> 飞楫太阳渡，回头召伯祠。
>
> 水平风势缓，山晓日光移。
>
> 九曲来天汉，三门涌地维。
>
> 匆匆此按节，何以答明时。

历史时期黄河在上中游平原河段，河道也曾有过演变，有的变迁还很大。如内蒙古河套河段，1850年以前碛口以下，主要分为两支，北支为主流，走阴山脚下称为乌加河，南支即今黄河。1850年西山嘴以北乌加河下游淤塞断流约15公里，南支遂成为主流，北支目前已成为后套灌区的退水渠。龙门至潼关河道摆动也较大。

不过，这些河段演变对整个黄河发育来说影响不大。黄河的河道变迁主要发生在下游。

历史上黄河下游河道变迁的范围，大致北到海河，南达江淮。据历史文献记载，较大的改道有 20 多次，其中大改道 5 次，分别是周定王五年（公元前 602 年）河决宿胥口；王莽始建国三年（公元 11 年）河决魏郡元城；宋仁宗庆历八年（公元 1048 年）河决濮阳商胡埽；南宋高宗建炎二年（公元 1128 年）杜充决河以阻金兵；清文宗咸丰五年（公元 1855 年）河决铜瓦厢。其影响北达天津、侵袭海河水系，南抵江淮、侵袭淮河水系，纵横 25 万平方公里，水患所至，"城郭坏沮，稽积漂流，百姓木栖，千里无庐"。

历数近千年洪水灾害，洪峰流量最大者当属道光二十三年的大洪水。1843 年 6 月黄沁并涨，决中牟下泄，下分 3 支由沙、涡等河入淮，淹皖北、豫东 28 州县。1843 年 7 月黄河中游发生特大洪峰："七月十三日（农历）陕县万锦滩报长水七尺五寸。至十五日寅刻复长水一丈三尺三寸，计一日十时之间，长水二丈八寸之多，浪若排山，历考成案，未有长水如此猛骤者。"洪水过后，中牟决口刷至 1000 余米，河南中牟、尉氏、祥符、通许、陈留、淮宁、扶沟、西华、太康、杞县、鹿邑，安徽太和、阜阳、颍上、凤台、霍邱、亳州等地普遍遭受洪水泛滥之灾。这次灾害给黄河潼关至小浪底河段两岸居民留下了惨痛的记忆，至今仍流传着一首歌谣："道光二十三，黄河涨上天，冲走太阳渡，捎带万锦滩。"今人根据沿河古代遗物和洪水淤沙实地调查后推算，当年三门峡洪峰流量为 36000 立方米每秒，至少是近千年以来最大的洪水。

黄河频繁的决溢改道，给中华文明腹地造成巨大破坏，造成数以万计的生灵涂炭。1994 年《灾害学》的一篇研究报告显示，明代 277 年间，陆续有 709 万人因为洪涝灾害而死亡。

决溢改道之时，水沙俱下，河渠淤塞，导致原有水系剧变和生态系统紊乱，由此带来生态灾难的例子俯拾皆是。比如，1855 年，黄河在河南铜瓦厢决口改道北流后，在河北南部和山东西南部地区任意泛滥达 20 年之久，严重破坏区域生态平衡；同时，遗留在河南东南部、安徽和江苏北部地区的黄河故道成为区域风沙之源。100 多年后，焦裕禄来到历史上多次决口的兰考任县委书记，带领人民群众在黄河故道与风沙、盐碱、内涝"三害"进行了艰苦卓绝的斗争，足见黄河决口改道对生态损害程度之深。

历史时期，黄河下游也曾存在许多湖泊，星罗棋布，与今天的江南水乡略相仿佛，但终因黄河泛滥，使得大小湖泊渐次埋塞。荥泽、雷夏泽、孟诸泽、圃田泽（今河南郑州）等因泥沙淤填而消亡，大野泽（今山东菏泽）、大陆泽（今河北邢台）等因黄河改道而消失。

黄河浊流，滚滚泥沙，不仅淤平了许多烟波浩渺的湖泊，也曾湮没了无数城镇乡聚。

如果说庞贝是一叶被沉沙封存的扁舟，开封古城无疑就是一艘沉陷的航空母舰；如果说庞贝是一座"复活"了 2000 年前古罗马城市生活的历史博物馆，开封则是一部王朝更替史的"活化石"。

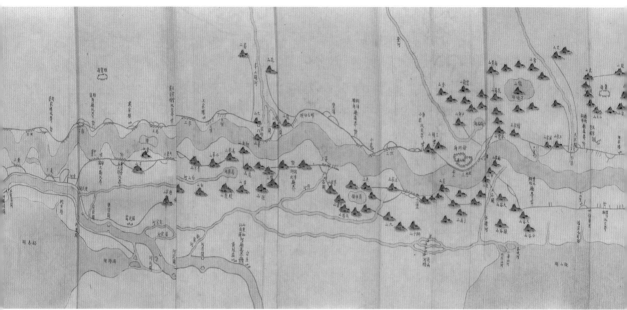

清代同治年间六省黄河堤工埽坝情形总图（部分），图中大小湖泊绘制得十分清晰

因为同这些古城相比，开封更加沧桑而悲壮。

"开封城摞城，龙亭宫摞宫，潘杨湖底深藏多座宫"。大量考古勘探发现，开封地下，叠压着6座城市，有地下3米的清代开封城、地下5米的明代开封城、地下6米的金代汴京城、地下8米的宋代汴梁城、地下10米的唐代汴州城、地下12米的魏国大梁城。除大梁城位于今开封城略偏西北外，其余几座城池，其城墙、中轴线几乎都没有变化，从而形成开封独有的"城摞城""墙摞墙""路摞路""门摞门""马道摞马道"等奇观。

在黄河下游平原上，像这样被淤积埋没的古城，不胜枚举，比如开封市东45公里处的兰考县被黄河淤积掩埋的东昏城、山东巨野县境内的昌邑古城和巨野古城等。

如今，当我们站在高山之巅，望黄河东去，那逝去的灵魂、消逝的绿野、淤塞的湖泊、湮没的城池、沉沦的丘冈，都已消失在漫阔的时空中。

岁月变迁，沧海桑田。回望历史，黄河仿佛指着苍凉的天，戳着悲怆的地，怒斥着丑陋的奸佞。

水旱天灾有人祸

历代严重水旱灾害的发生，有自然条件的影响，更有人祸。

中国社会从西周以后三千余年间，虽王朝屡更，统治阶级的性质基本不变。封建剥削日益加剧，统治阶级暴敛侵掠，腐败官府赋役征虐，战争残酷频繁，导致水利设施多破坏而少建设，森林被砍，湖泊干涸，农村经济破产，终至灾荒接连爆发，不可收拾。

《汉书·食货志》曾悲哀地写道："富者田连阡陌，贫者无立锥之地。或耕豪民之田，见税什五。故贫民常衣牛马之衣，而食犬彘之食。"以此足见生民生活之艰难。

关于官府赋役征虐造成灾荒的事实，几千年来更是不绝于史册。早在周"文献"《国语·周语》中记载："伯阳父曰：周将亡矣，……民乏财用，不亡何待，……山崩川竭，亡之征也。"可见周晚期赋役繁重，终成奇灾。

有时封建帝王因害怕"上天降罚"，而下诏责备自己，但却仍在灾荒之后，甚至在灾荒严重之时，加征倍敛，不稍宽假，这必然使水旱灾害愈益加深。"务聚敛而结恩""峻责租调""倒行倍取"的记载不绝于书。

其中有洪水灾害过后迁延放弃，以致灾害缠绵不止的。比如，《通鉴纪事本末》中记王莽时事中所言："建国二年，河决魏郡，泛清河以东数郡。先是莽恐河决为元城冢墓害。及决东去，元城不忧水，故遂不堤塞。"王莽为了他的祖坟免除水淹之患，而使洪水泛滥长期危害人民。

灾民救济图

等待救济的灾民

也有决堤救灾，饮鸩止渴的。《唐书·五行志》中有载："乾宁三年四月，河圮于滑州，朱全忠决其堤，因为二河，散漫千余里。"

也有把堵河渠，坐视洪水泛滥而不救的。还有与水争地、与民争利、伐林毁耕，形成大灾的。更有甚者官吏互相勾结，鱼肉百姓，肆意贪没水利经费以致河防废弛，河患日益加深，终致巨灾。

堵复决口和平时的修路管理，都需要大量的钱财、物料和人力，这大半由民间承担，即便是顺治初年封丘大王庙堵口大工，六七年间用银八十万两，其中六十万两是从民间增派，由此足以可见百姓负担之重。

由于黄河决溢频繁，每年岁修筑堤的经费开支十分巨大，西汉武帝时期，全国的财政收入大约四十万两，每年仅黄河修防费用就占了全国年财政收入的四十分之一。而到了清代后期，河官贪污，河政腐败，河势崩坏，物料价格持续上涨，河工经费激增，"黄河决口，黄金万两"。道光二十二年前后，即便是去除大工堵口费用，每年南河的河工岁修经费四百万两，东河二三百万两，几乎占到了全国财政收入四千万两的六分之一。

每年的黄河岁修役夫，更是沿黄百姓的沉重负担。从先秦时期每年秋季按照当地人口和土地面积从百姓中征调服劳役的河工，到明代时期以徭役为主的河夫征募，再到清代时期经历由派夫到雇夫、由河夫到河兵的改革，其征派必然导致农民充役，既影响了耕作，又让百姓的负担愈加沉重。

在上述诸多因素的交叉影响下，水旱灾害日益加深，不仅让普罗大众陷于饥馑死亡，劳动力锐减，而且造成土地荒废，形成了赤野千里的惨痛局面，从而引发国民经济的急速衰落，甚至全面崩盘。

水旱灾害最直接的影响还是引起了社会的动荡不安，其主要的形式包括且不限于人口的流移死亡、农民的暴动和异族的侵略战争。

历朝历代由于水旱灾害引起的人口流移，虽然因为官方记载的缺漏，仅有"民庶流亡"等空洞文句，没有具体切实的数据可资统计，但从少数典籍记载的只言片语中分析看来，人数十分惊人，动辄达数十、数百万之多。

这些受灾人口，流徙到别的州郡后，求食依旧困难，甚至被地方官吏下令拘捕，不少人因此亡于饥饿流移或追捕中。

流移途中，因粮食短缺还导致物价腾贵，奸诈之徒趁火打劫，巧取豪夺，人民生活雪上加霜。

当百姓感到生活没有了出路，加之官吏、豪商、劣绅互相勾结，平时竭力鱼肉百姓，临难又乘机剥削，他们不得不为生存抗争，继而铤而走险，从而引发社会混乱，这往往是促成农民起义的直接原因。

被迫流亡的难民

黄河水灾地区的难民

　　起初饥民多是抢米分粮，当饥饿之火燃遍大地，各时期所谓的"流寇""盗贼"便开始啸聚倡乱。《汉书·王莽传》中曾言："连年久旱，百姓饥穷，故为盗贼。"

　　据《汴梁水灾纪略》载，清道光二十一年（公元 1841 年）黄河泛滥，冲决开封城墙，自水进城后，居人被淹，多半逃避城上，家内无人看守，"奸宄之徒乘势凫水入室，席卷无遗，甚或白昼抢夺"。祥符县百姓上报"一日之间，叠报抢夺"。史书中类似的记载数不胜数。

　　如社会秩序持续恶化，还将爆发农民起义，若灾荒不断延长，还将不断消磨民族内在的力量，内力不足，外力便可入侵，自然引发异族侵略。如明代所谓"南倭"等异族的入侵，更进一步加深了国家的贫困程度。

　　同时，黄河流域作为中华民族的核心腹地，也是历史上的兵家必争之地，关中沃野、下游平原更是战事频繁，这也让黄河流域成为群雄逐鹿的大舞台。

　　每每说起黄河，这些灾害与苦难，大抵都会给人沉重且悲凉的感觉。

以水代兵民怨起

　　杰出的军事家孙武说："激水之疾，至于漂石者，势也。"即从高处流下的水流迅猛，可以冲动河床中的巨石。又以决水之势比喻用兵之道："武之所论，假势利之便也……而我得因高乘下建瓴，走丸转石，决水之势。"他还非常具体细致地描述了行军打仗时如何利用水流。

　　春秋战国时期，黄河等河流都曾被用作各诸侯国之间进行战争的工具。因水攻的普遍，甚至出现了如《墨子·备水》这样关于水攻的专著。

　　关于"水攻"，《中国古代军事文化大辞典》对其进行了全面的解释：古代战争中引江河之水冲灌敌军谓之水攻。以水代兵作战的方式也多种多样。或以河流为险，御敌于国门之外；或筑高坝，开长渠，攻敌于大城险要；或遏断水源，投毒上游，决壅于半济，其形式多样，历代不辍。

　　着眼水攻的实施，关键在于地势的应用。由于黄河下游河床淤积，有高于平地的地势可以利用，因此春秋战国各诸侯国之间互相攻伐，以水代兵的人为决口战例在黄河下游被更多地利用。

　　《水经注·河水》引《竹书纪年》有载："梁惠成王十二年（公元前359年），楚师出河水，以水长垣之外。"楚国攻打魏国，曾决黄河堤，以水淹长垣城（今河南长垣东北）。

　　《史记·赵世家》载："肃侯十八年（公元前332年），齐、魏伐我，我决河水灌之，兵去。"齐、魏联合攻打赵国，赵国决开黄河南岸堤，借助黄河水打退了齐、魏的进攻。又载："惠文王十八年（公元前281年），秦拔我石城。王再之卫东阳，决河水，伐魏氏。"赵国又决开黄河堤，水淹魏军。

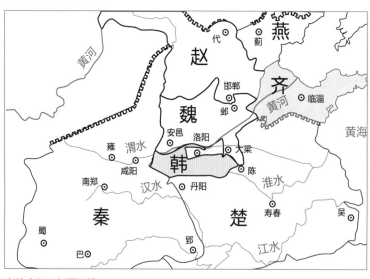

齐魏攻赵　赵掘河堤

　　《史记·秦始皇本纪》载："秦王政二十二年（公元前225年），王贲攻魏，引河沟灌大梁，大梁城坏，其王请降。"秦国大将王贲攻打魏国，决河沟，引河水灌魏国都城大梁（今河南开封）。

　　到了三国两晋南北朝时期，争战频繁，筑坝壅水或决堤泄洪，以水攻城成为了常用的军事手段。根据《资治通鉴》不完全统计，这一时期引黄河水灌城多达 8 例。如梁武帝大同二年（公元 536 年），西魏攻曹泥，引黄河水灌灵州城（今宁夏灵武西南）。

关于水攻的杀伤力和破坏力，宋代曾公亮在《武经总要》中评述说："水攻者所以绝敌之道，沉敌之城，漂敌至庐舍，坏敌之积蓄，百万之众可使为鱼，害之轻者尤使缘木而居，悬釜而炊。"

到了宋元时期，黄河因其独特的地理位置，一度成为宋金、宋蒙的军事分界线。

南宋高宗建炎二年（公元 1128 年）十一月，南宋东京留守杜充为阻金兵南下，决开黄河堤御敌，黄河从此南泛入淮。蒙古太宗六年（公元 1234 年）六月，蒙兵决黄河寸金淀（今黄河北岸延津境积水淀），灌开封宋兵，导致黄河又一次向南改道，河水南流至杞县三岔口分为三股，主流由涡河经亳州至海口入淮。三股分流 60 余年。

明崇祯十五年（公元 1642 年）九月，李自成起义军围攻开封，久攻不克，官军扒开开封城北朱家寨河堤，欲水淹起义军，起义军决上游三十里之马家口，二水会流冲灌开封，溺死居民数十万，又说"死于饿者十之九"。后人考证，七月初开封城有 37.4 万人，九月初开封城仅剩 3 万余人。

抗日战争时期发生了有史以来灾难最为深重的一次以水代兵事件。

1938 年 6 月 9 日，国民党军奉命掘开花园口河堤，企图利用泛水阻挡日军西进。洪水滔滔而下，堤口冲宽至百余米，全河由花园口改道流经贾鲁河、涡河夺淮入海，洪水漫流豫东、皖北、苏北 44 个县市，受灾面积 13000 平方公里，灾民 480 万人，伤亡 89 万人，财产损失折算为 9.53 亿元（人民币）。

1938 年 7 月至 1939 年 7 月，国民党军与日军于泛道西东两岸分别修筑防泛堤，黄河为分界线，双方互筑军工，互相扒口，防泛堤决溢频繁，自 1940 年 8 月至 1946 年 7 月两岸共决口 58 次。

到 1947 年，黄河带到淮河流域的泥沙大约有 100 亿吨，无数良田变成沙荒地，黄泛区生态至今未彻底恢复。

"百里不见炊烟起，唯有黄沙扑空城。无径荒草狐兔跑，泽国芦苇蛤蟆鸣。"这就是劫难后黄泛区的真实写照。

百姓平时在军事骚乱、苛政人祸之下，已经穷得难以为继、无以为生，抵抗天灾的能力更是丧失殆尽。若再遇水攻这般直接的摧毁，固有的防灾设备也就荡然无存。

水旱饥馑，天灾人祸，水攻骤决，地震猝发，疫疠流行，交相煎迫。如此痛彻心扉的苦难，却在过去的几千年间或轮番上演或交织登台，给人民带来了无尽的苦难。

黄河"四汛"

翻开黄河治理的史帙，河涨河落，决溢疏堵，岁修筑堤，黄河治理史在周而复始的"四汛"中赓续。

先民们在同洪水的斗争中，逐渐认识河流洪水与河流灾害。

早在公元前3世纪，《吕氏春秋·爱类》就对洪水作了这样的描述："大溢逆流，无有丘陵、沃衍平原、高阜尽皆灭之，名曰鸿水。"也就是说，河水暴涨，溢出河槽，淹没广大平原和丘陵，称之为鸿水（即洪水）。

《尚书·尧典》在描述传说中尧舜时期黄河流域发生特大洪水的形态及其对社会的严重危害时，有言："汤汤洪水方割，荡荡怀山襄陵，浩浩滔天，下民其咨。"

从远古到近古，人类对灾害实质的理解常常带有迷信的色彩，大多认为是上天或神灵对人类的惩戒。女娲补天等神话故事都表达出先民乞求神的帮助、消弭洪水的愿望。而更为普遍的传说则是尧舜时期共工氏壅防百川，鲧障洪水，大禹治水。

在漫长的磨难之中，人们发现，河水泛滥的周期往往与气象周期同步，可以追究其成因并采取相应措施减轻损失。"汛期"的概念逐渐形成。人们把水情与气候变化相联系，作为制定观象授时历法的一个依据，建立起最早的历法，指导农业生产和祭祀活动等。可以说，河水的汛期及其泛滥带来的肥沃土壤，催生了早期的农业文明。

如今看来，当初那些看似波澜不惊的常态发现之中，却熔铸着劳动人民的勤劳智慧，蕴含着风起于青萍之末的质变。

汛期，在《新华字典》中，是一个水利名词，是指江河由于流域内季节性降水或冰雪融化，引起定时性的水位上涨时期。"汛"就是水盛的样子，"汛期"就是河流水盛的时期，汛期不等于水灾，但是水灾一般都在汛期。

关于黄河汛期的记载，最早见于《庄子·秋水》。

———————————————— 链接 ————————————————

河神洛伯

在社会生产力还很低下的远古时期，面对如此凶险的河流，人们很难不产生一种神秘的敬畏，所以很早就有了对水神河伯的盲目崇拜。

传说中，河伯也是一个凡人，名叫冯夷，一次在渡黄河时被淹死。他死后被天帝任命为"河伯"，成了掌管河川的天神。"河"字在古代本来是专指黄河的，所以河伯最初肯定也只是司掌黄河的水神。也许因为黄河名列天下河川之首，地位重要，后来河伯就成了统管百川的神官。这位河伯不仅不好好管理河川，反而滥用职权，兴风作浪，放出洪水来报复人类。面对洪水的威胁，碍于河伯的权位，人们只能忍气吞声地去奉迎这位恶神。人间的帝王又给他封赠了许多名号，如"金龙大王""河伯将军"等。平民百姓，将河伯的牌位与观世音菩萨等神仙一样供奉在家中，希望河神能够息波敛浪，予民平安。

传说河伯生性放荡，虽然娶了美丽的宓妃——就是曹植在《洛神赋》中所描写的洛神（她是司掌洛水的女神）做妻子，但仍旧到处寻花问柳，每年都要娶一位新的夫人。战国时的邺县（今河南省临漳县境），北临黄河的支流漳水，县里的三老、廷掾与女巫假托"河伯娶妇"，每年都要强行挑选一名美貌的少女沉入河里，作为送给河伯的新妇，以愚弄人民，榨取钱财。西门豹出任县令后，要在当地兴修水利。为了打破人们对河伯的崇信，为民除害，利用"河伯娶妇"这一机会，故意说为河伯选的新人长得不好，于是把女巫扔到水里，让她去给河伯通报，改日换个更漂亮的女人送来。女巫当然一去不复返，于是再扔进去一位女巫去通报消息，这样接二连三地把三老和几位女巫都扔到了河中。从此以后，再也没人给河伯娶妇了。人们也明白河伯并不灵验。西门豹很快建成了引水灌溉工程，对促进当地农业生产的发展起到了重要作用。

"秋水时至，百川灌河。泾流之大，两涘渚崖之间，不辩牛马。"

据有关史料考证，所谓"百川灌河"是指洛河以上，以十大支流为主的大小河流灌注入黄河。"秋水时至"的地点最有可能是洛河入黄河的洛口地区。相传这里是水神河伯与河神洛伯相会的地点，能够看到"河洛斗"的壮观景象。

东汉许慎《说文解字》，说夷字"从大从弓"，即身形高大的人背负弓箭。传说这就是"山东大汉"的来历

河患平息，东夷人在渤海西侧广袤的黄河冲击平原上建立起了发达的农耕文明。夷有8种：曰畎夷、于夷、黄夷、白夷、赤夷、玄夷、风夷、阳夷。——《礼记》

秋季涨水图

链接

河洛斗

当洛河的洪峰与黄河的洪峰同时到达洛口的时候，两大洪峰互相冲击形成掀天巨浪，十分壮观，文献称为"河洛斗"。《竹书纪年》卷上载："（夏）帝芬十六年，洛伯与河伯冯夷斗。"这可能就是两条河水同时发生洪峰的现象。

与之同时期的《孟子·离娄下》一文，进一步描述了洪水发生的季节和洪峰的特点，说："七八月之间雨集，沟浍皆盈；其涸也，可立而待也。"

根据《史记·历书》中的解释，周朝历法七八月相当于今阴历五六月。此时雨水集中，沟、河俱满。"可立而待"则指洪水陡涨陡落。

从孟子所描述的洪水常发季节和洪峰陡涨陡落的特点可以看出，早在先秦时期，世人已有了伏秋大汛的概念。

随着人民对黄河洪水认识的不断加深，至西汉时期则有了桃汛（即春汛）一说。

《汉书·沟洫志》载：成帝河平二年（公元前 27 年），黄河复决平原，"如使不及今冬成，来春桃华水盛，必羡溢，有填淤反壤之害"。是说如果冬天不能及时堵口，来年春汛一到，洪水就会泛溢，危及决口以下的农田。

颜师古注释"桃华水"曰："《月令》'仲春之月，始雨水，桃始华'，盖桃方华时，既有雨水，川谷冰泮，众流集狠，波澜盛长，故谓之桃华水也。"

《太平御览》卷五十九引《韩诗外传》云："溱与洧，三月桃花水下之时，众士女执兰被除。"元沙克什《河防通议》卷上"释十二月水名"条载："黄河自仲春迄秋季，有涨溢，春以桃花为候，盖冰泮水积（按《宋史·河渠志》作冰泮雨积），川流狠集，波澜盛长，二月三月谓之桃花水。"

到了北宋时期，人们对黄河洪水的认识有了明显的进步。宋人通过对黄河中下游季节物候与水情之间相关性的观察和分析，总结了黄河全年各月的水汛涨落规律，并以当时最有季节代表性的自然现象赋予相应水情以名字。这清晰地表达了汛情发生的时间、成因和特性。

"桃、伏、秋、凌"四汛的初步划分，就是在这一时期产生的。

据《宋史·河渠志》记载，自立春之后，东风解冻，河边入候水，初至凡一寸（约 3.3 厘米），则夏秋当至一尺（约 33 厘米），颇为信验，故谓之"信水"。

由此可以看出，宋人已能定量地认识到春水和夏水的涨水关系，总结出了黄河水情的一般规律。

二月、三月桃华始开，冰泮雨积，川流狠集，波澜盛长，谓之"桃华水"。春末芜菁华开，谓之"菜华水"。

四月末垄麦结秀，擢芒变色，谓之"麦黄水"。

五月瓜实延蔓，谓之"瓜蔓水"。

朔野之地，深山穷谷，固阴沍寒，冰坚晚泮，逮乎盛夏，消释方尽，而沃荡山石，水带矾腥，并流于河，故六月中旬后，谓之"矾山水"。

七月菽豆方秀，谓之"豆华水"。

链接

矶山水

　　《宋史·河渠志》对"矶山水"的解释是朔野之地的坚冰消释，水带矶腥而沃荡山石，故名。"矶山水"又简称"矶水"。由此可知"矶山水"或者"山矶水"是北方高山地带的冰雪融水。农历六月本是气温高和降水高峰期，加之冰雪融水，导致河水急剧上涨。《宋史·河渠志》载："今河流安顺三年矣，设复矶水暴涨，则河身乃在脯（闸）口之上。"可知"矶水"是导致黄河水"暴涨"的直接原因。

　　八月炎乱华，谓之"荻苗水"。

　　九月以重阳纪节，谓之"登高水"。

　　十月水落安流，复其故道，谓之"复槽水"。

　　十一月、十二月断冰杂流，乘寒复结，谓之"蹙凌水"。

　　水信有常，率以为准；非时暴涨，谓之"客水"。由于季节变化和季风气候，物候和水汛这两种自然现象具有相对应的变化规律，但也存在客水"非时暴涨"的异常水情。

　　用物候来标志水汛，是人们对黄河水文长期观察的经验总结。以物候为水汛名称，不只是表示各汛发生的季节和时间，而且对某些水汛的成因和特性也有深刻的认识。当时人们掌握了"矶山水"含有丰富有机肥料的特点，在黄河沿岸进行引水放淤，改良土壤，并在北宋熙宁年间形成高潮。

　　这种对河水依季节不同的细致分析，使下游两岸人民掌握了河水涨落的特性，争取了防御洪水的主动权。

　　明代，人们不仅对黄河洪水周期性变化的特点有了更进一步的认识，而且对黄河洪峰过程也有了较

两岸人民掌握了河水涨落的特性

准确的表述。

万恭在《治水筌蹄》一文中写到："黄河非持久之水也，与江水异，每年发不过五六次，每次发不过三四日。故五六月，是其一鼓作气之时也；七月则再鼓再盛，八月，则三鼓而竭且衰也。"他指出的这一规律，与我们现在所认识到的黄河洪峰高而尖瘦的特点是一致的。

最熟悉黄河水情的人是生活在黄河岸边的民众，大量流传于世的民谚也表明了世人对黄河洪水的认识之深刻。如"山洪响，河水涨""涨水不响落水响""涨水如弓背，落水似锅底""'亮脊'涨水之兆，'亮底'落水之征""黄河洪水，七下八上"等。

人们在与黄河水害作斗争的过程中，不断加深对洪水、水汛、水溜的认识，不仅丰富了古代水力学、水文学、河流动力学和土力学等防洪基础学科，而且在实践中总结出洪水定量预测的经验，形成了报汛制度、洪水预警，也为后人完善汛期值守制度提供了重要的历史借鉴和参考依据。

中华人民共和国成立后，根据《中央人民政府水利部报汛办法》，结合黄河具体情况，黄河水利委员会于 1950 年制定《黄河报汛办法》，规定汛期为每年 7 月 1 日至 10 月 31 日。

链接

黄河汛期的洪峰形式

黄河上游少暴雨，降雨强度不大，但降雨面积大，历时长，洪水多发生在 9 月，此外，还有冬季的冰凌洪水。中游暴雨强度大，历时短，所形成的洪水洪峰高，历时短，洪水发生时间基本集中在 7 月中旬至 8 月中旬，一次洪水历时平均 2～5 天。下游的大洪水主要来自中游，与上游洪水不遭遇。下游洪水的特性不仅与中游洪水的来源地区有关，而且与洪水发生的季节有关。七八月下游伏汛洪水的洪峰形式为尖瘦型，洪峰高，历时短，含沙量大；九十月伏汛洪水多为强连阴雨所形成，洪峰形式较为低胖，洪峰低，历时长，含沙量大。因此，前者容易形成高含沙量的洪水，使河床产生强烈冲淤，水位暴涨猛跌，对河岸和堤防造成严重威胁。

但根据水文史料记载，6月下旬黄河涨水屡见不鲜，因此从1957年开始，黄河水利委员会将黄河汛期开始日期改为每年6月15日。此后，还有部分年份实行6月1日开始防汛。

凌汛主要是黄河北流在渤海入海时，下游由西南流向东北，下游段封河早、冰层厚、开河晚。上段开河后，冰水齐下，易造成下游段水鼓冰开或冰凌插塞、堆积形成冰塞、冰坝，壅水偎堤，甚至决口失事。中华人民共和国成立后，国家对黄河下游防凌问题高度重视，采取兴修水库、开辟蓄滞洪区、加固堤防、强化防守抢险等措施，小浪底水库建成使用后，黄河下游防凌威胁大大减轻。同时，上游宁蒙河段的凌情灾害也日益得到关注和重视。20世纪五六十年代中期，吴堡以上为11月1日至翌年4月10日为凌汛期，吴堡以下为12月20日至翌年2月底。

改革开放后，主汛期和凌汛期也有所调整。1997年黄河水利委员会印发《黄河汛期水文、气象情报预报工作责任制（试行）》，规定"6月15日起至10月15日止，水情、气象部门按汛期工作制度运行，实行日夜值班"。1998年黄河防总办公室在向国家防办上报的《黄河防总办公室防汛值班制度》中，提出汛期值班起止时段为："正常情况下，伏秋汛期值班时间为每年的6月15日至霜降"，"凌汛期值班时间为黄河下游封河期"。

2009年，《黄河防汛抗旱总指挥部办公室防汛抗旱值班实施细则（试行）》出台，规定伏秋汛期值班为每年6月15日至霜降，凌汛期值班为每年从内蒙古河段开始流凌起至翌年3月全线开河止。

2003年颁布的《山东省黄河防汛条例》规定，黄河伏秋汛期为每年7月1日至10月31日，凌汛期为每年的12月1日至次年的2月底。

从黄河"桃、伏、秋、凌"四汛，到水文测报、洪水预警，从河洛、关中、齐鲁文化，到天象立法、农学、数学、水利，中华文化的诸多元典、古代一些重大的科技成就，都诞生于这片黄土地上。

黄河水哺育的中华民族通权达变、吐故纳新，形成了中华民族革故鼎新的创新精神。

这些浩瀚的黄河文化，以其特色的艺术形式、深刻的思想内涵和丰富的史料价值，成为中华文化宝库中的璀璨明珠。

治河方略

"黄河宁，天下平"，中华民族进入文明时期之后，黄河因其战略地位重要而备受倚重和依赖，治黄一直是兴国安邦的大事。

一部艰辛的治黄史，也是一部中华民族的苦难史、奋斗史、治国史，浓缩了千百年来中华民族同洪水浩劫作斗争的历史，寄托着人们渴望大河安澜的夙愿。黄河曲折跌宕、奔腾向前的河道形态，象征着中华民族不畏艰险、一往无前的坚强意志。百折不挠、玉汝于成的历史淬炼，铸就了中华民族自强不息的奋斗精神。

立国兴邦，其枢在水。打开历史的长卷，生于斯、长于斯的中华儿女从来没有停止过治理黄河的步伐。

上古时代　洪水横流

石器时期，人文初祖炎黄二帝的历史舞台就在黄河流域，齐家文化、裴李岗文化和仰韶文化等早期文化均在黄河两岸孕育发展，黄河成为了中华文明的核心发祥地。旧石器之时，生产能力低下，人类过着群居的游猎生活，没有能力与黄河洪水抗争，只能"择丘陵而处之""逐水草而居"，依靠着"避洪"的方式躲避洪水的威胁。到了新石器之时，人们开始在居住的河流湖泊旁进行农业种植和畜牧养殖，洪水泛滥时，采用"水来土挡"的办法，把高处的泥土、石块搬下来，修筑简单的土石堤埝，以此抵挡一般洪水的蔓延，而传说中这种"障洪"的方法，其代表人物就是共工和鲧。这种做法，让人们由躲避洪水进步到限制洪水蔓延的简单防御。

链接

水师共工

相传共工是炎帝的后裔，主要从事农业生产，其居住地在今天河南辉县一带，南临黄河，北依太行，土地肥沃、水源充足，是比较理想的居住地，但这里每到黄河洪水季节，河水泛滥，经常受害。由于共工擅长治水，在各氏族部落中享有较高声誉。据《左传》载："共工氏以水纪，故为水师而水名。"这也是共工被称为水师的由来。因共工氏族经常治水，甚至连水官的职称也改用"共工"。相传其子勾龙，平九土，因功绩而受"后土"之名位，其后代子孙四岳，曾经帮助大禹治水，立大功，而被后人祭祀。

当社会发展到新石器时代末期，农业发展进入犁耕阶段，此时黄河流域连续发生特大洪水，大水经年不退，给人民带来了深重灾难，于是尧召集部落联盟会议，派鲧治理洪水。鲧依然沿用共工的传统办法，以围、堵、障的方式用堤梗把主要居住区和农田围护起来以防御洪水，但鲧的运气实在太差，在"浩浩滔天"的经年"超标准"洪水面前，已难以保障越来越多的居住区和农业区，九年治水未获成功，最终被放逐羽山而亡，但他肯于吃苦、敢于承担的实干精神，以及顽强不屈的斗争精神一直为后人所怀念。

链接

后人纪念鲧

《国语·鲁语上》载：夏后世"效鲧而宗禹"。"效"和"宗"是两种不同的祭祀典礼。意思是夏朝人把鲧看成他们光荣的祖先，每年都要举行祭祀。而在黄河治理史上，鲧采用的这种方法并未被废弃，可以说，至今仍是一种最基本的治河手段。

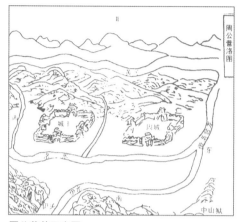

周公营落示意图

大禹

鲧治水失败后，他的儿子禹来不及悲伤，就接受了任命，接替他的父亲主持治水。禹总结父亲治水失败的教训，按照"因势利导"的思路，采用"疏川导滞"的方式，用水自高处向低处流的自然趋势，顺地形把壅塞的川流疏通，把洪水引入疏通的河道、洼地或湖泊，然后合通四海，耗时十三年平息了水患，百姓得以迁回平川居住和从事农业生产。这种"疏导"的方式，实现了由被动地限制洪水蔓延发展到主动地疏治河道、排泄洪水，这也是治河方略上的第一次重要发展。

禹十三载筚路蓝缕，公而忘私，国而忘家。为了治水，付出了巨大的努力，三过家门而不入的佳话，至今仍被人们广为传颂。

因治水有功，禹成为部落首领，在此之后，禅让制被世袭制所取代，禹的儿子启用武力夺取职位，继而建立了夏王朝，成为了中国历史上第一个统一的奴隶制国家，开启了由氏族社会向国家形态的转变。礼乐制度、甲骨文、青铜器等文化符号由此诞生，大禹精神也成为中华民族不畏艰险、勇往直前的重要精神象征。可以说，大禹治水加速了我国社会这一划时代的历史变革。

大禹治水以后，包括洪泛区在内的广大肥沃平原得以开发，人们需要保护的区域也逐渐扩大。从大禹治水以后到春秋战国时期，在一次次遭受洪水灾害后，人们开始把"壅防"与"疏导"相结合使用，洪水发生之前就采取"障洪"的措施，在河水经常漫出河岸的低洼处加筑堤梗，抬高河岸，引导洪水从河槽下泄，随着生产工具和生产力的发展，至迟在西周，堤防便开始出现。到春秋中期，堤防已较为普遍。从战国时期开始，社会变革加速了生产力

的发展，随着铁制工具的广泛使用，让大规模
修建堤防束缚洪水成为可能。随着河岸堤防的
系统建设，标志着防洪进入了一个全新的发展
阶段，这也是治河方略上的第二次重要发展。
在此期间，所诞生的中原文化、齐鲁文化、三
晋文化等地域文化交融形成华夏文化，成为此
后两千多年中国传统文化的基础。

水患的有效治理，加速了早期华夏民族的文明进步

　　大秦帝国的横空出世结束了诸侯割据的局
面，中央集权制在全国范围内建立，政治上的
统一，让大秦帝国第一次统一治理了黄河大堤，
并统一了文字、度量衡，修建了万里长城及驰道，为思想传播和文化融合奠定了基础。

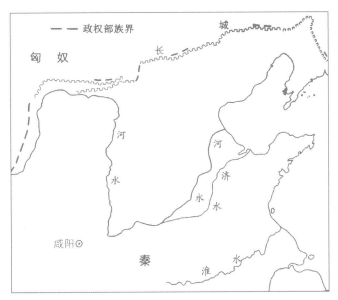

秦长城和黄河示意图

　　两汉之时，黄河河道变化较为频繁。西汉后期，河道形势急剧恶化，黄河下游河道已成为"地
上悬河"，黄河决口频繁，如何减少堤防溃决，如何阻止堤防决口后发生的大改道，成为朝野
上下关心的大事，各种治河思想活跃，出现了诸多治河主张。这其中对后世影响较大的主要有
改道说、分疏说、滞洪说、水力刷沙说、筑堤说等治河主张。此外，还有两种消极的治河主张，
分别是汉武帝时丞相田蚡提出的顺应天时说和汉哀帝时河堤使平当提出的经义治河论。

链接

两汉时期的几种治河主张

　　改道说是鉴于黄河河道已严重淤塞成为地上河，建议改行新河。方案有三。最早提出人工改道设想的是汉武帝时的齐人延年，他认为将黄河从内蒙古后套取直导向东流，引河水至今天津一带入海，既可以免除黄河下游洪水灾害，又有利于以河为险抗拒匈奴，他的设想虽然大胆，但要完全改变黄河的经行路线却并不可行。真正从黄河下游实际出发，首次提出人工改道主张的是汉成帝时期的孙禁，他主张将黄河下游自平原金堤（今河北平原县）以下向东改道，经笃马河入海，这与五十二年后王景治河的新河道大致相仿，应当是可行的，但许商以孙禁的改河方案离开了禹的九河故道范围，不能适应水性为由加以反对，终遭否定。王莽时期，大司马空橡王横也提出了黄河下游改道的建议，提出走

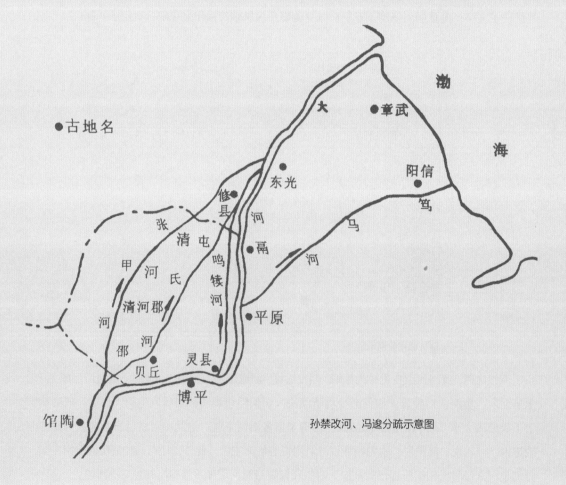

孙禁改河、冯逡分疏示意图

传说中的禹河故道，导河沿太行山东麓向东北流入海，他的改道方案也不可行，河走高地将会带来一系列问题，且禹河故道历经长时间的行水，地面已经淤高，自黄河第一次大改道后，黄河就开始逐渐向南摆动，再想恢复禹河故道已然不切实际。

分疏说是鉴于黄河下游主河道泄流不畅，建议开支河分泄洪流，最早提出这一主张的是汉成帝初年的冯逡，王莽时的韩牧也持此主张。冯逡根据以往屯氏河分流通畅、黄河无大害的历史经验，提出选择重开靠近上游、断流不久的屯氏河作为分水口的位置，他还建议将本地黄河特别弯曲的河段裁弯取直，以调整河道主流，避免顶冲大堤。但朝廷以经费不足为由，未采纳冯逡的建议。三年后，黄河果然又在馆陶和东郡决口。冯逡的分疏主张，是黄河防洪史上最早提出以人工分流作为黄河下游防御大洪水的非常措施。他认为，黄河下游主河道泄流不畅，是造成魏郡、清河郡、东郡等地决溢的主要原因。他的分流方案是利用黄河的分支河道，将分流口门保持在高于正常水位的适当高程，使超量洪水经由分流口门泄往分支河道，以削减洪峰，保证主河道的行洪安全。这一措施对于抗御具有暴涨暴落特性的黄河洪水作用重大，明清时期黄河减水坝的设置就是这一方案的具体施行。

滞洪说是安排黄河非常洪水出路的另一条措施，由王莽时的关并提出。他建议设置的"水猥"，相当于今之滞洪区，可以削减洪峰，以牺牲局部地区的利益换来下游广大地区的安全。但关并打算辟为滞洪区的"曹卫之域"，大约相当于今太行山以东、菏泽以西、开封以北、大名以南一带，在战国时期已经相当发达，放弃这一重要的经济区并不现实。另外，黄河输沙量特别大，滞洪区也只能在特大洪水年份应急之用，寻常洪水年份难以启用，仍然满足不了黄河经常性防洪的需要。

水力刷沙说是王莽时期，大司马史张戎抓住了黄河致患的症结在于含沙量太高，明确指出水流速度和挟沙能力之间的关系，解释了河床冲淤的原因。他最早提出了河流挟沙力的概念，明代潘季驯的"束水攻沙"正是这一概念的重要发展。不过，张戎提出不让上中游引水灌溉的意见是行不通的，而且当时黄河上中游灌溉引水量并不大，还不足以对下游防洪产生决定性的影响。

筑堤说。以上几种治河防洪方案，在西汉均未能试行和实施，当时治河仍以堤防为黄河下游防洪的主要手段。

此外，汉代的治河主张还有顺应天时说和经义治河论。汉武帝时，瓠子决口，田蚡提出："江河之决皆天事"，以顺应天时来阻挠堵口，致使瓠子决口后河水泛滥二十三年。哀帝时，河堤使平当提出："按经义治水，有决河深川，而无堤防壅塞之文。"强调应循大禹治水的经典方法深河无堤。顺应天时说和经义治河论对当时的治河起着消极的作用，并影响到后世的治河。

在诸多治河主张中，最为著名的当属综合行河、灌溉、培堤等利弊得失的"贾让三策"。历史上黄河治理以工程治黄为主流，但当工程治黄走投无路时，也往往提出顺应洪水规律的治河方略，汉代贾让的改造与适应相结合的治黄理论就是其中的代表。

汉哀帝初期，鉴于黄河决溢频繁，哀帝采纳河官建议，要求"部刺史、三辅、三河、弘农太守"举荐能治河者。贾让应诏上书，提出了自己的治河见解。由于它包含有三种治河方案，后世称之为"贾让三策"。

贾让的上策是人工改河。在今河南滑县西南古大河的河口一带掘堤，使河水北去，穿过魏郡的中部，然后转向东北入海。中策是在冀州穿渠，不仅可以分流洪水，而且可以灌溉兴利。下策是继续加高培厚原来的堤防。但他认为，由于原来的堤防把河道束得很窄，它的存在已成为阻碍洪水下泄的严重阻碍，即使花费很大力气加高培厚，也不会有好的效果。

"贾让三策"客观总结了堤防发展的历史，批评了汉代无计划围垦滩地造成的堤防不合理的状况，不仅提出了防御洪水的对策，还提出了放淤、改土、通漕等多方面的措施。同时，贾让还首次提出了移民补偿的概念，这在水利建设发展史上是一个创见。"贾让三策"也成为我国治理黄河史上第一个除害兴利的规划，也是保留至今我国最早的一篇比较全面的治河文献。

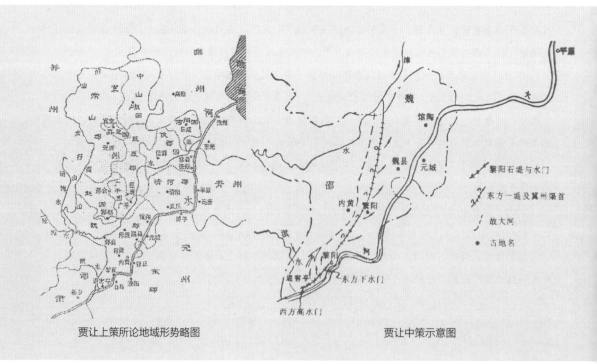

贾让上策所论地域形势略图　　　　　贾让中策示意图

王莽始建国三年（公元 11 年，黄河在魏郡（冀鲁豫三省交界地带）决口，酿成了黄河历史上的第二次大决口，洪水泛滥于河道南岸数郡地带，侵入济水和汴渠。对待黄河南摆，黄河南北两岸官员持不同主张，南方主张迅速堵塞决口，使黄河北归；北方则赞成维持南流状态。东汉初年，汉光武帝刘秀曾有意治河，但因南北掣肘而未能实行。汉明帝执政后，也曾多次酝酿治理，但直到明帝永平十二年（公元 69 年）才决定修治，而主持这次治河活动的是当时在治水方面颇具才能和功绩的王景。

小吏王景登上了大舞台，在新河道上开展了一次在治黄史上十分重要的治河实践。

这次治河的规模十分宏大，动用了数十万人，耗资数以百亿计，主要开展两项工作，分别是"筑堤"（即治河）、"理渠"（即治汴）。一方面修建了自荥阳东至千乘（今山东高青北二十五里）入海口的千余里河堤及相应工程，稳定了黄河第二次大改道后的河线；另一方面整治汴渠渠道，新建了汴渠水门。历经一年的时间，使黄河和汴渠都得到了控制。

治理后的黄河河道自济阴以下，流经于西汉大河故道与泰山北麓之间的低地中，这也是王景治河的最大成效。也就是为黄河下游固定了一条入海近、河床比降大、水流挟沙能力强的理想行洪路线。

王景治河后，东汉至唐代约八百年间黄河决口次数明显减少，黄河出现了约八百年相对安流时期。后人誉之为"功成历晋、唐、五代，千年无恙"。

三国两晋南北朝的四百年间，大一统的封建国家动荡分裂，黄河防洪一度不再受到重视。

隋唐时期，全国重归一统，大规模的治河活动连续不断，河防险段已普筑埽工，护岸、截流、挑溜等构筑物也开始出现。唐太宗即位之初集中精力治理黄河水

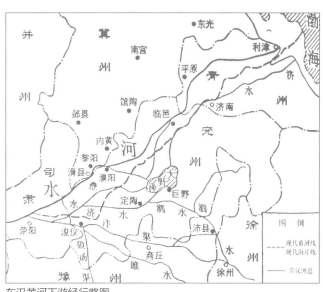

东汉黄河下游经行略图

患，建设了许多治河工程，曾题诗"仰临砥柱，北望龙门，茫茫禹迹，浩浩长春"，以黄河安澜、生生不息寄寓"贞观之治"的盛唐气象。海上和陆上丝绸之路在这一时期兴盛，架起了东西文明互鉴共进的桥梁。五代十国经历了近半个世纪的大分裂，黄河流域深受封建割据、连年争战

之苦，东汉以来八百年相对安流的局面渐渐结束，黄河又开始了多灾多难的时期。

宋元时期，防洪思想开始由江河防洪扩展到平原湖区防洪排涝的探索。

似乎是积聚了千年安澜的戾气，宋代洪水之肆虐也前所未有，黄河五次大改道中的两次，均发生在宋代。纵观历朝历代对防洪思想的探索，每当黄河水患加剧，各种治河主张的争论也就激烈展开。继汉代治黄方略的讨论之后，宋代也引发了历史上第二次治河思想的大讨论。

这次旷日持久的争论，自庆历八年开始直至北宋灭亡的七十年时间里，几乎每一个有名望的人都有各自的议论和主张。比较有影响的治河方略包括宽河说、分流说、减水说等，这些方略的提出者，不乏我们熟知的历史人物，比如欧阳修就提出了着眼于减少泥沙淤积的疏河说，宋神宗提出了对黄河不加治理、任其自流的避水说。

上至皇帝下到大臣，大家围绕东流、北流，维持新河还是回归故道，各持己见，曾先后发生了三次恢复故道的大争论与强行恢复东流的大改道，这就是历史上有名的"回河之争"。而三次试图用人力强迫回河东流均宣告失败，以冲决北流而告终。总之，在一片吵嚷声中，金人南下，中原沦陷，杜充扒开河堤，以水代兵，放水南行，黄河夺泗水入淮，北流、东流之争终结。

北宋时期黄河下游行河形势示意图　　　　　　　　黄河夺淮路线示意图

链接

宋代时期几种治河主张

宽河说贯穿于整个北宋时期，主张离河岸较远处宽筑遥堤，加大两岸堤距，以宽水势。北宋宽河缓流之说，因"河之盛溢"，而欲"宽立堤防""以宽水势"；但却忽视了水缓则沙淤、淤高则水溢的问题。因此，单纯放宽堤距，非但不能减轻黄河洪灾，反而使河患进一步加重，更无法遏止人们无计划地围垦遥堤内淤高的肥沃河滩地。

分流说与宽河说同时产生，在北宋最为盛行。著作佐郎李垂是北宋分流说的代表。真宗大中祥符五年（公元 1012 年），李垂向朝廷呈上《导河形势书》三篇并图，提出开六渠分水的建议。开河分流，虽能减少主河道的洪量，但对含沙量高的黄河而言，大河越分越缓、越缓越淤，为害更甚。因此，在宋代分流说即遭到许多人的反对。

减水说，是鉴于开河分流的弊端，北宋时期主张采用开引河局部减水的办法来减缓河患的人不少，情况也较为复杂，大抵有以下三种情况：一是在上游开引河分洪以削减洪峰，解决溢之危；或减轻决口处的水势，以助堵口成功。二是在大河险段另开引河分减水势，险段之后仍归大河，以减轻险段的洪水压力。三是为了裁弯取直而分河。

疏河说，着眼于减少泥沙淤积，持这一主张的代表人物是欧阳修。避水说提出的背景是北宋采用各种治河方法都未能改善黄河河情，河患日甚一日，在这种情况下，宋神宗提出对黄河不加治理，任其自选路线行流。

纵观宋代，治河不可谓不用心竭力，但在治河主张上反复纠缠、摇摆不定，而黄河又决溢频繁，导致河官和河工们不是在堵口，就是在去堵口的路上。但这让堤工、埽工、堵口等技术有了较大进展，北宋堵口技术达到了古代传统堵口技术之高峰。

元代时期，受黄河第四次大改道的影响，黄淮合流导致下游河道无法容纳两河巨大的水量，河患更加严重，值此风起云涌之际，末代河官贾鲁率数十万之众，采取"疏塞并举、挽河东行、使复故道"的策略，于秋汛高水位时一举堵合了泛滥 7 年的决口，创造了汛期堵口的奇迹。而贾鲁疏、浚、塞相结合的治河思想，以及工程布置、施工部署、石船堵口技术等，对后世治理黄河均有一定的借鉴意义。

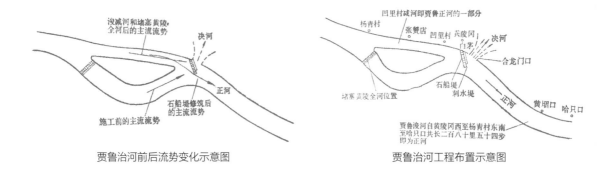

贾鲁治河前后流势变化示意图　　　　　　　贾鲁治河工程布置示意图

　　明清之时，黄河下游决溢更为频繁，黄、淮、运三河交叉治理成为当时黄河治理的重心。明朝前期，黄河河道摆动频繁，分合不定，导致河患严重，几乎无岁不灾，治河思想以"治河保漕"为原则，以"分流杀势"为主导，辅以疏浚和筑堤，以此解决干流行洪能力不足的矛盾。但这种治河方式，却加剧了黄河主槽和各支泛道的泥沙淤积，导致河患日趋严重。痛定思痛之下，明代后期的人们开始反复探索新的治河方略。

　　正是在这样的历史背景下，潘季驯开始登上历史舞台。潘季驯曾四次总理河道，先后治河近十年，他在治河实践和吸取前人经验的基础上，进一步认识到黄河水沙多的特点，强调治河宜合不宜分，主张以"束水攻沙"的理论来指导治河，在处理黄、淮、运三河关系上，提出了综合治理的原则，在处理水沙上，明确提出了"以河治河，以水攻沙"的治河方略。为达到束水攻沙的目的，潘季驯还创造性地把堤防工程分为遥堤、缕堤、格堤和月堤四种，因地制宜地在大河两岸周密布置，配合运用，对控制河道起了一定的作用。潘季驯治河成绩卓著，特别是"束水攻沙"理论的提出，对后代治河产生了深远影响，其著述的《河防一览》，成为十六世纪中国水利科技水平的重要标志。

　　清代之时，治黄方略仍以"筑堤束水，以水攻沙"占主导地位，虽治理意见争论不休，却难成新的方略。清康熙帝将"河务、三藩、漕运"三件大事悬于宫中柱上凤夜厪念。雍正继位第二年，斥巨资修建嘉应观，门口楹联写道：河涨河落维系皇冠顶带，民心泰否关乎大清江山。当时的治河专家靳辅、陈潢先后著有《治河方略》《河防述言》，对后世治河产生深远影响。

　　历史上人民不断总结与黄河相处的经验教训，调整治河方略，取得了积极的治理成效。但由于对河流生态系统的整体性缺乏认识，把治河的主要精力放在与洪水的对抗上，且治理措施多局限于下游一隅，始终难以打破河淤堤高、屡治屡决的循环。民国时期以来，随着西方先进治水理念与科学技术的传入，新旧治河思想和方略也进入了碰撞期和过渡期，李仪祉、张含英为代表的水利专家在总结传统治河经验的基础上，提出了上、中、下游统一治理，防洪、航运、

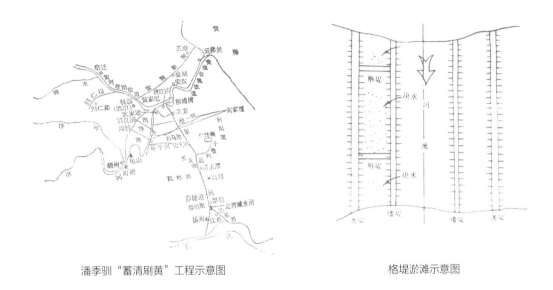

潘季驯"蓄清刷黄"工程示意图　　　　　　格堤淤滩示意图

灌溉和水电兼顾的思想，改变了几千年来单纯着眼于黄河下游的治水思想，首次将黄河治理的目光投向整个流域，但因战乱难以实施。

几千年来，治河方略经历了从"避洪、障洪、疏导"到综合治理的一次次认识上的飞跃，治河空间经历了从单一的下游防洪到上、中、下游综合规划的全流域治理。

纵观治河方略的发展演进，历代劳动人民和治河先贤无不为治理黄河灾害进行了艰苦探索。这些治河思想，无不诠释着百折不挠的中华风骨，熔铸着劳动人民的勤劳智慧，见证着治世为政的张弛勤怠，镌刻着国运文脉的赓续传承。

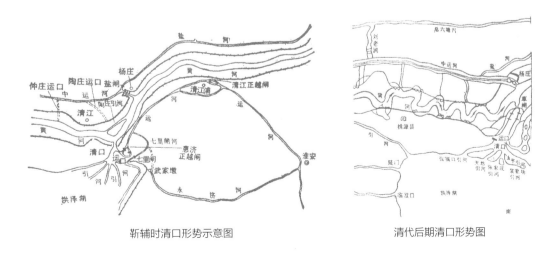

靳辅时清口形势示意图　　　　　　清代后期清口形势图

幸福蓝图

自 1946 年，中国共产党领导解放区军民开创人民治黄事业以来，开展了波澜壮阔的黄河保护治理实践，翻开了人民治黄的新篇章。

身为革命领袖的毛泽东主席，对中华民族的"母亲河"怀有深深的感情。1936 年 2 月，毛主席率领红军东渡黄河出征山西，面对黄河两岸白雪皑皑的冰雪世界，诗兴大发，写下了不朽诗篇《沁园春·雪》。而早在转战陕北时，毛主席就面对黄河感慨："自古道，黄河百害而无一利。这种说法是因为不能站在高处看黄河。站低了，只看见洪水，不见河流。""没有黄河，就没有我们这个民族啊！不谈五千年，只论现在，没有黄河天险，恐怕我们在延安还待不了那么久。抗日战争中，黄河替我们挡住了日本帝国主义，即使有害，只这一条，也该减轻罪过。将来全国解放了，我们还要利用黄河水浇地、发电，为人民造福！那时，对黄河的评价更要改变了！"

1948 年 3 月，毛泽东在陕西吴堡县到川口东渡黄河，面对黄河，他思绪万千，伫立良久，深情地说："这个世界上什么都可以藐视，就是不可以藐视黄河，藐视黄河，就是藐视我们这个民族啊！"

与历朝历代单纯依靠圣主明君、治河精英、国家力量不同，依靠人民、为了人民是人民治黄事业区别于以往治河阶段的显著标志。

1946 年中国共产党领导人民治理黄河事业伊始，面对黄河归故不久的严峻形势，提出了"确保临黄，固守金堤，不准决口"的方针，动员数十万群众，一手拿枪、一手拿锹，复堤自救，迎战洪水，最终战胜了黄河归故后的历次洪水。

在解放战争将要胜利、大规模的国家建设即将展开之际，治理水害、开发水利成为人民治黄事业的重心。老一代治河专家王化云和赵明甫，向华北人民政府主席董必武呈报《治理黄河初步意见》，提出了"防灾与兴利并重，上、中、下三游统筹，本流和支流兼顾"的治黄方针。

中华人民共和国成立初期，针对黄河下游河道实际，提出了"宽河固堤"的方针，对堤防进行加固，开辟分滞洪区。1952 年 10 月，毛主席第一次出京视察就来到黄河，他先后来到济南、徐州、兰考、开封、郑州、新乡等地对黄河进行实地考察，并发出了"要把黄河的事情办好"

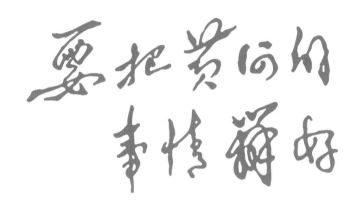

的伟大号召，极大鼓舞并深远影响了人民治黄事业。

为了让黄河在人民手中变害为利，在党和国家高度重视与统一部署下，黄河水利委员会认真总结历代治河经验教训，积极探索根治黄河的道路，广泛开展全流域查勘、历史洪水调查、水土保持试验等基础性工作，编制完成了《关于根治黄河水害和开发黄河水利的综合规划》（简称《综合规划》）。

1955 年 7 月 30 日，第一届全国人民代表大会第二次会议审议通过《综合规划》，这是中国历史上第一部全面系统的江河流域规划，首次以黄河整体为对象统筹规划，强调除害与兴利的一致性，突出综合开发利用原则，提出"对水资源和泥沙加以控制"的治河思想，标志着人民治黄事业进入全面治理、综合开发的历史新阶段。此间，《人民日报》发表社论《一个战胜自然的伟大计划》，称之为"社会主义时代黄河的里程碑"。

20 世纪 60 年代因三门峡水库出现严重淤积，治黄思想发生重大变化，泥沙处理从"蓄水拦沙"转变为"上拦下排"。防御洪水，提出建立"上拦下排，两岸分滞"的防洪工程体系。

改革开放时期，经过几十年实践研究探索和几代人不懈努力，在泥沙治理方略方面，逐步发展为"拦、排、调、放、挖"综合处理。防御洪水方面，基本建成了"上拦下排，两岸分滞"防洪工程体系，实现了由偏重下游治理向全流域治理转变，由被动治理向主动治理转变。先后战胜了 12 次洪峰流量超过 10000 立方米每秒的大洪水，彻底扭转了黄河频繁决口改道的险恶局面，创造了黄河 70 多年伏秋大汛不决口的人间奇迹，避免了决口改道带来的生态灾难。

链接

综合处理泥沙和洪水的方略

处理黄河下游洪水方针：即"上拦下排、两岸分滞"。"上拦"指利用上中游水库拦洪削峰，"下排"指充分利用河道排洪入海，"两岸分滞"指利用蓄滞洪区蓄滞洪水。

处理泥沙的方略为"拦、排、调、放、挖"。"拦"主要是指在上中游地区利用水土保持措施和水库拦减泥沙；"排"就是利用下游河道洪水排沙入海；"调"是指利用水库调节水沙过程，在排沙入海时减轻下游河道的淤积；"放"包括引黄淤灌、放淤改土、放淤固堤等实践；"挖"是指挖河疏浚等。

2002 年国务院批复的《黄河近期重点治理开发规划》，突出了国家可持续发展战略，明确提出了以黄河水资源的可持续利用、支持流域及其相关地区经济社会可持续发展的指导思想。近期国家批复的黄河流域综合治理规划中，进一步明确了"上拦下排、两岸分滞"处理洪水，"拦、排、调、放、挖"综合处理泥沙的治河方略。

进入世纪之交，以黄河断流为突出症状的黄河水资源供需矛盾日益显现，为维持黄河健康生命，开展了以协调人类行为与黄河功能为课题的黄河治理保护实践，水量统一调度、调水调沙、黄土高原水土流失治理、标准化堤防建设等一系列措施相继实施，化解了严重的黄河断流危机，改写了下游河床淤积抬高的历史，黄土高原山川巨变载绿而归。

党的十八大以来，党中央着眼于生态文明建设全局，明确了"节水优先、空间均衡、系统治理、两手发力"的治水思路。习近平总书记多次视察黄河，步履所至，心之所向，对黄河治理保护提出了明确要

面对断流的严峻形势，1998 年 1 月，163 位中国科学院和工程院院士联合签名，呼吁拯救黄河

黄河德州齐河段潘庄险工与潘庄引黄闸

求，亲自擘画了"黄河流域生态保护和高质量发展"的国家战略，作出了"治理黄河，重在保护，要在治理"的重要论断，发出了"让黄河成为造福人民的幸福河"的伟大号召。

观今宜鉴古，无古不成今。从"中华之忧患"到"黄河宁，天下平"的梦想照进现实，从"三年两决口"到七十余年岁岁安澜，从"与水争利"到"人水和谐"，中国共产党交出了一份亘古未有的优异治黄答卷，也为世界江河治理与保护、人与自然和谐共生提供了"中国范例"。

正如习近平总书记所说："实践证明，只有在中国共产党领导下，发挥社会主义制度优势，才能真正实现黄河治理从被动到主动的历史性转变，从根本上改变黄河三年两决口的惨痛状况。"

如今，浩浩汤汤的黄河之水，正深披"幸福河"的厚重底色，迸发出永远跟党走的雄浑力量，浇灌造福人民的大河息壤，以破势之举、应势之变，凝系为全新的生命形态，傲然挺立在世人面前。

济南黄河标准化堤防工程

第二节

决口堵复泽万民

　　黄河"善淤、善决、善徙"，塑造形成沃野千里的华北平原的同时，也给沿岸人民带来深重灾难。

　　有记载以来，黄河下游决溢 1590 余次，南北往复大改道 26 次，每当决口改道，水沙俱下，房屋垮塌，良田尽毁，生态崩溃。

　　堵口即堵塞决口。由于黄河下游处于"悬河"状态，河床高于两岸地面，决口后往往是全河夺溜，堵口工程复杂艰巨。黄河下游最早的堤防堵口工程，可追溯至两千多年前的汉代。自那时起，堵口施工逐步形成了立堵、平堵、混合堵等多种方式方法。随着科学技术的进步，堵口技术无论是方法、材料、设施和运输工具等都有很大的发展。

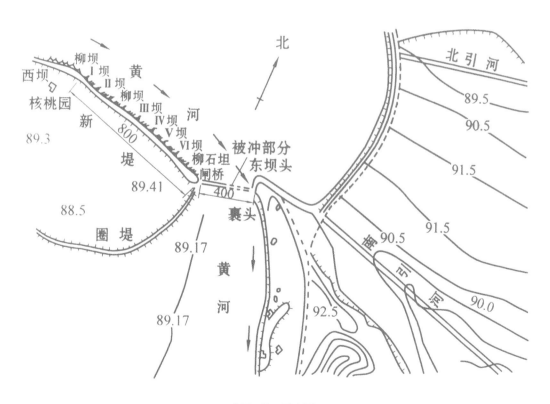

花园口堵口示意图

堵复

"三年两决口，百年一改道。"黄河决口灾害之惨烈，史不绝书。

"治水者茨防决塞"，早在先秦时期，已采用茨防作为早期的埽工堵口。

自秦朝统一中国后，封建帝国的政治经济已进入了成熟期。这一时期，在战国堤防的基础上，对黄河两岸进行了系统建设，在黄河下游形成了系统堤防，为社会经济稳定和发展提供了屏障。

然而，利弊总是相伴而生。

随着黄河堤防的修建，含有大量泥沙的河水被约束在河道内，河槽迅速淤积，地上"悬河"逐渐形成，黄河决口开始频繁。

汉代为了阻止因决口而发生黄河改道，堵口工程甚至不惜举全国之力。

汉武帝元光三年（公元前 136 年），黄河在濮阳瓠子决口，黄河恣意泛溢、洪水横流，受灾地区幅员一两千里。由于当时忙于对匈奴的战争，决口 23 年后，汉武帝决心堵塞决口，令汲仁、郭昌主持，动用几万民工参加。汉武帝亲自到决口处，命令随从官员自将军以下都背柴草参加堵口。"是时东郡烧草，以故薪材少，而下淇园之竹以为楗。"淇园是战国时期卫国的苑囿，因为缺乏堵口用的薪材，当时连淇园里的竹子都砍下来使用。当口门尚未堵成时，汉武帝在堵口现场曾赋诗曰："颓林竹兮楗石菑，宣房塞兮万福来。"

瓠子堵口采用的技术措施在《史记·河渠书》记载到"下淇园之竹以为楗"和"颓竹林兮楗石菑"。意思是用大竹、大木在决口处打入河底作桩，逐渐加密，即所谓的"楗"；待口门处的水势减缓，再用草袋装土填塞在竹木桩上游，使断流，即所谓的"菑"。然后抛撒土石料，完成堵塞决口口门的工作。瓠子堵口采用的方法当为早期的平堵法。

在瓠子堵口的 80 年后，河堤使者王延世又主持了一次成功的堵口。这一年，黄河在今馆陶一带决口，决水东灌四郡三十二县，十五万余顷土地成为水乡泽国，最深处达 3 米，淹毁房屋四万所。

面对一次灭顶之灾，王延世却只用 36 天便堵塞了这次决口。据《汉书·沟渔志》记载，这次堵口的办法是"以竹落长四丈，大九围，盛以小石，两船夹载而下之"。"竹落"就是竹笼。

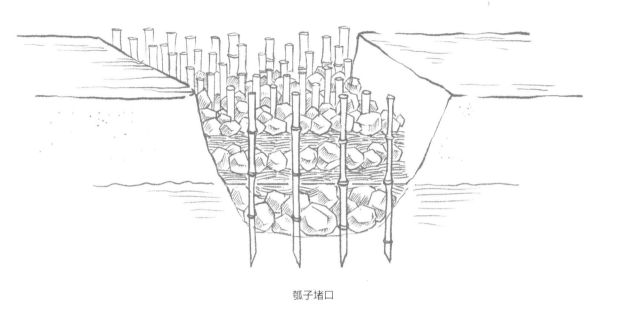

瓠子堵口

长四丈，相当于9.3米，"九围"是竹笼的直径。

王延世堵口采用的方法，即在长四丈、大九围的竹笼中装满卵石，用船从决口两侧运到口门处，连船带竹笼一起沉下，再在上面堆土，迅速完成堵口。他将都江堰竹笼卵石技术运用于黄河堵口，开创了立堵之先河。

五代以后，河患又严重起来，到宋代更是决口频繁，埽工成为堵口的主要方法，埽工和堵口技术的发展、成熟是这一时期黄河堤防工程建设的基本特点。

宋代称堵口为"闭河"。根据《河防通议》的记载，堵口的一般施工程序和技术要求是：首先，在口门两侧树立标杆，架设浮桥，标杆用以控制施工的断面位置，浮桥方便施工通行并可以减缓水势。接着，在口门的上端打桩，抛下树木、石头，进一步降低口门流速。然后从两岸分别进占，做三道草埽、两道土柜，并于中心抛土袋土包。当两边同时进占，快要合龙时则在龙口大量抛下土袋土包，并鸣锣击鼓助威。最后当合龙告成后，在合龙前修一道土堤。如果草埽埽眼出水，再用胶土填塞牢固。这种堵口方法类似于近代立堵与平堵相结合的方法。

时至宋代，现代黄河常用的三种堵口方法均找到了实战样板，现代堵口技术正是在古代河工技术基础上不断完善、提高而形成的。

———————————— 链接 ————————————

堵口方法有哪些?

堵口方法主要有平堵、立堵、混合堵三种。

平堵法:沿口门的宽度,自河底向上抛投料物,如块石、柳石枕、卷埽、铅丝石笼或竹石笼、土袋等,逐层填高,直至高出水面,以截堵水流。平堵法一般用于非汛期流量较小时,在河床易受冲刷或分流口门水头差较小的情况下使用,花园口堵口模型试验得出的结论为单宽流量小于 10 立方米每秒可以成功。平堵法按照施工方法,又可分为架桥平堵、抛料船平堵、沉船平堵三种。

立堵法:从口门的两端或一端,沿拟定的堵口坝基线向水中进占,逐渐缩窄口门,最后将所留的缺口抢堵合龙。立堵法一般用于流速大的决口。立堵法中有填土进堵、埽工进堵、打桩进堵、块石土袋进堵、铅丝笼钢筋笼进堵、钢木组合土石坝堵口等。其中直接填土进堵主要应用于口宽水浅且流速小或可机械化施工的情况;当流速较大时,多采用打桩进堵与埽工进堵;块石土袋进堵、铅丝笼钢筋笼进堵是近年来常用的堵口方法;钢木组合土石坝堵口是在 20 世纪 90 年代发展出来的一种新的堵口方式,对于大口宽、大流量、高流速的决口复堵十分适用,其堵口速度快,进占戗堤的稳定性好。

混合堵法:当溃口较大较深时,采用立堵与平堵相结合的方法,可以互相取长补短,称为混合堵法。堵口时,根据口门的具体情况和立堵、平堵的不同特点,因地制宜,灵活采用。混合堵法一般先采用立堵进占,待口门缩窄至单宽流量有可能引起底部严重冲刷时,则改为护底与进占同时进行合龙。也有一开始就采用平堵法,将口门底部逐渐抛填至一定高度,使流量、流速减小后,再改用立堵进占。或者采用正坝平堵、边坝立堵相结合的方法。

平堵可以减小水头差,堵口速度快,但堵口架桥桥桩易冲垮,闭气难;立堵适于深水施工,易于闭气,但技术性强,用料多;混合堵介于两者之间。堵口时具体采用哪种方法,应根据口门过流情况、地形、土质、料物储备等条件,综合考虑选定。

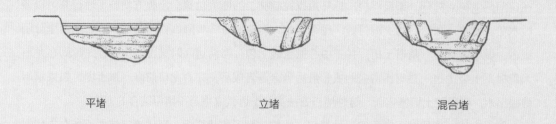

平堵   立堵   混合堵

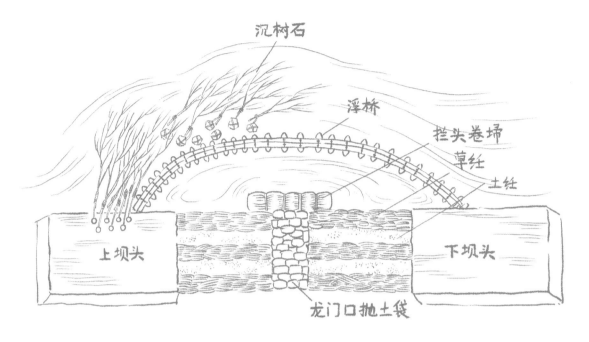

沉树石

浮桥

拦头卷埽

草纤

土纤

上坝头

下坝头

龙门口抛土袋

宋代堵口

　　时间来到元代，由贾鲁主持的白茅堵口工程规模浩大，采用了"疏、浚、塞"并举的方针，这次堵口巧妙地将沉船之法与卷埽之法相结合，是在施工截流技术上的一次成功的尝试。

　　明清时期的堵口工程更加频繁。出于"保漕"的需要，及沿用潘季驯"筑堤束水，以水攻沙"的治黄方略，清代治河不仅非常重视堤防建设，而且高度重视决口的堵塞，几乎是"逢口必堵"。

　　清代中期以后，堵口工程逐步把卷埽改为沉厢式修埽。古时修埽有"柳七草三"之说，后来由于柳料不足，代之以秸料。清雍正年间秸料成为正式埽工材料，且堵口技术也日趋完善，有丁厢、顺厢等修做方法。至清代后期，几乎年年都有决口，每年都有堵口，清代人根据工程的不同规模和难度，创造了单坝进堵、双坝进堵和三坝进堵三种堵口方法。

　　黄河历史堵口除填土堵复和埽工外，还采用过其他多种堵口方法，如编竹装石堵口、长绳结砖堵口、架桥平堵法等。几千年来劳动人民在防洪斗争中不断改进而总结出来的传统技术，至今仍不失为堵口的有效方法。

归故

黄河带来的灾难，很多是人为因素造成的。

西汉武帝元光三年决瓠子河后，20 多年"不事复塞"，很大程度上因武安侯田蚡"江河之决皆天事，未易以人力为强塞"的荒谬言论。

王莽始建国三年，河决魏郡后，泛滥于济、汴之间 60 年之久，也主要缘于王莽"恐河决为元城冢墓害，及决东去，元城不忧水，故遂不堤塞"的私心。

南宋建炎二年，宋王朝为阻止金兵南下，人为决河，导致黄河"由泗入淮"。

后来的花园口决口更是人为使然。

1938 年 6 月 8 日，伴随着一声轰鸣的巨响，黄河花园口大堤被国民党军队炸开了一个巨大的缺口，滚滚黄河水刹那间奔流而下，造成豫皖苏 44 县黄泛灾害，89 万老百姓被淹死。

抗战胜利后，国民政府欲故伎重施，着手修复花园口大堤，引黄河入故道，妄想水淹解放区。共产党为了解救黄泛区百姓同意了谈判。国共双方在 1946 年 5 月 18 日达成实质性的《南京协议》，开始合作修复决口下游的河堤，并同时堵复决口。

但想要引黄归故，不仅要堵住 1460 米的决口，还要抬高水面近 4 米，才能让水流到低处的故道。其难度可想而知。

数十位国内外水利专家考证后，给出了堵口的总体思路：在河面上打桩、架桥、铺铁轨，用火车往河里倒大量的石头，平填决口，抬升水面，引水入故道。且堵口必须在枯水期进行。

第一次堵口，拟在夏汛到来前实施，各地政府通力合作，民工、物资、器材、公粮，应集尽集，齐心协力。此次施工，是根据国外专家意见，在东西两坝之间打桩，然后在桩之间填充石头，逐渐把决口堵住。

据当时目击者后来的回忆，为给堵口运石头，黄河大堤上铺设了专用的铁路支线。火车拉来石头，推到河口边，数个大石头装进一个大铁笼，吊车吊起大铁笼，抛入水中。如此重复。然而，随着汛期的到来，河水猛烈，冲走了许多打好的桥桩，终致工程失败。

1946 年 9 月汛期结束，开始第二次堵口。由于口门水深 18 米，打桩困难，此次采取中国

《南京协议》

1946年6月，花园口堵口现场

传统平堵法，具体为：在东西坝前修筑透水柳坝，使口门缓溜河底，淤高补打桩工，在西坝，边打桩边抛石头，以加固桥桩；在东坝，抛填柳辊，挑出大溜，让水尽量从东坝过，以掩护桥工作业。同时，在口门上游，用连体大方船建浮桥，在船上不断抛填柳辊，以固护中部河底。如此，三管齐下，齐头并进，昼夜不停，终于把冲毁的桥桩补齐。然后，在桥桩上铺铁轨，让小火车在上面往河里大量地抛石头。石头从外地运来，抛石平填，抬高水面后，开始引水渐入故道。

　　第二次施工眼看就要引黄归故成功的时候，黄河上游漂来了大量的冰块，迎来了凌汛。冰凌再次冲毁了桥桩，只得等过了凌汛再开工。

1947年3月，花园口堵口工程金门进占

　　1947年1月下旬开始第三次堵口，吸取了前两次的教训后，黄河水利委员会与堵复工程局几经磋商，决定将平堵法改为传统的捆箱进行立堵，即在平堵的基础上立堵，劳工们直接围绕冲毁的石坝，在两侧用大量的石头加柳枝，进行帮宽加厚，一点点填压水流的空间。最后，用柳石枕，把最后的间隙填满。同时，将故道加挖4道引河，使水更易入故道。为避免春汛，各县召集工人增加一倍。现场人员密集如蚁，分工协作，昼夜不停。车辆、石头、柳枝、秸秆、

1947年3月，花园口堵口工程即将合龙

1947 年 3 月 15 日，历时一年多的花园口堵口工程竣工，黄河水回归故道。针对国民党政府违背历次谈判协议，枪杀解放区治河员工，破坏复堤工程的行径，王化云多次发表讲话，揭露国民党当局的罪行。图为当时晋冀鲁豫中央局主办的《人民日报》对此进行的报道

草绳……各种工具，各显神通。在数万人的努力下，决口很快被束窄，"平均每 24 小时进展 5 公尺"。

3 月 15 日，花园口决口终于合龙！中外技术融合在堵口中取得成功。

3 次施工，历时 1 年，现场天天有成千上万的劳工。而专任堵口工程的工人多达 5 万人。

此浩大工程，土工完成 230 万公方，工人工资发放 940 亿元（法币），用石头 20 万公方；购买柳枝 1 亿斤、秸料 3800 万斤、木桩 20.4 万根、麻绳草绳 280 万斤、铅丝 21.3 万斤……

黄河归故，为了保卫解放区人民的家园，1946 年初，冀鲁豫解放区、山东解放区根据中共中央指示，决定筹建解放区治河机构，组织群众抓紧展开堤防险工修复等工作，以应对随时可能到来的洪水。

中国共产党领导的人民治理黄河事业的序幕也就此拉开。

涅槃

"伏汛好抢，凌汛难防"，一百多年来，黄河下游凌决是人们无法抗拒的天灾。中华人民共和国成立后，在河口地区发生了两次凌汛决口，成为黄河人心中的惨痛记忆。

1951年1月酷寒异常，黄河下游封冻600余公里，冰厚量大史之罕见。29日河开至利津，气温骤降河面固封，流冰受阻积冰如山。2月1日刘夹河水位居高不下逢滩皆漫，黄河两岸万余干部群众抢修子埝巡堤查险。2日晚形势愈加险恶，上游冰水倾泻势不可挡，冰凌挤烂坝身直扑堤顶，黄河告急。2月3日1时45分大堤溃决。

2月15日，山东省人民政府出台王庄口门堵复工程决定。3月21日，王庄凌汛溃口堵复工程正式开工。

4月1日，东西两坝开始进占，人流如梭，昼夜不停。至6日下午，两坝关门占稳落两侧，此时共进占11个，龙门口仅余12米。

4月7日凌晨，7000员工集结工地。5时20分合龙大工开始。两个直径半米多的龙枕横卧在东西两坝的关门占上，上面早已布好了数十根合龙绳，活系在15米开外的合龙桩上。用细麻绳系成的龙衣（孔为30厘米见方的格子网）已在沙条杆上卷好，并将一端系于龙牙（契入龙枕上的签桩）上。由指挥部选定的6名精干胆大的小伙子站立一侧。此时捆厢船在阵阵号子声中

王庄险工纪事碑背面记录了王庄凌汛决口时的情形

徐徐拉出，口门水流更加湍急。"滚龙衣——"，随着一声激越的号令，6名小伙子就势卧倒，头、足相抵横卧一排，边滚边推动龙衣向对岸徐徐展开。拴在龙衣上的6根小绳抛向对岸，对岸有人牵拉小绳，以协助龙衣滚动，龙衣上的小伙子则用随身携带的细麻绳，边滚边将龙衣系在合龙绳上。缆绳微颤，水声隆隆，两岸屏声静气。六名青年如水上沙雁上下翻飞，须臾间将龙衣铺于缆绳之上。接着，一声"进占"号令，东西两坝四路运料大军如箭离弦，各司其职，土、石、桩、绳、秸料通过每个员工的双手迅速组合，十几名筑埽高手或手持月斧，或手举大板，顺料、截料、铺料，下桩拴绳、拍打埽眉。口门堵复，时间决定成败。两个小时过去，合龙占稳稳筑成悬于龙门口水面之上。7时20分，担任总指挥的苏峻岭紧身裹衣，手持铜锣，眼观六路，耳听八方，确认东西两坝准备停当，手举锣响，两坝松绳，在他镇定自若的指挥下，占体徐徐下落入水到"家"（黄河抢险术语，意指占体与河底接触）。紧接着，东西两坝同时行动，把早已备好的麻袋、块石迅速抛至占前，8时30分抛出水面，旋即进土筑戗。9时，整个戗面出水，口门闭气，堵工告成。

时隔4年后，1955年隆冬，利津五庄再次发生凌汛决口悲剧。是年1月下旬，黄河上游骤然回暖继而迅速开河。29日开至王庄险工形成冰坝，水位陡涨4.3米，冰积如山，水与堤平。23时40分，堤身溃决，与此同时，五庄村北又溃决一口，两股溃水汇合后沿1921年宫家决口故道北流，由徒骇河入海，淹及数县，多人遇难。

山东黄河河务局与惠民专署组成"山东黄河五庄堵口指挥部"。2月9日，小口门采取挂柳缓溜落淤的方法减刹水势，借水小之势很快堵合。大口门先在滩唇修做柳石堆四段，防止继续刷宽，又在沟前大量沉柳缓溜，加速淤淀。3月6日开始截流，6000余名员工从东西两岸正坝同时进占，至3月10日，龙门口宽度仅余12米。11日7时30分合龙开始，先在正坝采取捆抛苇枕，两面夹击。连续抛至10时15分时，枕已裸露水面，正坝合龙告成。紧接完成了边坝下占合龙，12日闭气并浇筑前后戗，13日堵口告竣。

回望凌汛的云烟，王庄堵口仅用了61天，五庄堵口仅历时40个昼夜，较之此前决口堵复时间长则1年，短则数月，新旧对比，彰显出中国共产党领导下的人民治黄的无比优越性。

五庄凌汛决口门处于1921年宫坝决口堵复时打桩抛石截流处，当时未加清理，留下坝基隐患，32年后终酿惨祸。图为五庄凌汛决口堵复龙门沉占时的情景（黄河档案馆存）

安顺

大河潮涌，首重安澜。

中华人民共和国成立以来，在党和国家高度重视与坚强领导下，黄河防洪工程体系与非工程措施不断完善，战胜了历年洪水，黄河伏秋大汛岁岁安澜，彻底扭转了历史上黄河频繁决口改道的险恶局面。

近年来，随着经济社会和科学技术的发展，新设备、新材料不断涌现，也为抢险堵口技术的发展提供了保障，根据黄河历史堵口经验和现代抢险技术，当现代堤防发生决口后，采取的总体对策及措施为：抢修裹头，控制口门；拦蓄洪水，便于堵口；导流入槽，杀减水势；分蓄

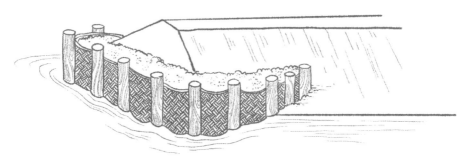

裹头

洪水，降低水位；堵口复堤，重归大河；排围结合，尽力减灾。

可概括为七个字："裹、拦、导、分、堵、排、围"。

"裹"，即在口门两侧抢修裹头：直接在口门两端的堤头处用抗冲材料修做裹护体控制口门不再扩大，主要有传统厢埽裹护、石笼裹护、钢板桩围护和软帘防护等方案。

"拦"，即利用水库拦蓄洪水：利用黄河中游干支流水库拦蓄洪水，尽可能减小下游河道

捆厢进占

抛枕

流量，为堵口复堤创造小流量过程。

"导"，即在口门上游修坝导流：在口门上游适当位置修筑挑水坝，并对口门对面河道的沙滩进行疏浚，使主流绕开口门导往下游。

"分"，即利用蓄滞洪区分洪和水闸分水：利用口门以上的蓄滞洪区分洪，并视情采用较大的引黄涵闸分水，进一步减小河道流量，为堵口创造条件。

"堵"，即堵口复堤：采取有效措施，及时堵复决口，使大河重归故道。

现代化堵口技术（彩绘）

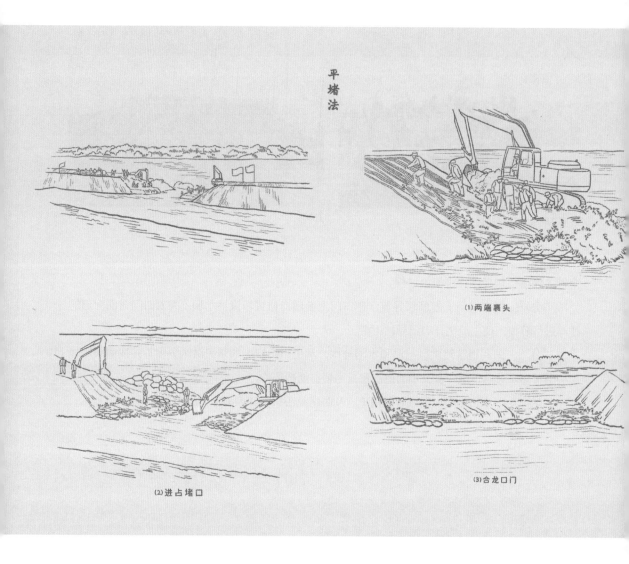

平堵法

(1) 两端裹头

(2) 进占堵口

(3) 合龙口门

　　"排、围",即排围结合,尽力减灾:距决口一定距离,利用高速公路和铁路路基、其他河流堤防等,据情修做二、三道防线,将洪水限制在一定范围,并及时将受洪水威胁地区的群众迁到安全地带,尽最大努力减少保护区淹没损失。二、三道防线要留有排水通道,顺着河流排入较大的河流、湖泊、海洋。

　　居安思危,未雨绸缪。为进一步牢固树立水旱灾害防御底线思维,立足防御"黑天鹅"事件,山东黄河河务局组织开展了超标洪水应对及堵口措施研究,提出了传统埽工与现代技术配合堵

─────────── 链接 ───────────

架桥打桩沉舟相结合堵口主要步骤

①架桥。架设栈桥，由于时间紧且以汽车运料为主，不再铺设铁轨。

②铺底。采用土工织物铅丝网沉排或长管褥垫式沉排护底。

③抛料进占。沿堵口坝基线，在口门左右侧同时抛投料物向河中进占施工，同时对栈桥下面抛料。采取现场与异地相结合的方式，异地制作柳石枕、搂厢、大型钢筋笼、大铅丝笼、吨袋、土袋等，运至现场后，利用大型吊车、挖掘机、推土机等将料物抛护在合适的位置，以加快堵口进度。

④中间打桩。在口门中间（约100米宽），在栈桥上利用打桩机打桩。在栈桥外打两排粗桩。

⑤抛料加固。利用栈桥往桩中间和前后抛投大块物料，在堵口的同时，加固钢桩。

⑥沉浮舟。用连在一起的多节浮舟，沉入口门中间打桩处的水中，前头用大地锚固定，然后再沉入多次，直至高出水面。

⑦合龙。在沉浮舟的同时，在舟前后加快大体积料物抛护进度，利用水流小的时机尽快合龙。

⑧闭气。合龙后，可在坝体前先抛投土袋，外铺复合土工膜，外用块石压实，随后压黏土，以闭气；背水坡也铺土工布，外面铺沙土。

⑨堤防恢复。闭气后，按标准堤防建设要求对口门处堤防进行恢复（先将口门处缺口堵复）。洪水过后，在原堤防位置进行堤防恢复，对口门处采取截渗墙、淤背等加固措施，并恢复险工坝面。

─────────────────────────────

口、浮体沉厢类堵口、架桥堵口、打桩合龙堵口、钢框架土石组合坝堵口、架桥打桩沉舟相结合堵口等方法，创新制作了不规则钢筋笼（三角四面体、三菱体）、铰链钢筋笼、土工织物铅丝网沉排等新结构，优化了各种材料在堵口、修做围堰时的投放位置与顺序，达到了节省料物、提高堵口效率和成功率的目的，并获黄委科技进步二等奖。

如今，置身巍巍堤防，远眺泱泱长河，从坚固的工程措施，到完善的防洪非工程措施，防御洪水能力有了质的提升，堤防决口的悲剧不再上演，黄河长治久安的夙愿正在一步步实现。

第三节

众心齐谱战洪歌

寻访一条河流，就是在触摸一部历史。抢险，便是这部历史存在于世间的最敏感神经和最有力证明。

曾几何时，三年两决口，百年一改道。每每决口泛滥，浊水横溢，人为鱼鳖，大河两岸民不聊生。

时至今日，洪水风险依然是黄河流域的最大威胁，而治理黄河，也历来是治国、安邦、兴民的头等大事。

一部抢险史，半本治黄诗。防汛抢险作为保护治理黄河的重要一环，以铜墙铁壁之姿，筑成护佑河水滚滚东去的最后一道防线。

何为险？东汉许慎在《说文解字》中道："险，阻难也。"

透过历史的天际线，去考察那些依稀可辨的踪迹，有关黄河险情的记载早在充满山海奇传的远古时代便已悄然生长。曾经古老的人类"择丘陵而处，逐水草而居"，因生产生活能力低下而只能以退为进"避"洪远之，后来"女娲补天"御天水，"大禹治水"护万邦。人类的进步带动着文明的发展，城市的建立促成了水事的兴通。

随着时代的演进，人类对洪水的认知逐渐明晰，中原大地这片膏腴沃土，必然要求历朝历代保持黄河河势稳定并实现对洪灾的有效防御。

于是从战国时期开始，黄河下游堤防开始全面修筑，险工、控导、水库、水闸等防洪治河与兴利工程的兴建应用使防洪工程体系逐渐完善，保护堤防工程及沿黄百姓的安全成为历代治黄工作者须以终身练就的"基本功"。

然而历史一次又一次告诉我们，"河道是有生命的"。无论是疏浚堵口，还是筑堤壅防，都难以抑制这条"巨龙"动荡不安的天性。在与黄河险情抗争的不屈实践中，勤劳聪慧的劳动人民积累并发展出了一系列行之有效的抢险技术，不仅有传统技术的延续与传承，更有现代技术的融汇与博新，以其强有力的抢护应用成效，挺膺融入灿若星河的中国传统黄河文化，见证了一批又一批誓与洪魔抗到底的治黄志士，让黄河抢险精神的主旋律在大河上空久久回荡。

踏浪而来，黄河两岸因水而兴；水生万物，大河上下化难成祥。

黄河险情

　　黄河迢迢，万古不息。人类对于黄河险情的认识沿袭着堤防工程登上历史舞台的足迹愈加深刻，围绕千里黄河大堤谱写的一篇篇防洪史诗也在河涨河落间不断上演。

　　黄河险情按工程分类可以分为堤防险情、河道整治工程险情、涵闸及穿堤建筑物险情三类。其中，堤防险情主要包括渗水、管涌、漏洞、滑坡、跌窝、坍塌、裂缝、风浪、漫溢等9种；河道整治工程险情包括坝垛溃膛、坝垛漫溢、坝垛坍塌、坝垛滑动等4种；涵闸及穿堤建筑物险情主要有涵闸渗水及漏洞、水闸滑动、闸顶漫溢、闸基渗水或管涌、建筑物上下游坍塌、建筑物裂缝及止水破坏、闸门失控及漏水、启闭机螺杆弯曲、穿堤管道渗水或漏洞险情等9种。

　　秉承"见之于未萌，化之于未发"的自觉，为山川河流作传，细读这本福祸相依的长河。

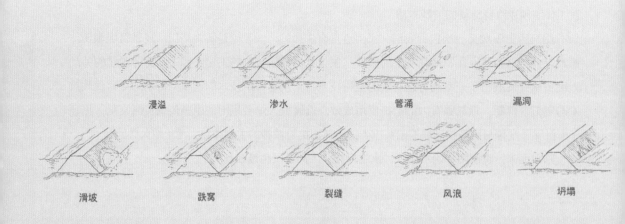

堤防九险手绘图

堤防九险

堤防多系土筑，汛期水势湍急大溜顶冲，堤防薄弱处便极易出现险情。

早在《宋史·河渠志》中便总结了主溜对堤防造成的各种险情："其水势，凡移徙横注，岸如刺毁，谓之劘岸；涨溢逾防，谓之抹岸；埽岸故朽，潜流漱其下，谓之塌岸；浪势旋激，岸土上溃，谓之淪卷；水侵岸逆涨，谓之上展；顺涨，谓之下展；或水乍落，直流之中，忽屈曲横射，谓之径佹；水猛骤移，其将澄处望之明白，谓之拽白，亦谓之明滩；湍怒略渟，势稍汩起，行舟值之多溺，谓之荐浪水。"

其中，"劘岸"为洪水顶冲堤岸，造成大堤坍塌的险情；"抹岸"为洪水漫溢堤顶的险情；"塌岸"为堤防塌陷的险情；"淪卷"为水漩浪激，风浪淘刷，造成堤岸损坏的险情；"上展"为河湾处受水顶冲，回溜淘刷，造成险工段上游的险情；"下展"为顺直河岸受水顶冲，主溜顺流下注，造成下游的险情；"径佹"为河水骤落，被河心滩所阻，形成斜河，激流横冲堤岸造成的险情；"拽白"或称"明滩"，为大水之后，主溜外移，原河滩水浅，露出白色沙滩的险情；"荐浪水"为洪涛刚过，涌波继起，危害行船安全的险情。

由此可见，在宋元时期先民们对堤防常见险情已经有了明悉成熟的认知。

历经岁月的打磨和洗礼，新时代水利人将堤防险情进行了更为细致详尽的划分，为当下巡

链接

东平湖围堤渗水险情抢护

1960 年 7 月 26 日，东平湖开启进湖闸蓄洪。当水位上升至 41.5 米（大沽高程）时，因堤身断面不足，土质不均，渗流不畅，加之堤基有透水性很强的古河道砂层，渗水压力大，在薄弱点西堤段发生渗水。

经分析论证，采用导渗、压渗及反滤排水相结合的抢护方法。对堤身渗水比较严重的堤段，在渗水堤坡的后戗和坡脚处开沟填砂，上面加土盖压，让渗水集中从导渗沟排出；对堤脚附近低洼、坑塘边沿发生严重渗水有流土破坏的险情，采用在堤脚附近增加盖重的方法，延长渗径，减小渗流坡降，保护基土不受冲刷；对渗压大、渗流严重堤段，抢修反滤坝趾和贴坡反滤。通过各种措施及时控制了险情，确保了堤防安全。

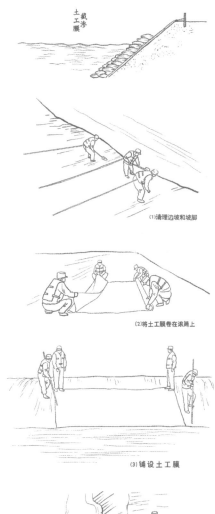

(1)清理边坡和坡脚

(2)将土工膜卷在滚筒上

(3)铺设土工膜

(4)铺设土袋

渗水险情时采用土工膜截渗进行抢护

堤查险抢险提供了基本遵循，也让更多守河人在临险之时心中有数、忙而有序。

一波才动万波随。沿着河水层层迭起的纹路，洪水不疲不休，各类堤防险情也层出不穷。

渗水是堤防常见的险情，当水位升高，部分堤防存在堤身断面单薄、有裂缝、压实不好等问题，在高水位作用下，背河坡面及坡脚附近地面便会出现有水渗出现象，称为渗水，也叫散浸。此时土壤表面湿润、泥软或有纤流。如若任其发展，就有扩展成为管涌或漏洞等更为严重险情的可能。

"临河截渗，背河导渗"。渗水抢护一般在背水或临水抢护，严重时需在临水及背水坡"双管齐下"：临水坡用黏性土修筑前戗，也可用篷布、土工膜截渗，以减少渗水入堤；背水坡则用透水性较强的砂石、土工织物或柴草等反滤，将已渗入清水流出，而不让土粒流失，以防止险情扩大，保持堤身稳固。

渗水不治，易成漏洞。而漏洞，是堤防出险最危险的险情，堤防决口多数是漏洞所致。贯穿堤身或地基中的缝隙或孔洞流水，洞径小则几厘米，大可达几十厘米。又分为清水漏洞和浑水漏洞。清水漏洞系堤身散浸形成，清水从洞中流出，未带出堤内土颗粒，危险性比浑水漏洞小，但如不及时处置，可演变为浑水漏洞，同样有决口危险。

"前堵后导"，漏洞抢护同样需要"临背并举"。在临河找到漏洞进水口，及时堵塞，截断漏水来源；在背河出水口采取滤导措施，通常采用反滤围井、月堤等方法，防止险情扩大。

漏洞险情时采用反滤围井进行强化

链接

济南天桥老徐庄堤段漏洞险情抢护

1958年特大洪水过境，7月23日，由于高水位浸泡时间长，筑堤土质差，老徐庄险工在所辖堤段内背河面共出现临背贯穿漏洞3个。

经分析论证，采用"临河堵塞、背河反滤"的方法。一面在临河及时找到洞口，及时堵塞，后用柳枝编围坝，抛填土袋及散土封堵。一面在背河用土袋做小型半圆形围堰，直径约2米，即"养水盆"。抢护完成后，背河出水停止，完全闭气，险情成功排除。

当堤防基础不好时，还易发生一种翻沙鼓水现象，堤身或地基土体内的细小颗粒会沿着粗大颗粒间的孔隙通道涌出流失，叫作管涌。出水时涌口上下翻滚，并形成明显的砂环，也叫地泉。一般发生在堤坝背水坡脚或较远的坑塘洼地，少则一两个，多则成管涌群，如处置不及时，险情发展非常迅速，堤身或堤基大量砂土被带走后形成空洞，堤坝极易塌陷，甚至溃决，因此必须抢早抢小，及时处置。

"反滤导渗，控制带沙"是抢护管涌险情的基本原则。对于单个管涌出现时常采用反滤围井进行抢护，如遇背河大面积管涌集群出现，如料源充足，可用反滤铺盖抢护，分层铺填透水性好的反滤料，以制止地基土颗粒流失。

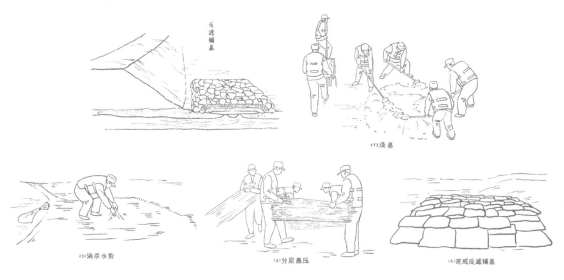

管涌险情时采用反滤铺盖进行抢护

链接

黄河山东东阿县牛屯堤段管涌险情抢护

1954年8月8日，位山站水位43.3米，堤顶出水3.19米，因堤基土质多砂、临背悬差大等原因，致使东阿县牛屯堤段堤脚30米处沟内出现管涌4处。随着险情的加重，共出现大小管涌36处，呈翻花状。

经分析论证，采用反滤铺盖法进行抢护。把管涌口用麦秸塞严，用麻袋装土压住，阻止浑水涌出，并迅速压土，修筑戗台并在两端各加修一段后戗，以高质量抢护确保大堤安全。

随着洪水超过正常标准，险情将不再局限于点状分布而可能呈面状涌现。当水位上涨而堤高不够，又一新生险情极易发生，那便是洪水从其顶面溢出的漫溢险情。因堤坝多为土体，抗冲刷能力极差，一旦发生溢流，冲塌速度极快，因而"预防为主"是关键。

要做到防得住守得牢，就要随"水涨堤高"与洪水赛跑。抢险队员应迅速果断在堤坝顶部，因地制宜，就地取材，抢筑子堰，力争在更大流量洪水到来前加高培厚堤防。

随着堤坝的失稳，险情的加剧，堤脚处土壤如被推挤向外移动或隆起，致使局部土体下滑，便生成一种名为滑坡（脱坡）的险情。分背河滑坡和临河滑坡两种，从性质上又分为剪切破坏、塑性破坏和液化破坏。

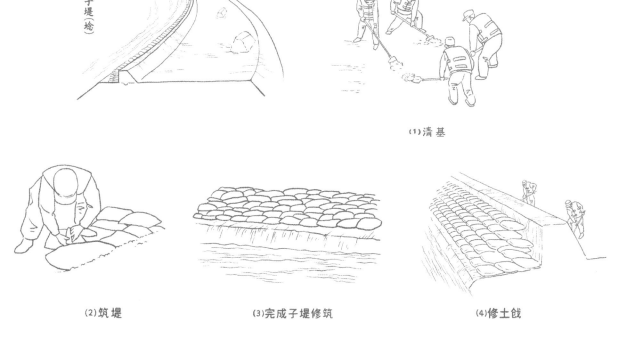

土袋子堤（埝）

(1)清基

(2)筑堤　　(3)完成子堤修筑　　(4)修土戗

漫溢险情时采用土袋子堤（埝）进行强化

　　"固脚阻滑，削坡减载。"造成滑坡的原因是滑动力超过了抗滑力，所以滑坡抢护应设法减小滑动力并增大抗滑力。常用的方法有固脚阻滑、滤水土撑、滤水后戗、滤水还坡法。

　　固脚阻滑即在黄河滑坡时将土袋、块石、铅丝笼等重物堆放在滑坡体下部，起到阻止滑坡继续下滑和固脚的双重作用，同时移走滑动面上部和堤顶的重物，必要时，还要削缓陡坡，以减小滑动力。

　　滤水土撑则适用于堤防背水坡范围较大、险情严重、取土困难的滑坡抢护。先将滑坡的松土清理掉，然后在滑坡体上顺坡挖沟，沟内按反滤要求铺设土工织物滤层或分层铺填砂石、梢料等反滤材料，并在其上覆盖保护。顺沟而下做明沟，以利渗水排出。一般一条土撑顺堤方向长约 10 米，顶宽 5～8 米，边坡 1:3～1:5，土撑间距 8～10 米，修于滑坡体下部。

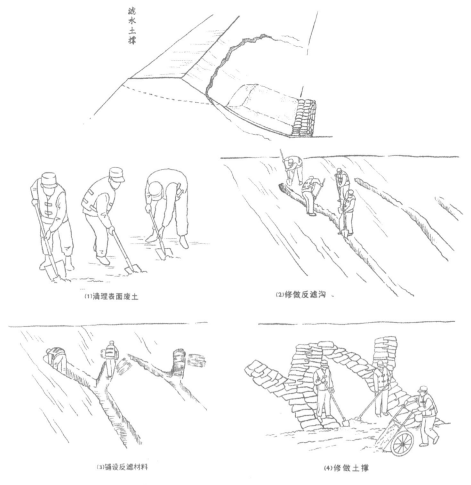

(1)清理表面废土　　　　　　(2)修做反滤沟

(3)铺设反滤材料　　　　　　(4)修做土撑

滑坡（脱坡）险情时采用滤水土撑进行抢护

链接

齐河县南坦堤防工程滑坡险情抢护

1954年8月11日20时，南坦堤段水位较背河地面高6米，经5昼夜浸泡，堤身下部土体达到饱和状态，抗剪强度降低，渗流流速过大，且堤身土质差，后戗基础为老潭坑，最终造成114+200～114+350堤段发生滑坡。

经分析论证，采用滤水土撑法进行抢护。清理掉松土后，用草袋装好麦秸，在已滑坡部位压盖，连续铺盖三层，达到严密程度。在草袋上压盖土料，高度略高于浸润线。经12昼夜考验，未再发生险情。

一波未平一波再起，洪水长时间侵袭使堤坝顶部或坡面出现纵向或横向（垂直堤坝轴线）的裂缝，危及堤坝安全，纵横之中横缝最危险。

"隔断水源，开挖回填。"面对裂缝险情，首先要判明其产生原因，而后有针对性地分别抢护。对于横向裂缝，采用横墙隔断法，除沿裂缝方向开挖沟槽外，还需每隔3～5米开挖一条横向沟槽，沟槽内用黏土分层回填夯实。当洪水可能侵入缝内时，可采用土工膜盖堵法，将复合土工膜（两布一膜）在临水坡裂缝处全面铺设，并在其上压盖土袋，使裂缝与水隔离，起到截渗作用。同时在背水堤坡铺设反滤土工织物，上压土袋，再采用横墙隔断法处理，可达最大成效。

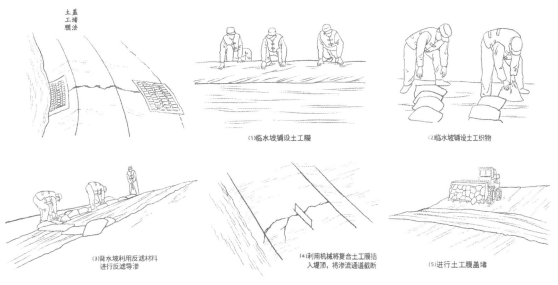

(1)临水坡铺设土工膜

(2)临水坡铺设土工织物

(3)背水坡利用反滤材料进行反滤导渗

(4)利用机械将复合土工膜插入堤顶，将渗流通道截断

(5)进行土工膜盖堵

裂缝险情时采用土工膜盖堵法进行抢护

链接

沁河新右堤裂缝险情抢护

1982年洪水期间，由于沁河新右堤堤身黏性土含量较大，随着土体固结产生了大量裂缝。1985—1992年间，连续进行了8年的压力灌浆，但经1993年开挖检查，仍有大量裂缝存在。

经分析论证，决定对0+000～1+600堤段进行复合土工膜截渗加固处理。将原堤坡修整为1:3，再铺设土工膜，最后加盖砂壤土保护层，保护层内外坡均为1:3。为增强堤坡的稳定性，在原堤坡分设两道防滑槽。抢护完成后，经受住多年洪水考验，防渗效果良好。

水愈涨，河愈危。在高水位洪水或雨水浸注下，堤身、戗台及堤脚附近易发生局部凹陷的跌窝情况，又名陷坑。多是因为堤身或临河坡面下存在隐患，土体浸水后松软沉陷，或堤内涵管漏水导致土壤局部冲失发生沉陷，有时伴有漏洞发生。

"查明原因，还土填实"是其抢护原则。主要方法有翻填夯实、填塞封堵等。凡条件许可，跌窝内未伴随渗水、管涌或漏洞等伴生险情，均可采用翻填夯实法，即将陷坑内的松土翻出，然后分层回填夯实，恢复堤防原貌。如跌窝出现在临水坡水下部位，则采用填塞封堵法，先用土工编织袋、草袋或麻袋装黏性土料，直接向水下填塞跌窝，填满后再抛投黏性散土加以严密封堵和帮宽。

汛期涨水，风疾浪高，水面加宽，水深增大，堤坝边坡在风浪涌动连续冲击淘刷下，易遭受破坏。这种风浪险情轻者造成堤段坍塌，重者严重破坏堤身，以致决口成灾。

"消能防浪，保护堤坡"。采用土袋防浪、挂柳（枕）防浪、木排防浪、土工织物防浪、散厢防浪等方法均可有效防护。对于风浪较大或风浪已破坏的堤段，优先采用土工织物防浪法，将编织布铺放在堤坡上，顶部用木桩固定并高出洪水位1.5～2米。把铅丝或麻绳的一端固定在木桩上，另一端拴石或土袋下沉，以防编织袋漂浮，上面用石块、土袋压牢。对于风浪较大或风浪已破坏的堤段，采用土袋防浪、挂柳（枕）防浪、木排防浪、散厢防浪等方法均可有效防护。

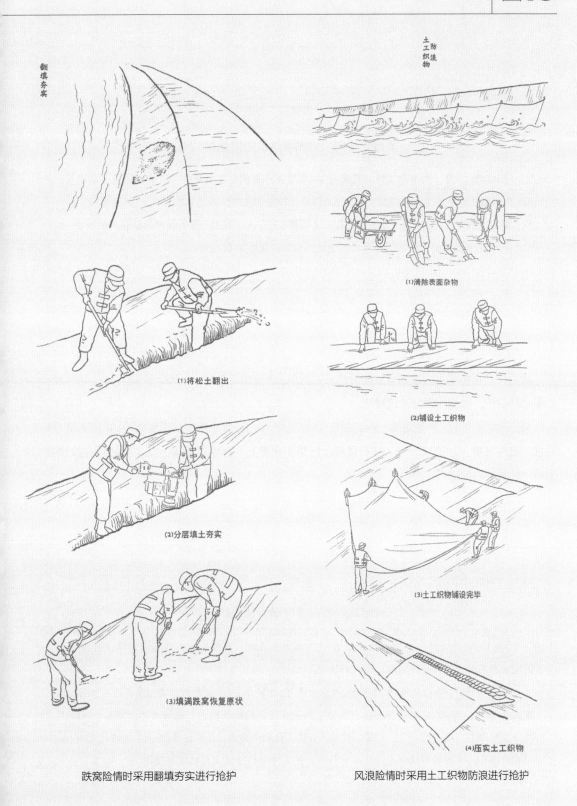

翻填夯实

防浪
土工织物

(1)清除表面杂物

(1)将松土翻出

(2)铺设土工织物

(2)分层填土夯实

(3)土工织物铺设完毕

(3)填满跌窝恢复原状

(4)压实土工织物

跌窝险情时采用翻填夯实进行抢护

风浪险情时采用土工织物防浪进行抢护

黄河东平湖二级湖堤风浪险情抢护

2003年10月，东平湖二级湖堤发生40年来最严重风浪坍塌险情，风浪爬坡最大高度5米，局部越过堤顶严重危及堤防安全。抢险队员立即采用土袋防浪法，用编织袋、麻袋装土（或砂或碎石或砖等），叠放在迎水堤坡，将土袋排挤紧密，上下错缝，最大程度地抵挡风浪冲击。经过4昼夜全力抢护，修建了1米高的子堤，确保了堤防工程安全。

最后便是堤防临水面最为重要的险情——坍塌。该险情发生时，土体崩落，范围广、速度快，如不及时抢护，顷刻间便会冲决堤防。

坍塌险情抢护以"护基固脚、缓溜挑溜，防护抗冲"为主，常采用沉柳缓溜防冲、护脚固基（柳石枕、铅丝笼等）、护坡防冲（柳石搂厢、桩柴护岸等）、修坝挑溜等方法，务必要在险情发生第一时间有效抢护。

黄河武陟北围堤坍塌险情抢护

1983年8月3日，花园口站流量达8370立方米每秒，大溜直冲北围堤前滩地，致使北围堤幸福闸前的草滩受冲坍塌，滩失而堤险。

经分析论证，决定采用"临堤下埽、以垛护堤"的抢护方法。工程平面布局均采用后宽20米、垂直长10米、档距70米的柳石垛与两垛之间护岸连接的防护形式，破溜缓冲，守点护线。在急于抢险又无船的情况下，采用柳枕铺底、枕上接厢的方法，在岸边推10米长柳石枕两排，待枕出水后，在枕外沿插杆布绳，搂厢加高，并及时抛枕固根，成功控制险情。

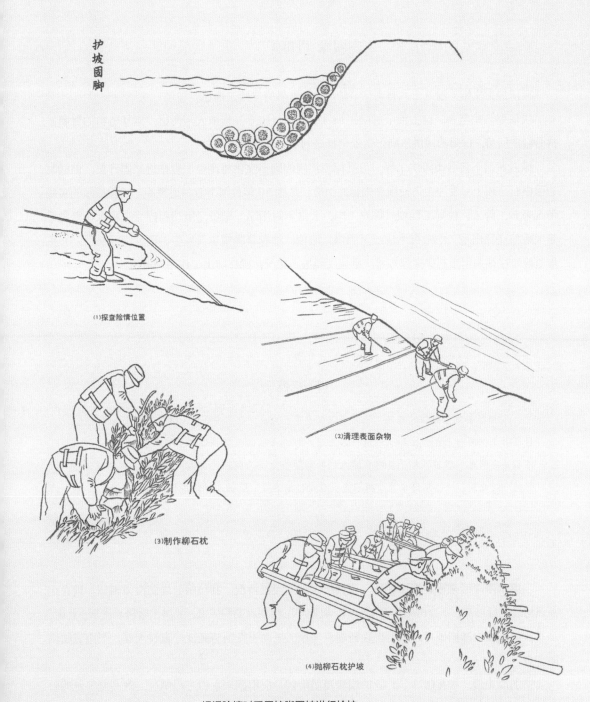

护坡固脚

(1)探查险情位置

(2)清理表面杂物

(3)制作柳石枕

(4)抛柳石枕护坡

坍塌险情时采用护脚固坡进行抢护

坝垛"四险"

《清经世文编》卷九十六有言："防河之要，惟有守险工而已。"

块块磐石垒坚台。自上而下的险工坝垛、护岸（控导）傍依大河两岸，以其坚实的臂膀发挥着稳定河势，保障滚滚洪水向下游安全推进的重要作用。

纵观黄河下游各类防洪工程，可抵惊涛拍岸的砌石文化将座座坝岸垒得坚固齐整，但同时也因根石与坝土易受冲走失使坝身失稳而出险。从近 80 年黄河下游河道整治、工程抢险的实践情况来看，险工、控导工程坝（垛）、岸，大洪水时坍塌、墩蛰、滑动和控导工程坝垛漫溢等重大险情高频出现，中常洪水情况下坍塌、墩蛰、溃膛等险情也易发生。因此大汛前后，在巡堤查险时往往采用根石探摸等方式，掌握工程根石状况，确保防洪工程平稳度汛。

链接

根石探摸

所谓根石就是大坝的基座。三五守堤人身穿救生衣，腰系安全绳，彼此拉扯又紧紧相连，站在险工根石台上或者控导工程沿子石上用一根 3 米长的探摸杆对水下根石上下穿插，摸清根石走失情况。根石探摸是黄河守堤人的必备技能之一。现在，雷达、超声波在根石探测中得到广泛应用，一些坝岸安装了根石走失自动报警装置，能够及时发现根石走失险情。

当洪水滚滚而来漫过坝垛顶部，便会出现坝垛漫溢情况。其险情与堤防漫溢相似。现在山东黄河险工标准高，不会再出现漫溢险情，但控导工程坝垛高程较低，大洪水时极易漫顶，此时，坝垛顶部易发生冲刷破坏，甚至出现断坝、垮坝，进而引发河势突变，直冲大堤，严重威胁堤防安全。

"加高止漫，护顶防冲"。抢护坝垛漫溢险情，应根据来水和工程情况，对高度不足的险工可在顶部抢修子堤（埝），力争在洪水到来前完成；对控导工程可采取措施在坝顶铺置柳把或土工布等防冲材料进行护顶防漫，保护顶部免受冲刷。

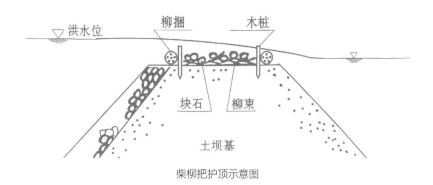

柴柳把护顶示意图

根石是坝垛稳定的基础，其深浅不一，当其遭受水流连续冲击时，在水流的挟带力作用下表层部分块石向下游或坑底滚动。伴随着根石走失，河床局部发生剧烈冲刷，形成冲刷坑，若冲刷坑逐步发展扩大，大量块石失稳，向坑底塌落，局部容易出现沉降现象，这即为坝垛坍塌险情，这是坝垛最常见的一种较为危险的险情。

从坍塌的范围情况分析，坍塌险情又分为塌陷、滑塌、墩蛰3种。坝垛坡面局部出现轻微沉降是为塌陷；护坡在一定长度范围内局部或全部失稳而坍塌下落是为滑塌；坝垛护坡连同部分土坝基突然蛰入水中是为墩蛰，3种险情层层递进，抢护方法自然也各有不同。

如遇塌陷，应本着"抢早、抢小、快速加固"的原则，采用抛石、抛笼等方法加固坝垛坡脚，提高坝体的抗冲性和稳定性，并将坝坡恢复到出险前的设计状况。抛石后要及时探测，检查抛投质量，发现漏抛部位要进行补抛。

如遇滑塌，必须视险情的大小和发展的快慢程度而定。一般的坦石滑塌宜用抛石、抛笼方法抢护。当坝身土坝基外露，可先采用柳石枕、土袋或土袋枕抢护，防止水流直线淘刷土坝基，再用铅丝笼或柳石枕固根，加深加大坝体基础，提高稳定性。

如遇墩蛰，应以迅速加高、及时护根、保土抗冲为原则，先重点后一般进行强化。因此，必须注意观察河势，探摸坝岸水下基础情况，要根据不同情况，采用不同措施加紧抢护，以确保坝岸安全。宜先采用柳石搂厢、柳石枕、土袋加高加固坍塌部位，防止水流直接淘刷土坝基，然后用铅丝笼或柳石枕加固根基。

如若坝胎土被水流冲刷，形成较大的沟槽，导致坦石陷落，便会发生坝垛溃膛险情，亦称淘膛后溃（或串膛后溃）。出险常发生于乱石坝、扣石坝或砌石坝。具体来说，就是在中常洪水位变动部位，水流透过坝垛的保护层及垫层，将其后面的土料淘出，使坦石与土坝基之间形成横向深槽，导致过水行溜，进一步淘刷土体，坦石塌陷；或坝垛顶土石结合部封堵不严，雨水集中下流，淘刷坝基，形成竖向沟槽直达底层，使保护层及垫层失去依托而坍塌。

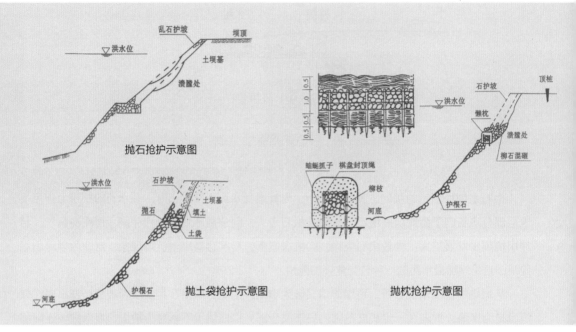

抛石抢护示意图

抛土袋抢护示意图

抛枕抢护示意图

"翻修补强"是其抢护原则。发生险情后迅速拆除水上护坡，用抗冲材料补充被冲蚀土料，加修后腔，随后恢复石护坡。根据险情轻重程度，通常采用抛石、抛土袋、抛枕抢护法等。

随着水涨浪急，坝垛在自重和外力作用下失去稳定，护坡连同部分土胎从坝垛顶部沿弧形破裂面向河内滑动，这便又形成了坝垛滑动险情。坝垛滑动分骤滑和缓滑两种，骤滑险情突发性强，易发生在水流集中冲刷处，故抢护困难，对防洪安全威胁较大。

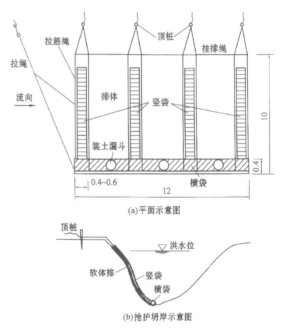

(a)平面示意图

(b)抢护坍岸示意图

坝垛整体滑动出险在坝垛险情中所占的比例较少，不同的滑动类别采用的抢护方法也不同。对缓滑应以"减载、止滑"为原则，可采用抛石固根等方法进行抢护；对骤滑应以搂厢或土工布软体排等方法保护土胎，防止水流进一步冲刷坝岸。

随着黄河河道整治工程等防洪工程体系的不断完善，当前坝坡坡度均为1∶1.5，过去易发生的溃膛险情和滑动险情，如今已基本不会发生。

如遇塌陷，应本着"抢早、抢小、快速加固"的原则，采用抛石、抛笼等方法加固坝垛坡脚，提高坝体的抗冲性和稳定性；如遇滑塌，宜用抛石、抛笼方法抢护，当坝身土坝基外露，可先采用柳石枕、土袋或土袋枕抢护，再用铅丝笼或柳石枕固根；如遇墩蛰，应先采用柳石搂厢、柳石枕、土袋加高加固坍塌部位，防止水流直接淘刷土坝基，然后用铅丝笼或柳石枕加固根基。

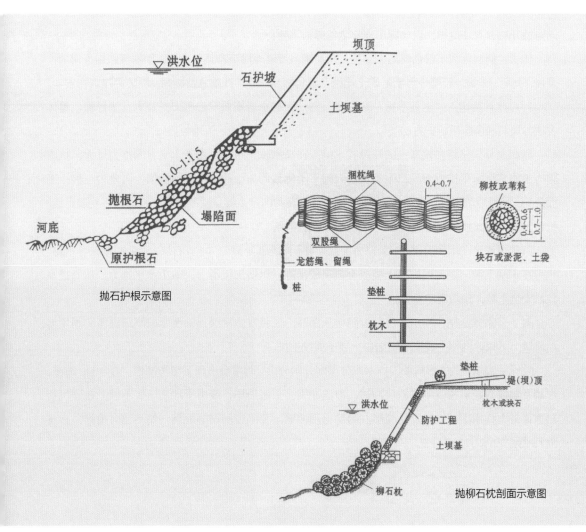

抛石护根示意图

抛柳石枕剖面示意图

穿堤建筑物险情

穿堤建筑物系指为控制和调节水流、防治水害、开发利用水资源，在黄河各类堤防上修建的分洪闸、引黄闸、泄水闸（退水闸）、灌排站、虹吸管，以及其他管道等建筑物。

引黄济水惠民生。常言道："关闸度汛，开闸引水。"一河两岸，座座涵闸枕涛听浪，在江河平稳时段将汩汩河水引向民生所需，在洪水来袭时期为两岸百姓防汛挡洪。

涵闸工程穿堤引水，事关黄河生态建设大局。其自身结构、机械电器部分、周围堤防工程都给涵闸与堤防安全带来诸多隐患，尤其是涵闸与大堤结合处，极易发生渗漏、裂缝、沉陷、滑动等险情，直接威胁黄河堤防安全。因此，对涵闸工程既要加强日常维修养护，也要结合不同险情开展针对性抢护，以穿堤工程安全保障河水畅行。

渗水、漏洞险情不仅在堤防上常见，在涵闸、管道等建筑物某些部位，如水闸边墩、岸墙、翼墙、刺墙、护坡、管壁等与土基或土堤结合部也极易产生，严重危及涵闸、堤防等建筑物安全。

针对此种险情，"上截下排"是首要原则，即临水堵塞漏洞进水口，背水反滤导渗。具体方法与堤防漏洞险情抢护方法类似。

除此之外，修建在软基上的开敞式水闸，在高水位挡水时，由于水平方向推力过大，抗滑阻力不能平衡水平推力而易产生建筑物向闸下游侧移动失稳的水闸滑动险情。可分为三种，平面滑动、圆弧滑动和混合滑动。不论是何种类型，其共同特点都是基础已受到剪切破坏发展迅速，抢护困难，因此须在发生滑动兆头时就采取紧急措施。

具体可通过在水闸的闸墩、公路桥面，水闸下游趾部等部位，堆放石块、土袋或钢铁等重物，也可在水闸下游一定范围内用土袋或土料筑成围堤，以增加阻滑力，减小水平推力，从而提高抗滑安全系数，预防滑动发生。

对于开敞式水闸，当洪水位超过闸墩顶部时，还将发生闸墩顶部漫水或闸门溢流的闸顶漫溢险情，可采取钢架土袋挡水墙法和土袋子堰坝抢护。

在汛期高水位时，水闸关门挡水或分洪闸开闸分洪，时常会出现下游防冲槽、消力池、海漫、岸墙及翼墙等建筑物受闸基渗流冲蚀、泄流冲刷，引起坍塌；或由于地基压实不够，在建筑物自重或外力作用下，地基发生变形，局部出现冲刷、蛰陷或坍塌等险情，如不及时抢护，必将危及水闸安全。

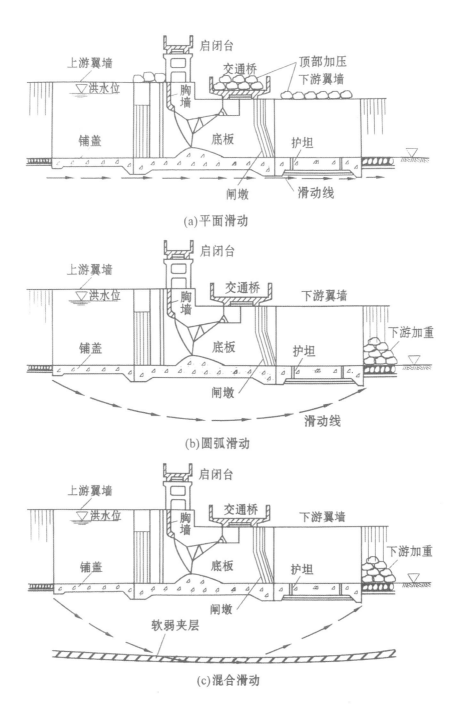

(a)平面滑动

(b)圆弧滑动

(c)混合滑动

下游堆重阻滑示意图

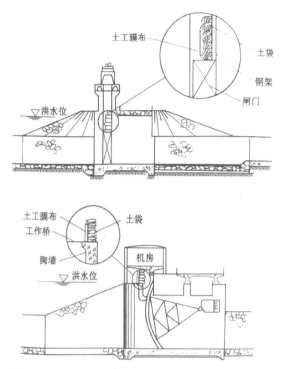

无胸墙开敞式水闸漫溢抢护和有胸墙开敞式水闸漫溢抢护示意图

针对此种险情，可通过抛投石块或混凝土块、石笼、土袋、柳石枕等进行加固，或用土工织物进行反滤，上压土袋，抢修壅水坝或围堤。

混凝土建筑物主体构件，在各种外在作用下，受温度变化、水化学侵蚀以及设计、施工、运行不当等因素影响，容易出现有害裂缝。按裂缝特征可分为表面裂缝、内部深层裂缝和贯通性裂缝。严重的可造成建筑物断裂和止水设施破坏，对建筑物的防渗、强度、稳定性有不同程度的影响，甚至可能导致工程失事。在抢护时可采用防水快凝砂浆、环氧砂浆、丙凝水泥浆或土工织物进行堵漏。

如果发生闸门变形，闸门槽、丝杠扭曲，启闭装置发生故障或机座损坏，地脚螺栓失效以及卷扬机钢丝绳断裂等问题，或者闸门底坎及门槽内有石块等杂物卡阻，牛腿断裂，闸身倾斜，使闸门难以开启和关闭，便会造成闸门失控。闸门止水设备安装不当或老化失效，造成严重漏水，将给闸下游带来危害。

出现闸门失控和漏水险情后，可采用"框架—土袋"屯堵方法抢堵，对无检修门槽的涵闸，可根据工作门槽或闸孔跨度，焊制钢框架，框架网格 0.3 米 × 0.3 米左右。将钢框架吊放卡在闸墩前，然后在框架前抛填土袋，直至高出水面，并在土袋前抛土，促使闭气。对闸门漏水险情，在关门挡水条件下，应从闸门下游侧用沥青麻丝、棉纱团、

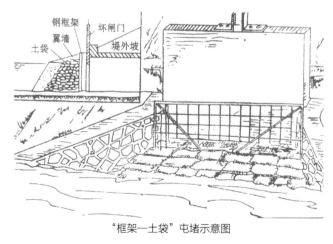

"框架—土袋"屯堵示意图

棉絮等填塞缝隙，并用木楔挤紧。

对使用手电两用螺杆式启闭机的涵闸，由于开度指示器不准确或限位开关失灵、电机接线相序错误、闸门底部有障碍物等原因，致使闭门力过大，超过螺杆许可压力而引起纵向弯曲，使启闭机无法工作。

对此，在不可能将螺杆从启闭机上拆下的情况下，可在现场用活动扳手、千斤顶、支撑杆及钢撬等器具进行矫直。方法是：将闸门与螺杆的连接销子或螺栓拆除，把螺杆向上提升，使弯曲段靠近启闭机，在弯曲段的两端，靠近闸室侧墙设置反向支撑，然后在弯曲凸面用千斤顶徐徐加压，将弯曲段矫直。

最后一种是穿堤管道险情。埋设于堤身的各种管道，如虹吸管、扬水站出水管、输油管、输气管等，一般为铸铁管、钢管或钢筋混凝土管。管道工作条件差，容易出现回填土体夯压不实引起冲蚀渗漏等险情，若遇大洪水，抢护非常困难。

针对这种险情，其抢护原则是临河堵漏、中间截渗和反滤导渗。临河堵漏：漏洞口一般发生在管道壁与大堤土结合处，临河可参照漏洞抢险方法，用"软楔"、棉絮、吸水膨胀袋等堵塞漏洞进口。中间截渗：在沿管壁周围集中渗流情况下，可用黏土浆或加

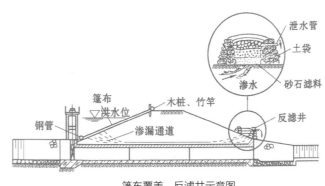

篷布覆盖、反滤井示意图

10%～15%的水泥以压力灌浆堵塞管壁四周空隙或空洞。反滤导渗：若渗流已在背水堤坡或出水池周围溢出，要迅速抢修砂石反滤层或反滤围井进行导渗处理，并抢修月堤，蓄水平压。

上述种种险情及其相对应的抢护方法，皆展示着长河治理之难、之险、之迫在眉睫、之枯而复荣。

但从先辈们在实战中总结出诸多经验可见，无论是何种险情，无论抢险多么艰难，水来要挡，险来要抢，争分夺秒，势在必行。只因堤外有万千百姓，亦有万顷良田。

为适应当前防汛抢险技术培训需求，2022年至2023年山东黄河河务局所属各市局分别建立了一处防汛抢险培训基地，模拟堤防、险工、根石等各类工程不同的险情。

抢险技术

母亲河多灾多难的沉重历史上常把防汛抢险比作是一场没有硝烟的战争，每一位黄河人都是劈波斩浪的英雄。当一场场防汛抢险战役在蜿蜒千里束水防患的长堤打响，能够拥有一把趁手的"武器"成为决胜的关键。

抢险技术，便是制胜法宝。

《论语·魏灵公》有言："工欲善其事，必先利其器。"在与洪水斗争的伟大实践中，一系列行而有效的抢险技术应运而生，诸如铅丝石笼、柳石枕（搂厢）、反滤围井等，无不彰显着黄河河工之智慧，治黄人民之坚守。纵使机械化科技化让时代日新月异，但传统与其中所蕴含的人文精神依旧值得后世延续和传颂。并且随着现代抢险新材料、新设备、新技术不断研发应用，传统抢险技术与现代技术相结合，焕发了新的生命力。

功勋卓绝铅丝笼

铅丝笼，又名铅丝石笼，即用铅丝编织成六角或死角网笼，内装上石头，因其编制的金属线材镀锌铁丝像铅丝而得名。使用时往厢笼中填充一定规格的石料，以形成自透水的、柔且坚的防护结构。

铅丝笼技术源起中国。早在2200多年前的先秦时期，在李冰太守的主持和带领下，我国古代劳动人民就已在都江堰工程修筑中以竹编石笼挡水筑坝，这便是迄今为止世界上最早关于铅丝笼雏形的记载。

昭和三十八年（公元1963年），在由日本全国防灾协会和日本河川协会出版的《蛇笼的知识》一书中，准确无误地记述了关于中国汉成帝河平元年（公元前28年）使用柳条石笼和竹编石笼堵复堤防的事例。书中记述：比起中国运用铅丝笼工程的历史，在日本最早把铅丝笼这种形式的建筑运用到防洪抢险工程中去时，已经是 17 世纪初叶的事了。

20 世纪初，英国曼彻斯特船舶航运公司出版的《铅丝笼工程》专著中写到："早在 16 世纪时，首次出现铅丝笼的形式是装满泥土的柳条筐，用于保护军事要地的炮兵掩护体。200 年以后在意大利开始采用袋状的线网笼，用于修补和加固河堤。经过近代几十年的使用和改进，出现了现代形式的铅丝笼。"

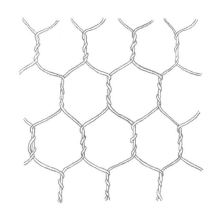

由此可见，中国使用铅丝笼挡水筑坝比起西方诸国要早约 2000 年。

1875 年，美国西部发明铁丝网，把 160 英亩土地围起来。虽然铁在 3000 年前就已应用，但铅丝笼真正应用于黄河抢险却是距今不过 100 年之事。

20 世纪以前，传统黄河控溜、稳定河势工程大多由秸埽材料（薪柴，主要为高粱秆、柳枝、苇料等）修做，即埽工。虽有缓冲落淤之性能，但因薪柴易腐烂，不能持久而易出险情。基于此，自 20 世纪 30 年代初开始，黄河下游河道重点控溜节点工程逐步"石化"。且随着铁丝网的应用，以镀锌铁丝笼装填石料的铅丝笼工艺，才真正用于各类挡水工程和防冲刷建筑物之上。

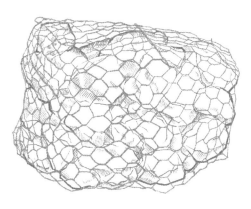

铅丝笼

寸寸铅丝笼磐石，磐石不语固守堤。

链接

"石化"，即埽坝改石坝。据黄河水利委员会编《民国黄河大事记》，民国 19 年即 1930 年 4 月，山东省计划委员会通过埽坝改石坝计划。民国 22 年 3 月，山东河务局开始办理春厢工程，两岸险工逐步改修石坝。

老队员正在讲解编制铅丝笼的技术要领

跨越千年而来，石笼网将水之柔与石之坚糅合成了更坚实的屏障。抛投的铅丝笼在其内部形成一种交错拉紧的挤压状态，石笼网抢护堆叠既呈现单个独立个体，又呈现柔性组合体征，极好地适应了河床变形，更极大地缓释了洪水威胁，用于黄河下游河道中常洪水（包括大水）险工、坝岸工程基础部位险情处置十分有效。

传统铅丝笼网片多以人工编制，在木制龙门架上织网。龙门架由 5 ～ 8 厘米厚、10 ～ 12 厘米宽的木板拼制。龙门架立柱埋入地下 40 厘米，立柱和横梁中心线位置钉上铁钉。铁钉外露长度 4 厘米，以利于挂铅丝（镀锌铁丝）。钉距是根据网格大小确定的，黄河抢险用铅丝笼一般是 15 厘米和 20 厘米。织网分"先竖后横"和"先横后竖"两种方法。前者是先挂竖向铅丝，后穿横向铅丝，避免丝盘穿孔，绕制结点时，不用穿孔过丝，操作人员可前后错开，便于流水作业；后者是先挂横丝，后穿竖丝，绕制结点时，丝盘须穿孔而过，此法可同时数人操作，但相互有干扰。

在防汛抢险一线或演练现场，这样的画面随处可见：河工们根据所需网片大小，将十余条拉直的镀锌铁丝在龙门架上对折悬挂固定，横纵连接，从固定处开始编制，一拧一转，交织错落，不多时一张张网眼细密、接口牢固的网笼跃然眼前。

这是河工们的技术，更是天职使然，传统治河的技艺熟练运用在他们指尖，躬身为民的使命亦熟记于他们的胸怀。

除手工编制外，现在的铅丝笼网片多为机械编制成品，大大提高了抢险效率。但为了便于

编制铅丝笼网片

铅丝笼网片

铅丝笼装填

存放和运输，制作完成后进行折叠码放，在使用前要对其进行伸展。伸展时由 4 人同时进行，每人抓紧一个角撑紧，迅速高举向下摔，在"哎嗨哎嗨"的号子里，在河工有力道且有分寸的手劲儿里，网片迅速伸展、撑大，只待填满沉甸甸的石块，沉入厚重的河床。

完成了网片的制作和伸展，下一步便是铅丝笼的装填和抛掷。

在过去辅助施工机械极为贫乏的年代，尤其是人民治黄初期，可以说黄河河道工程抢险，完全是靠人拉（推、抬）、肩挑完成的。限于人力，当时主要是使用 1 立方米以下规格的铅丝笼。

河工们用编紧拧实的网片将石料包裹扎紧，用专用的封口器将其拧紧，然后众人齐抬，随着"一、二、三，抛！"的吆喝声，铅丝石笼轰然入水，顷刻间无声沉睡在滚滚浊浪里。

后来有了工程机械的辅助和配合，可使用的铅丝笼体积逐渐增加，演变出钢筋石笼、土工织物铅丝网等多种形态，在防汛抢险应用中逐渐发挥出更大的作用。

到今天，铅丝笼从编制到抛掷基本由机械代替，但手工编制的技艺依然延续，它似一颗明珠深深嵌入黄河抢险史的璀璨历程，也结结实实地钉在了巍巍长堤下寸寸坚实的土地上。

新型铅丝笼

卧浪听涛柳石枕

柳石枕，用铅丝将柳枝与石料整合捆成枕状体，是传统黄河防汛抢险技术之一。

柳石枕距今已有四五百年的历史，但在防汛手段日趋智能化的当下，这项传统技艺依旧发挥着不可替代的作用。因为捆抛柳石枕不仅能够缓溜落淤，稳定坝基根石，且能就地取材，操作简便，见效显著，在携泥裹沙的黄河抢险应用中，具有其他材料无法比拟的优越性，故而延续至今，仍是抢护坝岸坍塌、根石走失的有效方法，在堤防堵口时也常使用柳石枕进行合龙。

柳石枕断面图

链接

合龙

修筑堤坝时从两端开始施工，最后在中间接口，称"合龙"，亦称"合龙门"。也可作在堵口用立堵进占时，对最后的龙门口进行封口截流。抛枕合龙施工简单、进堵迅速，但缝隙较大，漏水严重，故一般用于正坝，边坝用合龙埽，以利闭气。

柳石枕制作过程并不繁复，但要扎实。枕长一般 5～10 米，直径 0.8～1.0 米，柳石体积比为 2∶1，也可根据出险部位或流速大小调整比例。在制作之前需先在出险部位临近水面的坝顶选好抛枕位置，清出一片干净平整的场地。在场地后部上游一侧打木桩数根，木桩在嘹亮的黄河号子里深深扎进泥土，再在抛枕的位置铺设垫桩一排，垫桩长约 2.5 米，间距 0.5～0.7 米，两垫桩之间放一条捆枕绳，捆枕绳一般为麻绳或铅丝，根据搂厢大小横纵铺陈，交叠处缠绕加固，以便填装内料。

下一步是铺放柳石。以直径 1.0 米的枕为例，先顺枕轴线方向，将根根柳枝（苇料、田菁

或其他长形软料）层层相叠铺于绳网上，宽约
1米，柳枝根梢要压茬搭接，铺放均匀，压实
后厚度 0.15～0.20米。将其压平并在中间
部位拨开，使其低于四周，排放石料，石料排
成中间宽、上下窄，直径约 0.6米的圆柱体，
大块石小头朝里、大头朝外排紧，并用小块石
填满空隙或缺口，两端各留 0.4～0.5米不排
石，以盘扎枕头。在排石达 0.3米高时，可将
中间拴有"+"字木棍或条形块石的龙筋绳放

捆柳石枕

在石中排紧，以免筋绳滑动。待块石铺好后，再在顶部盖柳，盖柳方法同前。如石料短缺，也
可用黏土块、编织袋（麻袋）装土代替。

整体压平扫边后，河工将枕下的捆枕绳依次捆紧，多余绳头顺枕轴线互相连接，必要时还
可在枕的两旁各用绳索一条，将捆枕绳相互连系。捆枕时要用绞棍或其他方法捆紧，以确保柳
石枕在滚落过程中不折断、不漏石。

从铺绳开始到捆扎完毕，平均一个柳石枕耗时约半个多小时，这考验的不仅是河工扎实熟
练的技术，更是踏实坚毅的气魄，因为"重头戏"推枕入水还在后头。

推枕前要先将龙筋绳活扣拴于坝顶的拉桩上，并派专人掌握绳的松紧度。推枕时要将人员

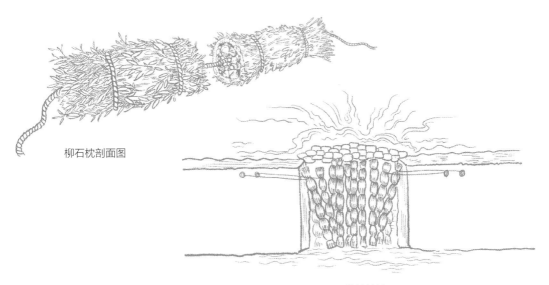

柳石枕剖面图

抛枕抢护

分配均匀站在枕后，切记人不可骑于垫桩上。准备就绪后，推枕号令一下，同时行动，合力推枕，使枕平稳滚落入水。这里力度要掌握好，力道要平稳结实，保持厢枕齐头并进。随着轰隆巨响，柳石枕如同"定海神针"一般顺利入水。

需要推枕维护的出险部位多受大溜顶冲，水深溜急，根石坍塌后，断面形态各异，枕入水后难以平稳地下沉到适当位置，这时应加强水下探测，除根据厢枕入水情况或松放或拴系龙筋绳外，还可通过操作挖掘机将其搂回岸边，拍打、按压、整形，用底钩绳控制枕到预定位置，以牵系厢枕不被水流冲失。

如果河床淘刷严重，应在枕前加抛第二层枕，再下沉，再加抛，直至高出水面 1.0 米为止，然后在枕前加抛散石或铅丝笼固脚。

黄水滚滚，湍急凶猛。河工们捆枕、推枕、搂厢，动作迅速而协调，信念坚定而赤诚。

就这样，一个厢枕叠一个厢枕，一岁坚守再续万载千秋。

随着社会的发展与科技进步，现代机械也广泛应用到捆抛柳石枕中，如叉车用于运输、铺放柳料，挖掘机、装载机等用于铺设石料，捆枕器用于捆枕，吊车、自卸车用于抛枕与远距离运输，同时还研制了专门用于捆柳石枕的捆抛枕机。这样大大提高了柳石枕的捆抛效率，使其焕发出新的生命力。

聚浊扬清"养水盆"

在江河堤防的背水侧，每当洪水退去，时常可见各式各样的砂袋土圈，有的紧靠堤脚，有的三五成群。走近观察，外围堆筑了一圈编织土袋，土圈中的水或清澈如一泓清泉，或浑浊如一池泥沼，但不外乎中间堆满了砂石或麦秸、树枝。

有人称它为"洪水之眼"，也有人称它为"堤坝杀手"，它就是土质堤坝最常见的险情——管涌。而控制管涌险情的，便是"养水盆"。

"养水盆"，学名反滤围井，是堤防管涌漏洞出口处用土袋筑成的带有反滤材料的圆形小埝。因在背水面，亦称"背河（反滤）围井"。漏入围井内的水使井内水位升高，在其上部放排水管，使井内维持一定水位，以降低渗流速度，并防止土粒溜走，是抢护管涌的有效措施。它与临水堵塞一起，能够有效抢护漏洞险情。

每当洪水来袭，河工们即使顶风冒雨依旧坚持 24 小时巡堤查险，用脚步丈量堤防安全。一旦发现管涌险情，时刻枕戈待旦的防汛抢险队员迅速出动，在管涌出口处，抢筑反滤围井，制止涌水带沙，防止险情扩大。

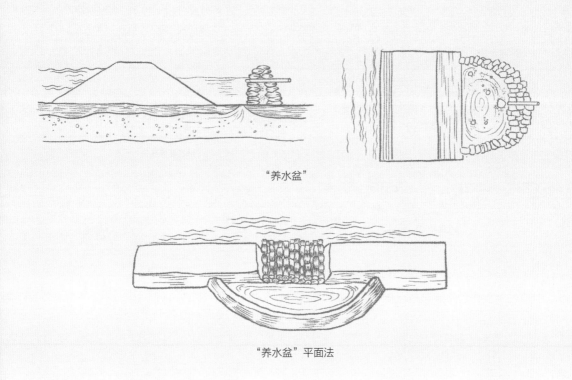

"养水盆"

"养水盆"平面法

此法一般适用于背河地面或洼地坑塘出现数目不多和面积较小的管涌，以及数目虽多，但未连成大面积，可以分片处理的管涌群。根据所用材料不同，种类分为砂石反滤围井、梢料反滤围井、土工织物反滤围井等。

砂石反滤围井，是最常见的一种类型。在抢筑时，队员们先对管涌点周围进行清基，将拟建围井范围内杂物清除干净，并挖去软泥约20厘米，用不透水的黏土装袋，周围用土袋排垒，错缝压茬，围井高度以能使水不挟带泥沙从井口顺利冒出为度。这是第一步，称为"围井"。

围井内径一般为管涌口直径的10倍左右，多管涌时四周也应留出空地，以5倍直径为宜。井壁与堤坡或地面接触处，必须做到严密不漏水。

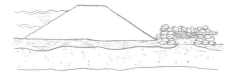

砂石反滤围井

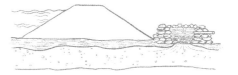

梢料反滤围井

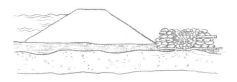

土工织物反滤围井

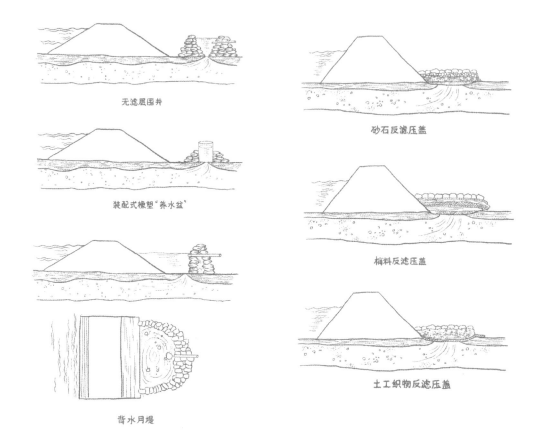

无滤层围井

装配式橡塑"养水盆"

背水月堤

砂石反滤压盖

梢料反滤压盖

土工织物反滤压盖

井内如涌水过大，填筑反滤料有困难时，可先用块石或砖块袋装填塞，待水势消杀后，在井内再做反滤导渗，即按反滤的要求，分层抢铺粗砂、小石子和大石子，每层厚度20～30厘米，如发现填料下沉，可继续补充滤料，直到稳定为止。如一次铺设未能达到制止涌水带沙的效果，可以拆除上层填料，再按上述层次适当加厚填筑，直到渗水变清为止。渗清水，是管涌险情处置成功的标志，这一步，就叫"反滤"。最后，在井内上部设排水管，以防溢流冲塌井壁砂石。反滤围井适用于砂石料充足的情况，如若缺少砂石，可用梢料代替砂石，梢料反滤围井便派上用场。细料可采用麦秸、稻草等，厚20～30厘米；粗料可采用柳枝、秋秸和芦苇等，厚30～40厘米；其他与砂石反滤围井相同。但在反滤梢料填好后，顶部要用块石或土袋压牢，以免漂浮冲失。

另外一种土工织物反滤围井，其抢护方法与砂石反滤围井基本相同，但在清理地面时，应把一切带有尖、棱的石块和杂物清除干净，并加以平整，先铺符合反滤要求的土工织物。铺设时块与块之间互相搭接，四周用人工踩住，使其嵌入土内，然后在其上面填筑40～50厘米厚的砖、石透水料，同样起到反滤作用。现在也制作了一些组合式反滤围井，能够快速安装，既提高了抢险效率，也减轻了劳动强度。

经过层层防护，浊浪在一围一反间涤荡清明，长河在一防一守间趋于安定。

以身为盾筑子埝

子埝，又称子堤，是为防止洪水漫溢决口，在堤顶上临时加筑的小堤。

子埝的结构形式和施工方法取决于汛情缓急、流速、风浪、材料以及堤顶宽度和抢险力量等。通常情况下，子埝应修筑在堤顶的临河一侧，离堤肩留有 1.0 米左右距离，以免受水流冲刷而坍塌；子埝后侧应留有余地，以供抢险交通之需。

子埝的种类很多，常见的有纯土子埝、土袋子埝、桩柳（木板）子埝、土工织物土子埝、编织袋土子埝、防洪墙防漫溢子埝、橡胶子埝等。

筑子埝

土袋子埝

纯土子埝，顾名思义，系以土料修筑。修于堤顶靠临河堤肩一侧，其临水坡脚距堤肩0.5～1.0米，顶宽1.0米，边坡不陡于1:1，子埝顶应超出推算最高水位0.5～1.0米。在修筑前，河工沿子堤轴线先开挖一条结合槽，槽深0.2米，底宽0.3米，边坡1:1。清除子埝底宽范围内原堤顶面的草皮、杂物，并将表层刨松或犁成小沟，以利新老土结合。土料选取黏性土，填筑时分层填土夯实，确保子堤坚固。此法就地取材，修筑快，费用省，但由于土筑不耐冲刷，仅适用于堤顶宽阔、取土容易、风浪不大、洪峰历时不长的堤段。现在一般用机械修做，用土工布防护，提高了纯土子埝的抗冲强度。

土袋子埝系在堤顶的临河一侧用草袋、麻袋或编织袋装土料堆叠，背侧培土逐层夯实。土料多选用黏性土，颗粒较粗或掺有砾石的亦可，装土七八成满后，将袋口缝严，不要用绳扎口，以利铺砌。堆砌时，土袋子堤距临水堤肩0.5～1.0米，袋口朝向背水，排砌紧密，上下层交错掩压，并逐层往后退一些，使其临水面形成1:0.5的边坡。不足1.0米高的子堤，临水叠砌一排土袋，或一丁一顺。对较高的子堤，底层可酌情加宽为两排或更宽些。土袋后修土戗，随砌土袋，随分层铺土夯实，土袋内侧缝隙可以沙土填垫密实，外露缝隙用麦秸、稻草塞严，以免土料被风浪抽吸出来。因其用土少而坚实，耐水流风浪冲刷，常用于风浪袭击、缺乏土料或土质较差、土袋供应充足的堤段，在1958年黄河下游抗洪抢险中得到广泛应用。

桩柳（木板）子埝，在堤顶用木桩、木板、苇把、柳石枕等作为子埝临河护坡，后面加填土戗。河工们在临水堤肩处先打入一排木桩，桩长可根据子堤高而定，梢径5～10厘米，木桩入土深度约为桩长的三分之一到二分之一，桩距0.5～1米。再将柳枝、秸料或芦苇缝捆成长2～3米、直径约20厘米的柳把，用铅丝或麻绳绑扎于木桩后，自下而上紧靠木桩逐层叠放。在放置第一层柳把前需先在堤面上挖深约0.1米的沟槽，将柳把放置于沟内。柳把后散放一层秸料，厚约20厘米，然后再分层铺土夯实，做成土戗。土戗顶宽1.0米，边坡不陡于1:1。若堤顶较窄，也可用双排桩柳子堤。排桩的净排距1.0～1.5米，相对绑上柳把、散柳，同样填土夯实。此种子埝常用于堤防土质较差，取土困难，缺乏土袋、柳料等可就地取材的堤段。

一排排长长的子埝，以身为墙，化身护佑堤防稳固的安全屏障；一个个铿锵的灵魂，以心为盾，成为守护大河安澜的铁骑勇士，手持人间大爱，誓与天灾抗一抗。

厉兵秣马看今朝。历经实践的考验，铅丝笼、柳石枕、反滤围井、子埝等诸多技艺在各大防汛抢险阵地得到广泛应用和展示，成为了当下每一位抢险队员的必备技能。

一代又一代优秀河工的涌现让抢险技术在黄河岸边得以传承，一股又一股不亢不屈的精气神儿让长河尽展一派万马齐暗的好光景。

抢险演习科目——子埝

血性长河

了解一条河流，不仅要景仰她的世代哺育，赞美她的浊浪排空，歌咏她的文化繁荣，更要看她光鲜背后隐藏的险象环生，你会发现这条受难的长河的滚滚洪流中流淌着的，竟是丝毫不输洪水气势的民族血汗。

"血桩"

那一年，是 1902 年（清光绪二十八年）。

八月间，阴雨连绵，黄河泛滥，汹涌的洪水如猛兽一般将惠民刘旺庄河段处冲开一条 1000 多米长的口子，决堤口汪洋恣肆，小孟家庄瞬间倾没。

此次决口使刘旺庄死伤惨重，民不聊生。随之，朝廷紧急调动人员、物资等抢险赈灾。据亲眼目睹的村里老人说，抢险方法是：先在附近上游处建造一条挑溜坝，把大水溜挑出去，然后再堵口。构筑挑溜坝是用高粱秸和柳枝捆成垛子，上面压上土袋，层层垒叠，最上面再站上人控制，用麻绳连接放入水中，沉到水底。这样步步向前挡，有时绳断垛翻，垛上的人被洪水冲走，民间所说：这是下了"血桩"。

1902 年黄河大堤决口于刘旺庄

就是用这样的抢险方法，一步一前，一命一抵。

据档案记载，此次堵口抢险，用银 68.6 万两。重建家园的艰难和失去亲人的悲痛，并没有压倒刘旺庄的百姓，却磨练了世世代代、祖祖辈辈村民的坚韧性格。时至今日，曾经饱受洪水摧残的刘旺庄早已蜕变得林茂粮丰，庄子里不畏牺牲的抢险精神依旧传颂。

"生死状"

那一年，是 1949 年。

在抗日战争还在轰轰烈烈进行中时，新中国诞生的曙光已然从黄河中游的黄土高原上冉冉升起，震撼人心的《黄河大合唱》从延安的窑洞中，如狂风骤雨一般席卷开来，裹挟着"一手拿枪，一手拿锹"的坚定信念，一石激起千层浪，一曲惊醒梦中人。

战事未央，长河奔腾。中华人民共和国成立前夕，胜利的号角接连吹响，黄河以一场摧枯拉朽式的秋汛让历史深深铭记。

1949 年秋汛，连续 4 次洪峰致使黄河垦利河段主溜出现右移，大溜直冲垦利义和险工一号坝头。8 月 30 日，裹头埽出险，7 个工程班和垦利、沾化、广饶三县军民共计 1000 余人日夜抢护。10 月 2 日，中华人民共和国成立的消息传到了抢险工地，群情振奋，众人宣誓："人在堤在，堤亡人亡！"

这是一场军民齐上挽狂澜的豪赌，数千人与长河签下了一笔"生死状"。

往后十余天，所有抢险干部民工都住在了坝头上，吃凉干粮，喝黄河水，送砖送料的群众队伍日日夜夜向一号坝进发。

四天四夜，民工们采用捆抛柳石枕的方式紧急抢护，约 110 个平均 2 万斤重的"立枕""玉苇枕""平枕"接连抛下，而后又在半公尺深的水里捞泥代土，采用柳枝包砖、麻袋装红泥的办法继续抢修。前前后后苦战 40 余天，且战且退，且退且战，累计用工 16.68 万工日。直至 10 月 17 日，埽坝初步稳固，一号坝转危为安。

是人民群众，筑成了任何洪水都冲不毁的另一道"大堤"。

1949 年 12 月 21 日，山东省黄河河务局表彰的治河功臣合影

来自渤海贸易公司、沾化、垦利、利津、惠民等县的 132 辆胶轮大车与省航运队 30 余只木船分水陆两路将物料运到一号坝

党政军民奋力抢险

"人墙"

那一年，是 1958 年。

一进入汛期，黄河流域各地连续降雨，致使河水迅速上涨，也使黄河的防汛形势陡然紧张起来。7 月 17 日，花园口站出现 22300 立方米每秒的洪水，为黄河有水文实测记录以来最大洪水。23 日到泺口站，洪峰仍有 11900 立方米每秒，迫岸盈堤，形势严峻。

根据险情，黄河防总提出不分洪、加强防守、战胜洪水的意见，征得河南、山东两省同意，并报告国家防总。周恩来总理亲临黄河下游指挥，动员 200 多万名军民采用土袋子堤、土工织物土子堤等抢护方法，在东阿以下临黄堤和东平湖堤上经过一昼夜奋力拼抢，硬是在漫长的堤坝上筑起了一条长 600 千米、高 1～2 米的子堤长龙，御洪峰于大堤之中，并在 2000 多座险

1958 年 7 月防汛部队进入泺口堤段

1958 年抗洪抢修子埝

1958 年抗洪群众运送料物上堤　　1958 年取得抗洪胜利

工坝岸上用土袋及柳石料加高 1 ～ 2 米，防止了河湖堤防漫溢成灾。

最紧张的是东平湖安山湖堤段风浪越堤而过，新修子堤大量坍塌，广大干部群众站在堤顶，形成一道"人墙"，以血肉之躯抵挡风浪袭击，并重新抢修一道新的柴草子堤。

经过百万军民奋力抢护八昼夜，终于战胜了中华人民共和国成立以来首次出现的大洪水。

"命搏"

那一年，是 1976 年。

谈起 1976 年那场大水，很多老人仍印象深刻："那一年，我们亲爱的领袖毛主席逝世了，唐山大地震，黄河发大水，大堤上黑压压全是人。"

8 月 27 日、9 月 1 日，黄河花园口站连续出现 9120 立方米每秒和 9090 立方米每秒的洪水，在进入山东后，两峰合一，灾难弥天。9 月 5 日淄博高青段孟口护滩上首，滩唇较低，首先串水。水流直冲老孟口至老董家堤段，顺堤而下，因靠堤行溜，平工大堤无防护，造成堤防剧烈坍塌。抢险队赶到时，堤坡已塌陷 3 米，水面以上又出现两道纵向裂缝，形势十分严峻。

抢险队立即决定采用挂柳缓溜防冲的措施，同当地杨坊管区 200 多名民兵联合，砍了 20 多个柳树头挂在水中，用土袋压于水下。但不经片刻喘息，水位持续上涨，险情继续告急。

当日下午，现场成立指挥部，商定使用搂厢抢护的方法，迅速筹集物料。领导干部们广泛

1976 年抢险场景

发动村民群众砍伐村后芦苇，人背肩扛地送到堤上，同时修防队调集的木桩、麻绳、铅丝、麻袋也运上工地。芦苇用完了，老百姓又把 40 万千克薪料运上了坝头。直至 9 月 7 日凌晨，所有参战民兵没有一刻停歇，200 多米长的坍塌段全部做好厢护工程。

还不够。7 日上午，为弥补柴薪搂厢体积轻、浮力大的弱点，所有参战人员又经历一天一夜苦战完成了抛枕护脚工程。至此，所有人才松了一口气。

亲身参与了整个抢险过程的韩邦礼老人回忆道："所有人手上都勒出了一道道血痕，磨出了血泡，碰一下都钻心得疼……最可爱的是沿黄老百姓啊，男女老少一起下水割芦苇，冒着大雨用自家的耕牛往坝头上送……"

这拿命搏出来的人民治黄，是何等可歌可爱可泣！

"宿命"

那一年，是 2021 年。

9—10 月，暴雨连连，巨川浪奔。一场中华人民共和国成立以来最严重秋汛滚滚来袭，黄河干流 9 天内出现三次编号洪水，霎时铺天盖地的防洪应急响应、紧急部署会议接踵而至，将秋汛防御工作推上了风口浪尖，众人的心都悬到了嗓子眼——守不住，地怎么办，家怎么办，百姓怎么办！

于是，黄河怒吼，机器轰鸣，黄河人激发出骨子里带着的对洪水的警觉，全河上下再次唱响了"人民至上、生命至上"的英雄壮歌……

一根几米长的安全绳，系在 4 个人身上，将家与国牢牢拴在一起，锁扣之间，传递出黄河人的使命和担当。

一张几平方米的铅丝网，

控导抛铅丝笼护坝

包裹起几十块备防石，轰然入水，激荡起固守堤防安全的壮志和豪言。

一支支专业抢险队伍和群防组织齐上阵，山东黄河 3.3 万名抗洪抢险人员河地联合，驻守一线，对重要工程、坝裆进行抛石加固，对各种突发险情紧急抢护，抛柳、抛石、围井、修埝……长河上空旌旗猎猎，千里长堤人头攒动。

面对三河相遇，指挥部像绣花一样调度每一方水。采取引黄涵闸分水、南水北调船闸等泄水措施，确保了不漫滩。

历时一个多月，汹涌波涛终归平缓，黄河儿女再次用责任与担当赢取了抗洪战役的胜利，用使命与坚守续写了人民治黄岁岁安澜的传奇！

英雄如戟缚黄龙，俯身为民志不休。放眼望去，山东黄河全线 121 个基层单位都建立在远离城镇的黄河岸边，依堤而居，以段为家。基层职工们常常带来一些反常人操作：下雨了，别人往屋躲，他们往外跑，沿着大堤冒雨测水，只为将风险和损坏降到最低；寒冬时，别人烤火，他们看冰，披星戴月测冰凌，顶风冒雨战寒冬。

机械抛扭工体护坝

夜晚冒雨巡查

这是黄河人的"宿命"，一晃一个甲子，一眼注定终生。

抚今追昔，我们常常去考证一次又一次防汛抢险胜利的奇迹密码，究竟是源于工防的进步还是人防的革新。于是我们无数次将目光投向这条浩淼长河，看险工鳞次栉比，看大河安澜卧波，巍巍大堤始终固若金汤，而堤上堤下千千万万奋不顾身的抗洪大军，才是真正的铜墙铁壁；他们身上所流淌的，才是真正的血性长河。

血凝的抢险精神，不绝的黄河吟唱。

岁月流转，光影流年，治河的人变了又变，唯精神永流传。在未来，黄河抢险技术还将经历怎样的演进，还将发挥怎样的作用，我们翘首以盼，然而黄河抢险精神必将历经代代相传不枯不灭，以其坚韧不拔的筋骨于滔滔大河之上熠熠闪光。

第四节

冰底犹闻沸惊浪

光绪二十六年（公元 1900 年）二月初四，光绪帝龙案前呈上袁世凯的奏折：

"凌汛暴涨，滨州境内，张肖堂家堤埝冲漫成口"。

寥寥文字背后，听不到黄河河槽插冰摩擦撞击的尖锐呻吟，听不到凌洪过处房屋垮塌的沉闷轰鸣，更听不到灾民遍野哀鸿。

这是 1900 年的 2 月，彼时"戊戌变法"失败，光绪帝被慈禧囚禁瀛台。义和团群情激愤，不日将对西方列强全面宣战，八国联军全面侵华即将开始。积贫积弱的旧中国，满目疮痍，黄河凌汛决口显然无暇被顾及。

整个冬天，北方寒风凛冽，滴水成冰。黄河下游全线封冻已有月余。

但正月十五刚过，春风乍起，天气骤暖。大河若巨龙翻身，舒张骨骼，伴随着咔嚓嚓、轰隆隆的巨响，忽地挣脱冰甲，瞬间变身一河怒水，满河淌凌，冰水俱下。

流冰拥上坝岸

浮冰大的如房屋，小的似磨盘，熙熙攘攘。拥挤着、坍塌着、撞击着，一路水鼓冰开，势不可挡。

"武开河！武开河！"黄河堤防上的河防营官兵和民夫们躁动不安，奔走呼号。河心打冰船上的民夫早已弃船奔逃。冰凌裹挟逼人寒气，让人瑟瑟发抖。

冰凌随河水一路冲突，行至滨州大道王窄河道处。正月十九却迎来气温骤降，蜂拥而至的浮冰被此处的坚冰阻滞，迅速层层叠压、乱冰插塞。

河面迅速升起一道坝，尔后长出一座山。

一河狂涛至此再难流，水位骤然升高，十九日深夜至二十日凌晨，四个时辰内洪水陡然涨高八九尺之多。

冰凌摩擦的诡异的声响，撕裂了空气，也扯动着人心。

顷刻间，黄河北岸破堤漫溢，接连决口七处。张肖堂决口最甚，此处地势低洼，漫口五十余丈，夺溜大半。

河防营丁夫拼命抢堵，但这边堵那边冲，旋堵旋刷，溃口已成，黄流狂注，势如卷席。

在冰面上凿成格子网状的冰沟，然后撒上灰，以加速冰层融化，加快开河

洪水直驱东北，横扫滨州、惠民、阳信、沾化、利津五州县，由泽河入海。冰水过处，城池街市、村庄人家尽成泽国，灾民哭号声震寰宇……

时任山东巡抚的袁世凯，面对猝不及防的凌汛决口，汹涌奔泻的黄河水，一时间非常震怒。他传令下去，黄河决口发生在谁管辖的河段，河防营官立即就地正法。

从事河务的民夫们本就是附近乡民，一时间军心溃散，四处逃窜，一派溃败景象。

河官人人自危，战栗着向袁世凯陈情：河事复杂，变化难测，常有非人力所能知、能止者。况凌情变化莫测，料物难筹，危害更甚。古人常云"凌汛决口，河官无罪"，非不为也，实不能也……

袁世凯沉吟片刻，改令为：守区决口，营官革职，永不叙用，枷号河干，戴罪立功。

这年凌汛决口，滨州甲首里村死百人，狮子刘村死十九人，张茂林等十一村被冲毁。

一句"凌汛决口，河官无罪"，道出人之于自然"寄蜉蝣于天地"的渺小，亦道出落后生产力下河官"如履薄冰，日慎一日"的无奈。

在河面冰封的冬季，渡船无法行驶，黄河两岸居民要冒着极大的风险从冰面上徒步渡河，过黄河十分困难

凿冰孔测量冰凌厚度

冰河万里触山动

黄河凌汛古已有之。

《汉书·文帝纪》中这样记录：十二年冬十二月，河决东郡。这是关于黄河凌汛决口最早的记载。

我国北纬 30 度以北的河流，在寒冷季节里都有不同程度的凌汛现象，但黄河的凌汛尤为特殊。黄河在中国版图的山川平原中绘就一个"几"字，一撇一弯皆是千里。放在巨大的地理坐标中，漫漫黄河水道跨越沟壑与天堑，也历经着气温的巨大差异。

由于地理纬度的差异，低纬度河段温度较高，开河时间较早，高纬度河道则恰好相反。解冻时，上游河道的大量冰水一齐拥向下游，行至尚未解冻的河段，在弯曲、狭窄河段易发生冰凌卡塞，导致上游河段涨水。轻者漫滩、淹没滩区耕地，冲毁或围困村庄等；重者在很短的时间内，几千万立方米的冰凌伴随几亿立方米的水，拥蓄在河道内。这些块大、质坚的冰凌，犹如岩石在河道里堆垒成一道天然的堤坝，拦截冰水的出路，促使上游河段水位猛涨。大堤防不胜防，就会产生漫堤或溃堤失事的严重局面。冰塞和冰坝是产生凌汛威胁的主要原因。

黄河凌汛的重灾区有两处，一处是宁蒙河段。黄河自兰州以下，流向自西南折向东北，处于"几"字的一撇。兰州河段与内蒙古河道纬度相差 5 度以上，两地冬月的平均温度相差在 5 摄氏度左右。内蒙古包头河段每年从 12 月中旬开始封河，至次年 3 月中旬开始解冻。上游兰州

凌汛漫滩

冰穿破冰

封河相较包头封河要晚 20 天，开河却早了近 1 个月。

另一处重灾区就在黄河下游河道——"几"字末笔向上的一挑。黄河自 1855 年铜瓦厢决口后，夺大清河河道入渤海。自黄河下游分界点桃花峪，至垦利入海口，纬度向北延伸了 3.9 度。且河道上宽下窄，河道纵比降上陡下缓，上游挟带冰凌的水流进入下游窄河槽，尤其是河道弯曲处，极易壅塞堆积、卡冰结坝。

黄河凌汛的危害，视开河情况的不同也有巨大差异。所谓开河，就是黄河冰盖融化、破碎的过程。

"文开河"是因气温回升转正，冰凌逐渐融化解体开河形式，过程相对温和。开河期，当天气转暖，冰凌大部分就地融化，冰盖下面的河槽内蓄水量逐步释放，就不会产生严重的冰凌卡塞现象，威胁相应较小。

对比之下，"武开河"表现得要激烈得多。在下游河段气温尚低、冰质较强的情况下，由于上游河段受热力或水力作用而开河，河水骤涨，造成下游河段"水鼓冰开"。黄河下游在冬初封河时，河道流量往往较小，待稳定封河后，上游来流又往往会骤然增大，如果增长的幅度大，增速快，那么即使在冰盖仍在增长的数九寒天，也会由于水位的急剧上涨，鼓裂冰盖，导致开河。上段河道开河后，质强、块大的冰凌伴随河槽的蓄水，蜂涌而下，迫使下游河段节节开河。这样，冰量越滚越多，水量越集越大，终于形成了气势凶猛的凌洪，一旦渲泄不畅，即会导致严重的凌汛威胁。

开河方式不同带来的威胁也不同，中国古代早有察觉。过去，人们将其称作"文汛"和"武汛"。

天地不仁，以万物为刍狗。冰河万里触山动，肆意流淌、淤积、冲决，并不以依附其生存的人类的意志所转移。仅 1855—1955 年的 100 年中，在山东省发生凌汛决溢的年份有 29 年，决口 99 处。

铁马冰河入梦来

中国古代对黄河凌汛的规律与危害认识颇为深刻，针对黄河凌汛已经建立较为完备的应对机制，清朝徐端编著的《安澜纪要》针对凌汛有专门的章节。

"河工本有桃伏秋凌四汛，而历来皆以桃伏秋三汛安澜后，便为一年事毕。殊不知凌汛亦关紧要也。"

"凡当凌汛，各厅必须多备打凌器具。如木榔头油鎚铁锹等物。于河身浅窄湾曲之处。雇备船只。分发兵夫，派实心任事之汛员领之。一见冰凌拥积，即使打开勿致拥积。此为凌汛第一要务。"

根据徐端的见解，"凡河身浅窄湾曲之处，冰凌最易拥积。"所以安排"实心任事"的工作人员，乘打凌船，在河道弯曲处待命，用打凌锤敲碎冰盖，从源头避免河道冰凌壅积形成冰坝。

清代时，针对打冰有着非常详细的规定。生活在咸丰到光绪年间的潘骏文谙习河事，在山东从事河务工作。他曾经编写了《濮范寿阳四州县防河打冰章程》《东阿至齐河各县打冰章程》等，对打冰工作机制进行详细记载。

在人员配置上，濮州、范县、寿张、阳谷四州县"每二里用船一只"，东阿以下"每五里用船一只"，每船设水手四名。设兵勇十名，营兵不足则雇募民夫，"兵勇民夫均五日一换，以均劳逸而免疲乏"。

具体操作层面，要求打冰以"靠大溜处著力"，且两面并打，令船只"上下来回，一次在北一次在南"。同时还提到"夜间冰最易结"，故打冰应"昼夜循环"，每船白日敲击两次，夜间敲击一次。此外，章程中对协作巡查也提出明确要求：除于河中打冰以外，营官还须"派弁并会同地方官在岸上分段巡查"，及时通报冰情。打冰之余，船只须"分定段落，往来梭巡"，使得河中冰凌"不致即行胶结"。

除去打冰与巡查措施，古人也有较为完备的防凌工程措施。

清代治河名臣靳辅认为，"防河之要，惟有守险工而已"。又言"守险之方有三：一曰埽，二曰逼水坝，三曰引河"。对应如今的抗洪抢险技术，简言之就是用埽工修筑险工，采取河道整治工程在河道修筑控导工程挑溜，修筑引河对河道进行"裁弯取直"。他提出，为了保护埽工免受冰凌损伤，首先，"御冰凌之埽，必丁头而无横。"就是在普通河段修筑与水流方向垂直的丁厢埽为主，防止流动的冰凌将埽坝切断。又及"埽湾之处，必用顺埽、鱼鳞栉比而下之，然后可以抵溜而固堤"。就是说在河道弯曲处，修建与水流方向平行的顺埽、连续数段的鱼鳞埽的形式，缓解冰凌撞击。

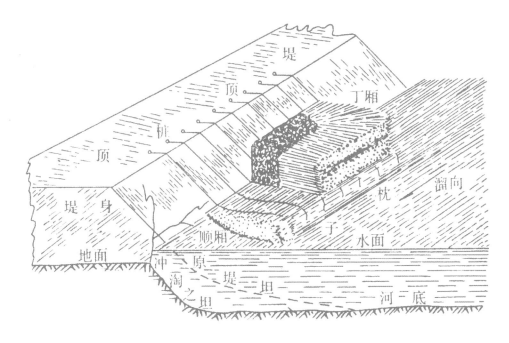

丁厢埽

无论是徐端的《安澜纪要》，还是完颜麟庆的《河工器具图说》，都提到了在冰凌中保护埽坝的措施——逼凌椿，即"用丈余长木排护迎溜埽前"，类似给埽坝穿了一身蓑衣。具体而言，就是在埽坝前间隔五尺左右的空当钉橛，用绳子或铁链捆绑一排椿木，在空当中再加柳枝等捆扎填充。此外，按照不同形态，还有"细木二三根扎把于拖溜埽前"的搪凌把。为防止冰凌锋利截断椿木，又在迎水一面钉满毛竹片或者铁片，以起到更好的保护作用。

铁马冰河入梦来，为防治凌情，古人殚精竭虑，旧时防凌机制亦不可谓不完备。但今日看来，受气温、河道形态、水力变化共同影响造成的凌汛险情，飞机、迫击炮尚不能扭转，又岂是一叶扁舟、几把大锤、几排椿木就可以左右的。

欲渡黄河冰塞川

中国共产党领导人民治理黄河的 70 余年间，秉持着"人定胜天"的精神意志，党政军民多少次"开天辟地"、多少次力挽狂澜，历经苦难辉煌，书写了伏秋大汛岁岁安澜的史诗。

伟大的事业从来不是一蹴而就的。

在对黄河凌汛的认识过程中，新中国的治黄工作者同样付出了"血与汗"的代价。

1951 年初，又是一个寒冷的冬天。1 月 14 日，自郑州花园口站以下河道全部封河，封冻总长 550 公里。

冰凌插封

1 月 27 日起，气温却迎来了显著回升，河南郑州河段首先开河，冰水齐下，一路水鼓冰开，人们最担忧的"武开河"不可避免。

1 月 29 日，开河至济南泺口。30 日，开河至利津。冰借水势，水助冰威，4 天时间内开河 400 多公里，一路势如破竹。

但风云突变，冰凌骤然在利津止住脚步。此时的河口地区气温很低，冰层坚硬。上游下泄的冰凌并没有冲开河道冰盖，随水而下的冰块拥挤着、填塞着、堆积着，30 日 21 时在垦利前左一号坝形成冰坝。31 日 18 时已经壅塞至 5 公里外的东张一带。冰坝在河道内形成梗阻。河水被冰坝阻拦，水位迅速抬高。

2 月 2 日，利津水文站水位已经到达 13.76 米，超过 1949 年大汛最高洪水位 0.83 米。2 日 23 时，在利津王庄险工背河堤脚发现 3 处碗口大小的洞口，300 余民工奋力抢堵，临河因为被冰凌覆盖，无法找到洞口。工程队员张汝滨、于宗五等人来不及多想，冒死跳上冰层，用镐破除临河冰块寻找洞口。

此处正是光绪十九年赵家菜园决口处，堤身内部抢险堵口的秸秆已经腐朽，人人皆知"千里之堤，溃于蚁穴"，但现实条件是备用土牛已经冻成了冰坨子，平地取土，铁锹凿在冻土上铿然作响，只铲起薄薄一层。在缺土少料的情况下，人们将麻袋、棉被填进漏洞里，只一个漩涡便"嗖"的一声不见了。即便全力抢护，仍眼见着洞口迅速扩大。

2月3日1时45分，大堤发出一声闷响，转瞬塌陷了10多米。黄河决口了！

黄河大堤上响起报警的锣声，不祥与恐慌的情绪在村子蔓延，呼爹唤娘声，悲悲切切。人们开始抓起身边能带走的一切东西，慌不择路地四散奔跑。

随着这声巨响，正在临河抢险的张汝滨、刘朝阳、赵永恩被卷入冰水中，不幸牺牲。

黄河职工已经尽力。早在1月31日下午，来自泺口的26名爆破队员已经先行赶赴到王庄。两辆敞篷卡车的后斗上，队员与炸药、器材混坐在一起，一路顶着寒风赶到现场，下车后立即投入到爆破作业中。

炸药需要被埋置在冰洞里，8个人一组将100斤重的石夯高高举起，砸在冰上也只是一道白印。一个冰洞需要几十次锤击才能打穿。爆破队员们就这样砸了，爆破，再砸，再爆破。伴着炸药的巨响，砖头大的冰块像雨点一样落下来。他们全然不顾，争分夺秒地奔向下一处爆破点。

堤防决口前，他们共炸开了50米宽、350米长的河道，但这并没有改善延伸的冰坝。

决口后，山东省军区、省工业局、渤海军区又出动了3支爆破队赶来支援。省军区后出动了飞机、迫击炮轮番上阵，誓要把决口以下的70公里河道炸通。

但此时，炸翻的冰块上已经附着了各色的泥土，河水大部分已经从决口处流出，下游的冰块已经深深扎入了河底中，如此这般已经没有意义，12天后，爆破被迫停止。

王庄凌汛决口，造成的洪泛区宽14公里、长40公里，造成利津、沾化两县45万亩耕地、122个村庄受淹，倒塌房屋8641间，受灾人口8.5万，死亡6人。

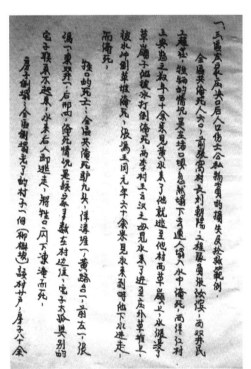

王庄凌汛决口后利津三区关于人口、财产损失及抢救情况的汇报。注：该报告初为左家庄决口（局部利津档案馆资料）

4年后，1955年，距离利津王庄上游25公里的五庄，悲剧再次上演。同样的"武开河"，同样的冰坝迅速堵塞成冰山，山东黄河河务局的冰凌爆破队与炮兵部队昼夜爆破，军区出动飞机向冰坝投下72枚重型炮弹，但冰凌插封坚厚，冰下甚至无水，爆破并没有任何效果。1月29日，五庄决口……

1955年凌汛　飞机轰炸

回首那句"凌汛决口，河官无罪"。凌汛的发展预测期短，发展迅速，加之冬季天寒地冻，取土、运料和抢险都很困难，以当时的技术与人力条件，横亘在河道的冰山仍难以逾越。

但新中国的河官们从不曾凭这句话开脱塞责。他们将"安澜"视作无可推卸的责任。

1955年凌汛　迫击炮炸冰

堵口计划如一纸视死如归的军令状："堵口工程提前一日完成，则广大群众少受一日灾害；早日堵合，是广大群众的一致要求……我们亦应鼓起勇气，挺身为之而不稍懈……"

1951年，王庄决口历经两个月零四天被堵复。

1955年，五庄决口历经四十个昼夜堵口竣工。

20世纪80年代凌汛随凌追击爆破队

80年代凌汛爆破队伍整装待发

五庄凌汛决口堵复现场

这是黄河历史上前所未有的堵口速度。依靠人民、为了人民，这是新中国的人民治黄事业区别于以往治河阶段的显著特征。

历经中华人民共和国成立初期的两次凌汛决口，凌汛工作的艰巨性与复杂性被更加清晰地认知。

行路难！行路难！黄河人吸取教训，开始以更加系统的观念，应对大河凌汛。

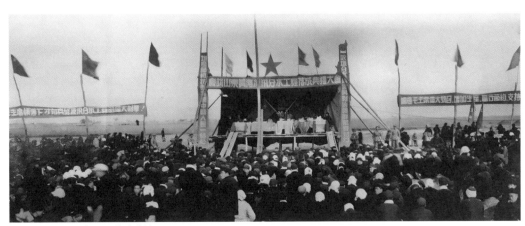

山东黄河凌汛分水工程落成典礼

长风破浪会有时

在很长一段时间内，冰凌爆破被认为是应对凌汛最有效的方法。

黄河职工从破冰时机原则、爆破炸药布孔方式、起爆器装置研制等方方面面开展了深入研究，还一度由山东黄河河务局与山东机械厂共同研制黄河防凌弹，基本原理是：通过穿孔弹击穿冰层，通过内置延时爆破装置，实现冰下爆破。

1968—1969年，黄河下游的历史罕见凌汛，历经三次封河三次开河，在山东齐河和邹平形成两道冰坝，多处堤防出现渗水、管涌等险情，9县滩区进水。当年，一支由工人、民兵组成的爆破队和解放军炮兵部队，连续一个多月昼夜不停地进行冰坝爆破，炸开几十万立方米的冰块，为最后开河创造了条件。

破冰队长

连接爆破电线

但治黄人越来越认识到，冰凌爆破只是治标手段，凌汛的预防还需要与河道水文条件相配合。

冰凌洪水的演进有其特殊性，下游河道封冻后，河道断面只保留冰盖下的过流面积。一旦上游来水大于冰盖下方的过流能力，就会以冰的形式储存在河道内。当气温回升，自上游开始解冻开河时，随着冰凌一路融化，积蓄在河道冰凌

消失在历史长河中的章丘屋子防凌泄洪闸

里的水量会迅速释放，自上游至下游逐步递增，短时间内就会形成流量激增的冰凌洪水。

通过调节黄河流量实现防凌这一设想，最终在三门峡水库建成后成为可能。

人民治黄以来战胜了 1969 年、1970 年严重凌汛。图为冰上爆破

通过三门峡水库运用，在封河以前加大下泄流量，一方面，因为水动力因素可以延缓封河时间；另一方面，也可以抬高冰盖，增加冰下过流面积。开河期间则视情压减下泄流量，削减冰凌洪水流量，达到安全开河的目的。

1970年1月的凌汛期，济南和利津等河段再次出现冰坝，河道冰量创下中华人民共和国成立以来最高记录。为应对这次极端威胁，三门峡水库控制运用直至人工断流，极限压减了开河流量，最终得以安全度过当年的凌汛期。

历经苦难，人类第一次实现了对黄河凌汛的主动防御。

三门峡水库自上马以来经历了曲折的历程，一度因为对库容淤沙速度的错误估计，引发了运用方针的大讨论与此后多次改建。居安思危，充分考虑到丰水年份等多种因素，三门峡防凌库容可能受限的情况，需要为黄河防凌做好后手棋。

为了增加防凌砝码，20世纪70年代，相继划定了河口南岸垦利展宽工程与北岸齐河展宽工程，即南、北展宽区。所谓"展宽"，顾名思义就是通过展宽窄河道的堤距，蓄滞冰凌洪水的滞洪区。两处工程将定向解决河口麻湾至王庄30公里的"窄胡同"，以及济南北店子至泺口区间的窄河段发生卡冰壅水问题。

2000年，黄河又一处骨干枢纽工程小浪底水库建成投入运用。小浪底、三门峡水库联合调度运用，为下游流量控制提供了更多可能，黄河下游的防凌形势得到根本改观。

大面积起爆防凌

麻湾分凌分洪进水闸施工人员合影。该闸为桩基开敞式闸型，6 孔，每孔净宽 30 米，设计分凌洪流量为 1640 立方米每秒。1974 年 10 月全部竣工

　　垦利南展宽区和齐河北展宽区也完成了历史使命，国家授权取消了其滞洪功能。

　　2015 年，山东黄河河务局完成冰凌爆破队改革，取消了原有的 13 支黄河冰凌爆破队，选取东营、滨州两处历史凌情严重地区，由黄河职工与当地爆破公司联合组建新的黄河冰凌爆破队，实现黄河冰凌爆破专业化与社会管理的有机结合。

　　长风破浪会有时。在历经苦难，艰难求索之后，通过水库调节、观测预报、堤防工程、破冰分水等一揽子措施，人们终于有可能与黄河冰凌这一自然现象和谐相处。

第五节

河工器具撼长河

　　器具是人类肢体与思想的延伸，人类文明始于造物制器。河工器具是我国劳动人民在长期挖掘、修缮、治理河道过程中发明创造的一系列形制多样、功能丰富、种类齐全的器具的总和。

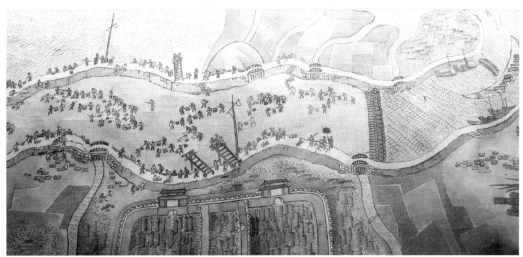

利用工器具劳作的河工

　　在中国古代封建社会有一种"重道轻器"的思想，读书人认为大道不易见到，故需阐明，人们多以习经、考据、训诂、注疏为能事，而器物常见不足为奇，于是疏于记载。且器物之学细琐繁杂，非读书人擅长。深谙器物的各种匠人，又难以承担著书立说的重任。这些因素的叠加影响，造成古代专门记载河工器具的书籍相对较少，许多治河的技术失传，许多治河的工具今人已很难知道其形制。

　　与之相反，清代河督完颜麟庆继承了南宋以来陈亮等人的"实学"精神，提出道、器一体的观点，指出制器务实，乃道之所需，从而证明了治水修河的必要性和合理性，其所著《河工器具图说》，采取图文并茂的形式，对自西周以来历代流传的河工工具进行了全面记录，从技术的角度反映了清代乃至整个封建社会河工科技的水平。

　　从《河工器具图说》一书中分析，古代河工器具的制作、发放、支领和使用是河工工程管理的一项重要内容，按其工程名目分类，大致可分为宣防、修浚、抢护、储备四类。

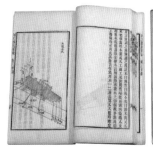

《河工器具图说》

河工宣防器具

"宣防"，为疏导宣泄、修防之意。据《汉书·沟恤志》记载，汉武帝为纪念瓠子决口堵复成功，在堵口处修筑"宣房宫"，自此后代多用"宣防"表示防洪工程建设。

黄河系统堤防建成后，为保证安全度汛，河工利用宣防器具，对黄河堤坝进行检查、维修、看护，观察雨水变化，预防动物活动对河道、工程的破坏影响，预报预警洪水险情。根据河工宣防的工作职责，所涉及的工具种类主要有气象工具、测量工具、计算工具、通讯工具、标记工具、捕猎工具、照明工具、调度工具等。

河工器具多使用自然材质。河工器具用材主要为金、木、石、布、草，其色彩配置通过材质体系反映出来。虽因使用环境和区域文化差异存在不同，但其色彩配置存在着逻辑性、规律性与秩序感，复杂而统一。此外，部分礼器还遵循着中国传统色彩隐喻内涵和五行文化，色彩

乾隆南巡河工图，左下角为悬挂的旗杆

与材质相应共生，相制相化。这其中最具典型的是在宣防器具中起到警示和总领作用的旗杆。明代时期，潘季驯在总结前人经验的基础上，总结治河实践，意识到度汛防守的重要性，提出了"四防二守"等一系列堤防修守制度，"四防"即为昼防、夜防、风防、雨防，"二守"即官守和民守。其后历代多在旗帜上书"普庆安澜"或"四防二守"，并悬挂于黄河各个堡房及有工处，从而警示官民共相警勉，做到未雨绸缪，防患于未然。"普庆安澜"旗和"四防二守"旗，旗色尚黄，中央色属土，取以土治水之意，而这种用色规律从属于中国传统色彩设色范式体系。

就科技学原理而言，河工器具虽大多为古代普通劳动人民发明创造，却蕴含着丰富的科技学和人机工学原理，实用性和科学性兼而有之，体现着古人经世致用、以人为本的造物文化。

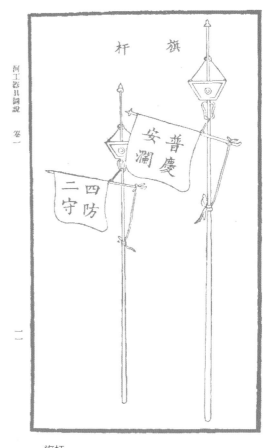

旗杆

"千里之堤，毁于蚁穴"，狐、獾、蚁等动物淘蚀堤防，容易使坝体出现裂缝、洞穴、松散土层、渗水通道等安全隐患，为预防动物活动对堤防的破坏影响，诸如鼠弓、铁叉、獾刀、獾踏、獾兜、挠钩、獾刺、搜子、狐柜、鸟枪、枪药角袋、枪子葫芦、闸板、闸耳、闸关、闸翅等一系列动物猎捕工具被广泛应用。

其中，狐柜作为捕捉害堤动物的器具，其设计极其智慧，是杠杆原理在河工器具中的经典应用。与杠杆的平衡原理不同，狐柜是将原本处于平衡状态的杠杆施加以力，改变其平衡状态以达到捕获的目的。狐柜以木制成，形如书箱，以挑棍挑起闸板，撑杆撑起挑棍，后悬于挑棍而系消息（鸡肉诱饵）于柜中，以鸡肉为饵，安置近栅栏处，使狐见而入柜，攫取时一碰消息，则绳松棍仰杆落板下，而狐无可逃遁矣。类似杠杆原理的应用还有捕鼠器物鼠弓、卸石装石器物钓竿等。

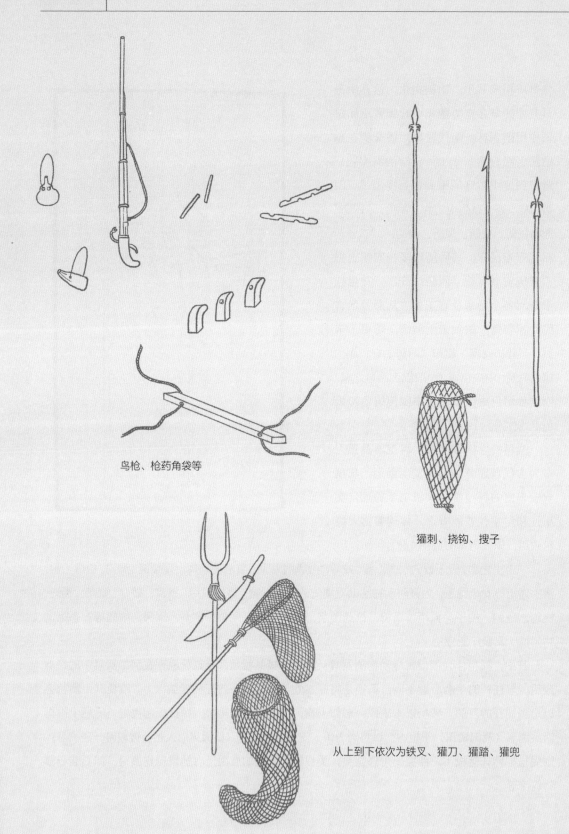

鸟枪、枪药角袋等

獾刺、挠钩、搜子

从上到下依次为铁叉、獾刀、獾踏、獾兜

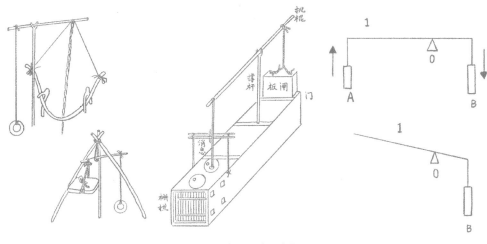

鼠弓、狐柜及受力示意图

测量工具是宣防活动中使用最广泛的，因而种类繁多。既有算盘、铜尺、秤等一般性测量工具，也有夹杆、均高、旱平、水平等河工专用测量工具。这些测量器具充分体现了古代黄河堤防修治时的测量技术和要求，包含着平面、几何、测量等方面的知识。如：测量料捆的围木尺，利用竹篾、树皮或藤条制作，尺深用绒线标记尺寸；测量距离的器具云罾，以麻绳为尺身，平时卷起，用时拉出，携带方便，与现在钢卷尺、米尺的结构原理相同。

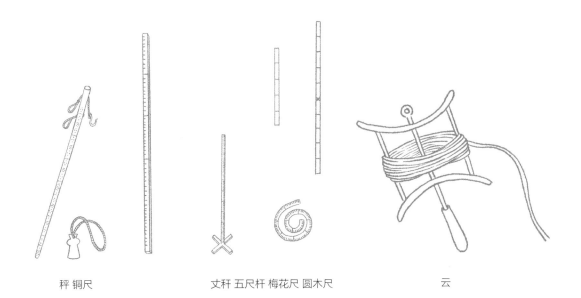

秤 铜尺　　　　　丈秆 五尺秆 梅花尺 圆木尺　　　　　云

随着古代防洪工程技术的不断发展，人们渐渐意识到水利工程建设的设计与施工，必须对上下游或相关地区之间的方位、间距、高差等进行测量。一般方位和距离的测量相对简单，但是高差和绝对高程的测量则对技术要求相对较高。

我国古代的水准测量技术在世界测量学史上，占有重要地位，不但发明很多，而且很早就形成了一套完备的测量方法。国外比较完整的水准测量技术是欧洲进入资本主义后才发展起来的。墨子用"平，等高也"对水平进行了定义。《庄子·天道篇》阐述了水准测量的道理，水的平面合乎水平测定的标准，高明的工匠也会取之作为水准。大禹治水时采用"准绳""规矩"等基本测量工具，"随山刊木"，在树木上刻画标记，进行原始的水准测量，以"定高下之势"。

清代河工所用水平的形制和施测方法与唐宋基本相同，只是大小或形状稍有差异，据《河工器具图说》记载，水平用坚木制造，其总体构造是一个长条形，四周留有边框，边框的里边是通身槽，通身槽内装水，两头及中间共有三个水池，通身槽与水池内容水相通，浮子位于三个水池内，浮子高出水槽。在具体施测过程中，需要在水槽内注水，目光对准三个水池内三个浮子的顶部，顶平则地平，通过目测即可得到比较准确的测量结果。但是这种水平在五、六丈内实测还是较为准确的，河工测量如果再多贪尺寸，就会出现误差。

与水平需要注水后使用不同，旱平是一种不用水的水准仪，其材质和形态，一般为木制或铜制三角形，三脚架顶部有两个固定弯钩，三角架的平杆上安有活铜针，铜针根部固定，杆部

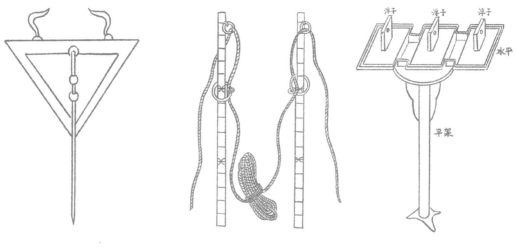

旱平、夹杆、均高   水平

可以摆动。使用办法是观察铜针与三脚架的顶点是否重合，以此来判定底边的水平情况。若验证大堤的顶边是否水平，可直接将旱平底边对齐堤顶即可。若验证大堤的顶面是否水平，则需配合篾绳、均高使用。篾绳一般为竹制或绒线结成，为量堤估工之用，使用时拉篾绳以观高低长短，一般与夹杆、均高合用，夹杆、均高为一物二名，单个叫夹杆，两个共同使用叫均高。杆上自下而上刻画尺寸，杆顶钉有铁圈，杆的中部有一滑动腰圈，腰圈仅能滑动但不松懈，篾绳两头分别穿过顶圈和腰圈。

旱平与水平相比，其精确度略低，但是旱平不用水，携带方便，弥补了水平在天冷水冻时使用的局限性。

在人类历史中，真正伟大的工程都不仅仅是只取得技术上的成就，还要具备体现时代文化和艺术的特点。作为文化创造者的人类以造物的方式为人自身服务的同时，也确证着人的文化性存在。河工器具作为中国传统水利文化遗产的重要组成部分，除反映技术成就价值外，其蕴含的造物美学和设计文化价值对当下设计仍然具有指导价值。"道"和"器"是辩证统一的，河工器物同样蕴含着中国传统"礼藏于器"的造物思想。在物质属性之上，隐喻着精神寄寓、图腾信仰、巫术禁忌，特别是明清特定历史时期权力空间下的"禁忌""限制""规训"等礼制秩序。

乾隆在山东德州渡黄河时的场景，场景中包含牌坊等礼器

相风鸟

如用于测风向、风速的相风鸟，之所以取鸟的形态，与中国历来已久对鸟图腾崇拜有关，古人尚鸟、敬鸟、崇鸟，信仰鸟能通灵天地，沟通日月，象征王权，为祥瑞之兆。其发明创造之历史也极为悠久，古代把对风的观测称为"候风"或"相风"。在商周时期的甲骨文中记载了一种简单的风向仪，名为"伣"，是在一根风竿上系上布帛或者长羽的最简单的"示风器"。到了西汉时期，出现了对"綄"这种风向器的记载，綄是一种羽毛或饰带，在伣的基础上进行了重量的统一，将重量定为五两，便于在不同地方对风力和风向进行比较。因此，"綄"比"伣"在风的观测上更加精密。结构复杂的相风仪为东汉张衡发明的铜质候风鸟，欧洲的"候风鸡"与其类似，但其直到12世纪时才出现，英国科技史专家李约瑟博士对我国古代这种观测气象的装置欣赏倍至，赞誉它"可能就是现代四转杯风向标的先驱"。宋至明清候风仪改进不大，多袭古制，《河工器具图说》所载相风鸟将相风旗置于相风鸟的尾部，鸟与旗集于一体而配合使用，从而简化了相风结构。

除相风鸟外，还有牌坊、令箭、号旗、虎头牌等用于组织河工工程，记表河工功绩的礼器。同时，明代潘季驯吸收万恭等人的经验，进一步总结出一套以悬旗、挂灯、敲锣为信号，通报进行紧急抢救的措施，所挂之灯有灯笼、壁灯、火把，还有报警时所用的铜锣，以及河工防晒的布棚、席台棚等。

除此之外，河工宣防器具还有拥杷、竹搂杷、木推杷等，其中：拥杷，形如丁字，是一种无齿的木杷，产于秦汉之际，用于平整堰堤。木推杷，刻以数齿，用它来推埽工地表面积雪，或梳理堤头的块形碎料。竹搂杷，是由竹料制成，杷齿也是竹编而成，一般是料场用它来搂聚散碎秸秆，摊晒湿柴。

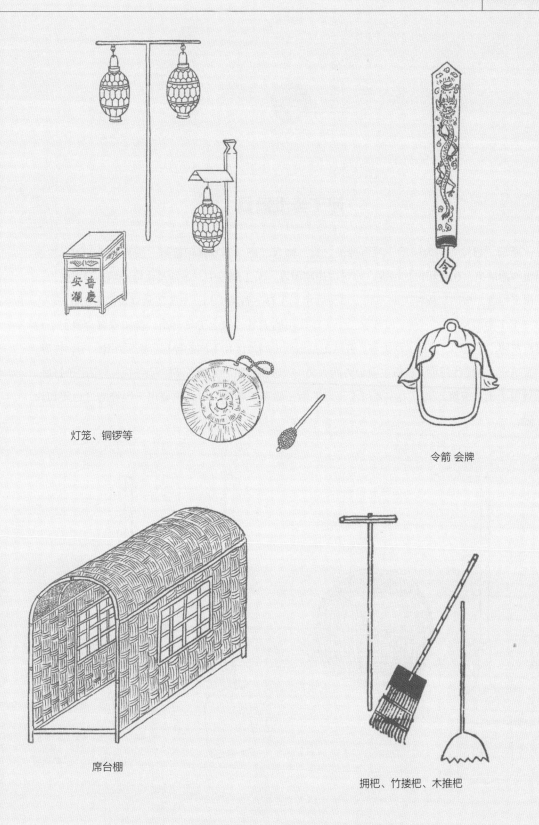

灯笼、铜锣等

令箭 会牌

席台棚

拥杷、竹搂杷、木推杷

河工修浚器具

　　所谓"修浚"，为修治、河道疏浚之意，修有二修，即岁修和抢修，浚为河道疏浚，主要用于整治河道、起拉和挑挖河泥、修筑堤岸闸堰等。河工修浚中，多涉及土堤夯筑、石堤砌筑、护岸工程等，按照工程种类的不同，可分为土工工具、石工工具、灰工工具以及清淤工具。

　　土工中涉及取土、验土和夯筑三个工序使用的工具。取土工具有畚、畚和铁锨。验土工具有皮灰印、木灰印、信椿、铁锥等。夯筑工具根据不同地区和不同的堤坝分别采用硪、夯、杵等，主要是硪，在清代时期，石硪主要分为两大类：云硪和地硪。云硪高高抛起空中，主要用于打桩。地硪用于土工夯筑，又分为主要用于平地的墩子硪和束腰硪，以及主要用于堤坡的灯台硪和片子硪。

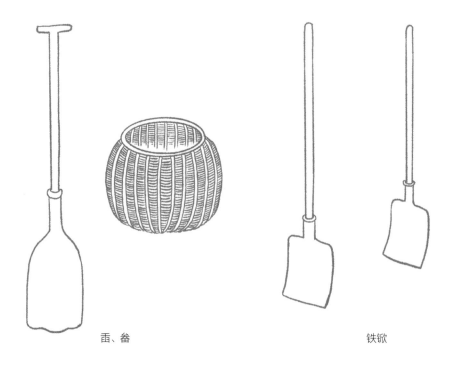

畚、畚　　　　　　　　　　　　　　　铁锨

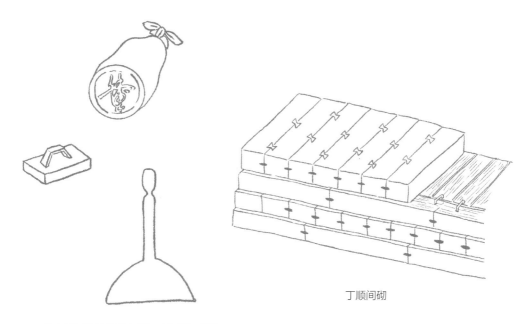

丁顺间砌

从上到下依次为皮灰印、木灰印、信椿

　　就形制而言，相较于其他中国传统实用器具，河工器具主要服务于"用"，故其形制体现拙朴、自然之美。同种器物形制的差别更体现的是不同场域、不同环境的使用功能，兼有普适性和特殊性。此外，整体与局部造型、结构、比例，及其各要素之间的关系丰富而协调。一般碶取石材为基础，以木、绳束之，形制各异，有束腰碶、墩子碶、灯台碶、马蹄碶、乳碶，其局部结构包含碶身、碶耳、羊角、鸡腿等，比例协调，形象生动，整体形制朴实、自然、稳定。

　　随着科技水平的不断提升，到清代时，石堤的砌筑更趋规范，砌石之外又有砌砖和防渗体，而对桩基的施工要求也更为严格。清代的堤坝一般由面石、里石、砌砖组成，其后填筑灰土，再与土堤衔接。石工基桩在面石、里石、砌砖之下都要钉入桩木，以提高地基的承载力。

　　石堤所用砌石必须打凿平整，合乎规定，宋代规定，黄河大堤每块"各长一尺五寸，阔厚各一尺，重百二十斤"。清代尺寸略为加大。砌石最重要的是丁顺间砌。顺砌是石料长边与水流方向相同，丁砌则与水流方向垂直。砌石之间必须用胶结材料胶合，以防透水和保持大堤的稳定性。清代常用石灰制作胶结材料，砌石所用灰沙比一般为1:2。一般的器具使用顺序，参照三合土的制作工艺来说，首先需要用竹灰筛、竹灰篮、灰箕、条帚等工具匀细，用灰桶等工具进行泡灰、和灰，用灰舀挹灰水，用木掀拌和地上散落碎石，用木杵拌和桶内糯米汁与灰土，再用花木槌、拍板捣筑三合土。其中，关于糯米汁的拌和方法和使用的工器具，《河工器具图说》有载，先以木桶加锅上接口，熬炼糯米成汁，随时用耙推搅，不使停滞，用瓢酌取验试浓淡，侯滴浆成丝为度，然后贮以瓦缸，备石工灌浆及拌和三合土之用。

砌石垒砌多用泥抹、瓦刀等工具，石料砌缝要求必须密制，以竹篾签试不入为好。因里石虽见方，但不要求严整，如稍有厚薄不均的地方，应用贴片加垫平稳，最忌垫放石块，极易因压碎而导致整体倾倒，砌好以后外面要勾缝，以期严整，防止水流冲刷破坏。

清代河工灌浆施工规范更为具体，砌石、砌砖、灰土砌完后开始灌灰浆。灰浆灌足后，略微吹晒稍干，再继续向上层砌筑。灌浆必须层砌层灌，不得砌石两层后再灌，以保证灌浆饱足。灌浆多用糯米汁和石灰熬煮。每石糯米汁加石灰一两斤。在糯米汁中还要适当加少许盐酱，加盐酱后，联缀砌石的铁镯、铁锭容易生锈，有利于石铁之间的固结。古代砌石体间除了用灰浆联接外，还用铁锭、铁锡勾连牵绊，或用铁汁、锡汁灌缝。另外，在砌缝处胶结物脱落需维修时，常常使用铁钩、铁签，用以探试石缝砖柜，使浆无黏滞，用竹把抿腻缝隙，使浆充满缝隙。当我们沿着古人的足迹，探究河工器具材料的选择、使用，不难发现其中包含着取之自然的特性。河工器具具备取材地域性、用材丰富性特征，同时"因地取材""材以致用"的取材、用材规律，以及延续至今的"物尽其用"造物思想与特质也广泛体现于河工器具上。如戽斗，用以在地狭水浅处取水，在南方用木制容器"木罂"，而到了北方则用柳编容器"柳笤"改制而成。

竹灰筛、灰箕、竹灰篮、条帚　　　　　　灰桶等　　　　　　花木槌、拍板、木掀、木杵

从上到下依次为汁瓢、汁锅、汁缸、木耙　　泥抹、瓦刀等工具　　铁钩、铁签、铁勺、竹把子

纵览历史典籍，泥沙多、水流挟沙力不足是导致黄河下游泥沙严重淤积的主要原因，为此古人曾针对河道泥沙淤积问题采取了很多有益的探索和实践。从各类历史典籍上分析来看，多是采取人工清淤、器具疏浚等方法。

据清代乾隆年间的《修防琐志》记载，清代疏浚多以人工清淤为主，清淤时采取分段施工的方法，每个施工段一般长五六十丈。具体施工步骤，即先在河身一侧开挖一条龙沟，沟底比河底低一尺，让河底余水全部流入小沟，以此让河身都是干土后便于挑挖；在施工段两端各筑拦河土坝一道，即施工围堰；开挖前一天，集中人力用二台水车或每二丈设一戽斗，将

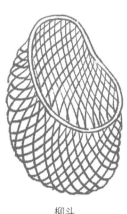

柳斗

龙沟中的积水戽出；挑浚时由熟练锨手16人保证开挖后河道断面宽度，其余众人挑挖；结束后，将上下土坝拆除。

针对不同的河土，所采取的器具也不同。淤泥一般采用合子锨（锨头为木质，中间凹，四周用铁片包裹）和布兜，如果是稀淤深陷，则工人排队用柳条斗以手传戽。溜沙，又名淌沙，

稳定性差，河岸挖不成形，改用水压法，用板四面闸住，中间放水，易于施工。砂礓只能用二股铁叉和鹰嘴锄，才能便于挖沙。

人工清淤只能干地施工，如果在水下疏浚，则需借助器具。北宋年间，李公义请求以铁龙爪治黄河，主要是用船拖动铁龙爪，扬起泥沙，达到疏浚的目的。宦官黄怀信承袭铁龙爪的做法，制作浚川耙，但这种方法引起朝廷上下的激烈讨论，王安石相信此法有效，还专门设置了疏浚黄河司，负责实验的虞部员外郎范子源谎称有显著效果，谎言被揭穿后受到处分。到了清代，黄河疏浚器具多与北宋的浚川耙类似，比如：铁笆、铁篦子、混江龙、清河龙等。铁笆以铸铁制成，外形似笆，前为铁束弯首，后有铁环链用以拖牵。铁篦子，铸铁制成，大小不一，大者高六尺六寸，上有铁环一个，下排十四个铁齿，铁齿长七寸。小者高二尺八寸，有齿二十一个，每齿长四寸五分。混江龙，形似车轮，轴长一丈多，三轮串连，以硬木为之，是一种疏浚河渠、拉除水道淤泥的工具，每轮排铁齿四十寸，每齿长五寸，轮身用四道铁箍，间钉铁扒，用船牵挽而行，可翻动河泥。

道光年间，陆千戎还发明了"驱泥引河龙"，是应用水利疏浚的器具，效果较为显著。但无论是哪种疏浚器具，均未提高全河断面的平均流速，只适用于疏浚局部险滩，或改善局部河段的淤积状况。但即便如此，"驱泥引河龙"等疏浚器具的发明仍然体现了我国古代在长期治河实践中积累的丰富经验和理论智慧。

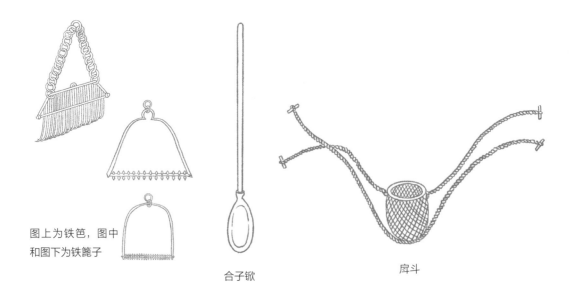

图上为铁笆，图中和图下为铁篦子

合子锨

厈斗

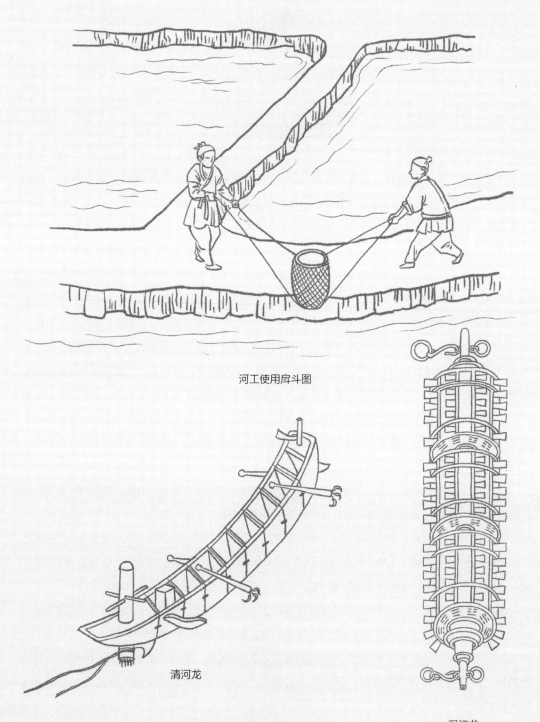

河工使用戽斗图

清河龙

混江龙

河工抢护器具

所谓"抢护"，是指河工在黄河发生洪灾、凌灾等灾害时，所采取的防止河堤渗漏、堵口以及筑坝拦水等紧急活动。在抢护的过程中，针对灾情的不同，大体可分为埽工工具、防凌工具、堵漏工具、护岸工具等。

埽工工具主要是大埽、枕埽等，以及围绕下埽活动所使用的辅助工具。作为起源于先秦、盛行于北宋的黄河埽工久负盛名，它以悠久历史、繁多名目、应用广泛等特点，成为护佑堤岸、抢堵溃口、施工截流的有力武器，在河工器具史上扮演着举足轻重的角色。

古代堤防多系土筑，其险情可分首险和次险，一般堤坡滑坍或埽工平蛰称为明险，也称次险，比较容易处理。而当埽下有透水洞穴等，则形势危急，称为暗险或首险。对于暗险的抢护古人积累了丰富的经验，也有专门的堵漏工具。根据《安澜纪要》的记载，当发现水面出现漩涡，即堤防漏洞的进水口，应立即进行下水探摸。如果漏洞为圆形或者方形，就马上用铁锅、瓦盆扣住；如果漏洞为斜长形，用铁锅等器具不能扣住的时候，一般用棉袄、棉被等器具，细细塞填，或者用布口袋装一半土，并根据漏洞的形状进行堵塞。堵塞漏洞在于迅速，人力料物必须凑手，才能一气呵成，化险为夷。

细究河工器具的制作工艺，多是以"用"为中心，制作方法多为铸造、锻造、切削、刨凿、雕刻、打磨、编织、裁剪、缝合等传统加工工艺方法，遵循制作、反馈、修正、优化的工艺流程。不少器具来源于生活，往往一器多用，蕴含着服务精神和适用之美。其形制在经过完整工艺流程后，往往就能服务于河工抢险所用。如上述堵口之用的铁锅和瓦盆，本是生活用具，铁锅是铸造而成，而瓦盆则为土坯烧制，但经改造便可服务于河工。

凌汛是因冰凌阻塞河道而引起的水位壅涨现象，多应用河道整治、民埝修固、埽前防凌等工程措施，以埽前防凌为例，为在凌汛时保护埽坝，用绳子或铁链捆绑一排椿木，在空当中再加柳枝等捆扎填充，放置于迎溜埽前，这种器具名为逼凌椿；将两三根细木捆扎在一起放置于拖溜埽前，这种器具名为搪凌把；倘若凌大且锋利，为保护椿木不被截断，常在迎水面密钉毛竹片或者铁片。

枕埽

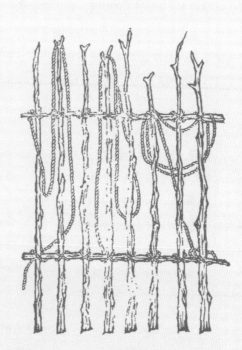

铁锅和瓦盆

布兜

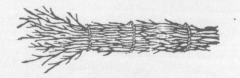

逼凌椿和搪凌把

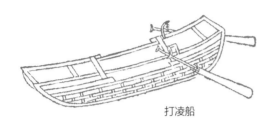

打凌船

除上述措施外，为保证凌汛安全，河工或地方官绅百姓常常驾驶打凌船往来疏通结冰河段。打凌船两帮及船底须钉木板或竹片防护，还须备用零板、油灰、铁钉等器具，作擦损舱补之用。每船携带木榔头五六个、篾缆一两根，来往穿梭于固定的责任堤段，以防止冰凌胶结。

护岸工具主要应用于黄河堤防护岸工程中，护岸多以埽工为主，后期石工、砖工护岸也有较大发展，而木龙护岸以其挑水性能也使用较多。

"木龙"在《辞源》中的解释有两项，一为木名，二为护堤的木栏。木龙护岸首创于北宋，清代应用较多。据《河工用语》载，将桩木、竹缆扎成木筏式用作护岸使用，则称之为木龙。乾隆初年，泰州判官李昞读宋史后有所感悟，向河道总督高斌建议兴建木龙，并仿效陈尧佐之法创设木龙。为验证效果，先后在清口、安东、桃源等地使用，均见成效。乾隆帝首次南巡，亲至清口阅视河工木龙，并赋诗称赞。此后木龙还多次应用于治河实践，并不断完善改制。

链接

乾隆"御制木龙诗"

刊木遗来天用奇，淤沙御水两兼宜。
密筊奚事寨横浦，曲岸居然涨远涯。
鳞次常令波浪静，蟠拏未许蝖蛟驰。
陈尧佐创高斌继，绩奏安恬制永垂。

——乾隆辛未春阅木龙作

此诗收入《钦定南巡盛典》及乾隆《御制诗集》，题为《木龙》。诗中，"筊"为用竹篾或芦苇编成的缆索；"寨"意思为拔取，或提、揭；"蟠拏"意思为盘曲作攫取状；"蛟"为传说中的神蛇。诗词中表达了乾隆帝对木龙治河功效的赞许，并希望木龙之制可以传承使用。

木龙第四五层为边骨式，第六七层为横梁式

根据《河工器具图说》的记载，清代木龙系多层之筏，用原木扎排，上下共九层，高约一丈八尺，平面长十丈，宽一丈，用竹绳捆扎成立体构架。另有地成障或水闸，长一丈八尺，宽一丈，也用原木捆扎成排，中间用交叉小木或竹片编织。将筏用索绳系定于靠近大堤的滨河之处，筏上架设天平架，在其作用下，将水闸、地成障等向下插入木龙构架的空当，直至河床，则可起到"截河底之溜，缓溜沙淤，化险为平"的作用。

乾隆南巡图

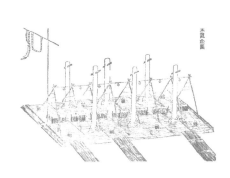

木龙全图

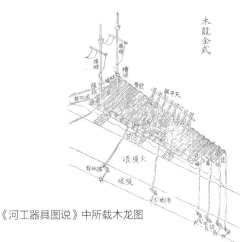

《河工器具图说》中所载木龙图

木龙相对埽工而言，虽用缆索等定位，但是主体结构（包含龙身面层、地成障、水闸等）均可活动，类似于建筑中的柔性连接，若木龙长期深埋水土之中，则不易腐蚀，岁修费用相较埽工而言更加节省。但其停淤效果显著，而挑溜能力有限。至 1855 年铜瓦厢决口，黄河北决，改由山东垦利入海，清口治理的重要性远不如之前，木龙便在此后的水利文献中很少被提及，但是木龙的制作，无论是选材、比例，还是制造、安置，都展示着古代河工器具制作高超的技术水平，其重要的历史价值和较好的治河功效，都不应被磨灭。

—— 链接 ——

清口

清口原为泗水入淮之口，黄河夺淮后演化成淮河经洪泽湖入黄河之口，后广义推演为黄、淮、运交汇处的总称。

河工储备器具

　　所谓"储备"，是指河工工程中平时搬运、存储、修补、保护河工器材的活动。这类活动通常会运用到搬运工具、修补工具、加工工具、防火工具等。这些器具多属综合性工器具，有的还属于修浚、抢护的替代或补充类的工器具。这些器具的主要使用范围多在料场，主要用于开采、运输、堆置料物。

　　开采料物，主要涉及秸料、柳料、芦苇、谷草等，这类料物多以"束"记，据清代《河工简要》记载，芦苇、秫秸每三十斤为一束，柳株干者为四十斤一束、湿者为八十斤一束。而另外一种计量方式，是应用篾箍头进行测量，篾箍头采用熟竹皮制成，用漆分画尺寸，围圈以测量尺寸。料束的钩取多使用手钩，省力而方便。旱地劳作时，为了防止料柴扎脚，河工会穿上拦脚板，形状类似于木屐，长一尺，厚一寸，宽五尺，前后凿孔系绳；水地施工时，为了防止泥土沾脚，河工就穿上皮帮，其形制类似于如今的靴子，使用牛皮制成。

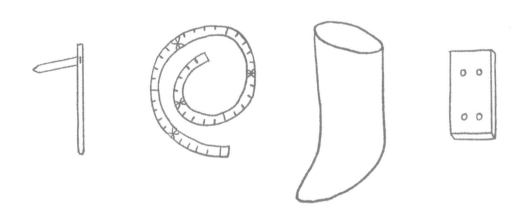

分别为手钩、篾箍头、皮帮、拦脚板

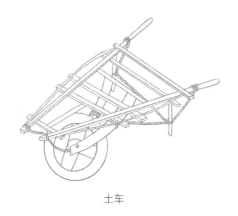

土车

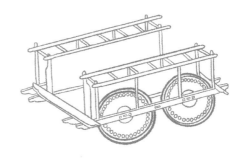

四轮车

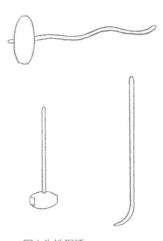

图上为铁锟锤，
图下分别为小锟锤和铁橇

料物制作和收集完成后，就要进行往来运输，运输料物器具有陆地和泽地之分。泽地一般使用条船、圆船、浚帮、柳船等。陆地采用的运输器具较多，根据完颜麟庆所绘《鸿雪因缘图记》中，"引河抢红"和"料厂闻捷"两图，详细描绘了黄河施工时料场繁忙的景象，途中各种类型的运输器具往来穿梭，土车（独轮车）、四轮车、板毂车等成百上千，还有供乘坐而设有车厢的二轮马车，四轮车中有二马齐驾、三马齐驾、三牛齐驾、一牛在前二牛在后、一牛在前二马在后、一马在前二牛在后、二牛在前二牛在后等形式多样的驾法。

另外，石料的开采和运输也是河工的一项重点工作，涉及的工器具种类也极为广泛。开采或者劈裁石料时，多使用铁锟锤，其头部铸铁而成，形制长而扁，两头皆可使用，中贯藤条或竹片为柄，重几十斤；而小锟锤，功能与铁锟锤相同，但铁铸两头一方一圆，以木为柄，重十几斤。石料重量大、难以撬动之时，可以使用铁橇，其形制是以铁料锻

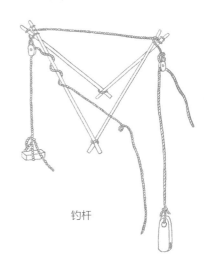

钓杆

条船

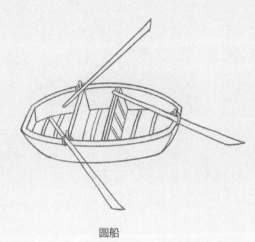

圆船

浚帮

柳船

《鸿雪因缘图记》中，"引河抢红"中的土车

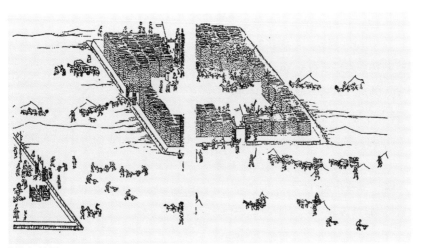

料场闻捷图

制成长二尺、重十余斤的弯尖头状的工具。拖动、搬运石料时，可以使用类似静滑轮装置的钓杆，形制是四根杉木交叉对缚，立于岸边，上置木铃铛两个以穿拉绳，木铃铛即为木质滑轮，以此来吊运石头。运输石料时，多使用"伲"，整体形状类似于没有轮子的车盘，车盘下面用栏杆架起，以二木贴地，拴绳为辕，驾牛三头装运料材。

在河工储备类工器具中，有的是在农具基础上加以改进，比如：簸箕，南方多用竹、北方多用柳编制而成，工好则用于农家扬糠播物，工次则用以盛土筑堤；有的是制造行业的综合运用，比如制造砖坯使用的大砖模、小砖模等器具；有的是建筑行业的专用工具改进，比如木工修整骑马椿撅时，所使用的锯、钻、凿、墨斗、墨笔、曲尺手锯等。这些工器具最主要的特点就是"一器多用、简而不陋、经济适用"，不仅符合中国古代农业精耕细作的要求，也侧面体现了古代底层劳动民众的生产生活状况。

明代潘季驯在《河防一览》中有载："河防全在岁修，岁修全在物料。"物料的安全问题至关重要，料场一般设置有专门的防火器具，比如牌、水缸、水斗、麻搭、抓钩、太平桶等，以牌为例，其上写有"小心火烛"四个字，主要用来提醒河工时刻警惕料场安全。

根据《河工器具图说》记载，清代河工器具多达近300种。河兵一般驻守在黄河大堤上，所居堡（铺）房内器具齐全，除了有供河兵筑堤、护堤、签堤、积土、巡查外，还有是用来标示和传递信息的。河工器具的使用保证了各个堡

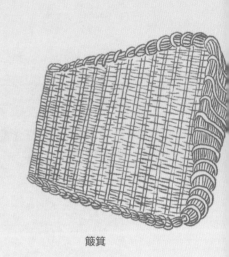

簸箕

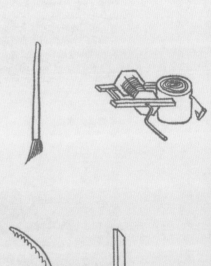

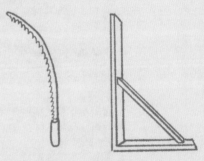

墨斗、墨笔等

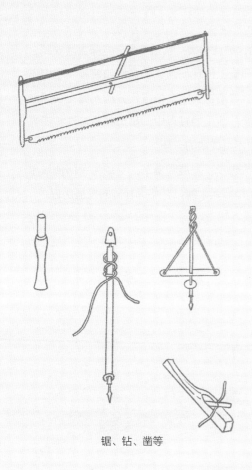

锯、钻、凿等

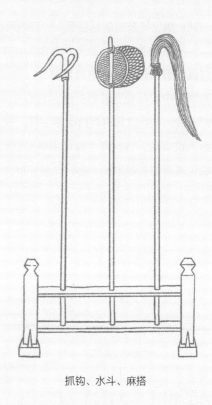

抓钩、水斗、麻搭

牌

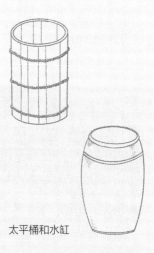

太平桶和水缸

（铺）房之间及时传达信息，一旦遇险，可以东西并力，彼此相援，有条不紊，方保大河安澜。

"工欲善其事，必先利其器"。中国古代黄河治理史上出现的河工器具灿如繁星，它们不仅蕴含着中国传统造物设计范式，也彰显传统科技美学与造物美学，是古代劳动人民在长期治水过程中实践和智慧的总结。它们在制作、改进、创新、演化的过程中，虽历经岁月洗礼而光芒不改，久经时代磨砺而熠熠生辉，成长为治河实践中不可或缺的一环。

可以说，古代河工器具不仅见证着我国水利技术的进步、发展和变革，更成为黄河流域水文化遗产的重要坐标，它们在漫长岁月长河里，催化、串联起大河技艺悠远壮阔的发展历程。

龍合工牟

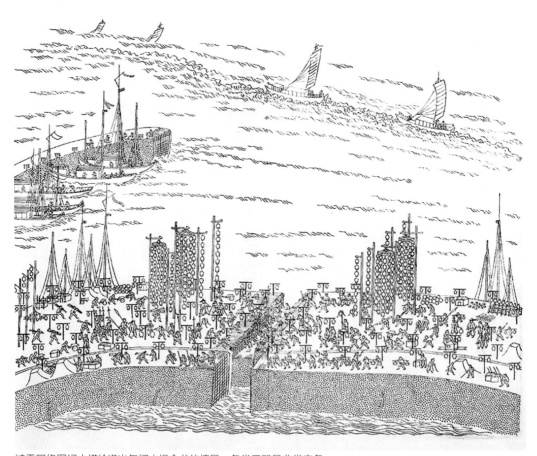

鸿雪因缘图记中描绘道光年间大堤合龙的情景，各类工器具非常完备

《乾隆南巡图》中河工工作时的盛大场景，可见各类工器具

第六节

风樯阵马展技艺

　　沿黄人民千百年来在与黄河洪水的斗争中，积累了丰富的抢险经验，并且根据黄河的水沙特点，因地制宜，就地取材，创造了以薪柴、土石为主要材料，桩绳为纽带的柳石搂厢、柳石混厢、柳石枕等一系列黄河埽工抢险技术，这些技术和料物的应用，形成了黄河抢险的基本方法，在长达数千年时间的抗洪抢险中发挥了巨大的作用，时至今日仍是防汛抢险的主要手段，但其劳动强度大、速度慢、效率低的特点，已然不能满足现代化抢险安全高效的需求。

　　人民治黄以来，为改变这种笨重的体力劳动，广大河工紧密结合治黄实践，推动黄河抢险技艺与信息化、科技化、智能化技艺相融合，广泛开展技术创新，取得了一大批高质量科技创新成果和显著的社会经济效益。

施工技术变迁

发展——传统与机械融合

防汛抢险一直是黄河下游治理的重要任务，而科技治黄的发展在防洪保安全中发挥着重要作用。

1960年，山东黄河第一个科技发展规划——《治黄水利科学技术发展规划》出台。1978年，全国科学大会召开，党中央提出了开展技术革新和技术革命运动的号召，山东黄河掀起了大搞科学技术研究的热潮，广大河工在修筑、加固、抢修黄河防洪工程的过程中，以继承和发扬传统防洪抢险技术为基础，相继研制开发了根石探摸、抛石、捆抛柳石枕、拧扣铅丝网片编织、打桩、软帘展开机、土袋装运、应急照明车等防洪抢险机械设备，并不断更新完善，基本实现了防汛抢险现代化。

这一系列的科技革新为黄河防汛抢险由传统技艺向机械化操作迈出了坚实的一步。

随着经济社会发展、科学技术进步，各类现代化机械设备如雨后春笋般涌现，比如：自卸车、装载机、挖掘机（包括长、短臂挖掘机）、抛石机、推土机、打桩机、装袋机、吊车、抓斗机、叉车、机动船甚至飞机，以及矿车等其他型号的机械设备和铅丝网片编织机、捆枕器等专用设备。这些现代化机械设备在黄河防汛抢险中具有机动、灵活、调遣范围大、应变能力强、节省劳动力、抢险效率高等优点，更加符合"抢早、抢小、抢了"的抢险原则，随着防汛抢险机械化程度越来越高，逐步打破了以往人海式的抢险战术格局。

而经济社会的发展，也造成了人口的迁移和流动，城镇化、人口老龄化也随之加快。为了应对群众性防汛抢险队伍组建日趋艰难，黄河险情复杂多变、抢险任务艰巨繁重的特点，1988年2月，黄河水利委员会向原水利电力部上报了《关于组建黄河下游机动抢险队的报告》。同年，原山东黄河第一机动抢险队在鄄城成立，这是山东黄河系统组建的第一支黄河专业机动抢险队伍，在人民治黄史上有着里程碑意义。此后，山东黄河各水管单位开始陆续组建了装备精良、技能熟练、反应迅速、战斗力强的黄河专业机动抢险队，人民治黄队伍发生了脱胎换骨的变化。实践证明，在急、难、险、重的黄河防汛抢险任务中，黄河专业机动抢险队发挥了生力军和突击队的作用，被誉为黄河防汛抢险的"快速反应部队"。

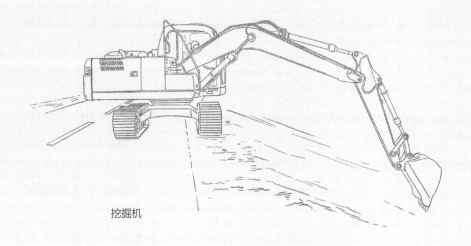

挖掘机

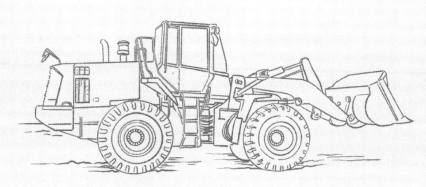

装载机

抛石机

各抢险队伍成立之初，根据自身实际情况，装备了一定数量的挖、运、装、抛设备，及少量的通信和后勤保障设备，虽然这些设备规模小、性能低，但在历次的抢险任务中仍不负众望，均发挥出其机动、高效的特点，为治黄事业作出了突出贡献。

进入新世纪，机械化设备不配套，适合抢险的专业设备少等方面的问题开始逐步显现。为切实加强黄河专业机动抢险队的建设发展，一方面挖掘机、装载机、推土机、自卸车、起重机等现代化大型机械设备开始装备；另一方面，黄河人在全面总结防汛经验的基础上，大力开展技术革新，相继研发了机械装抛铅丝笼、机械捆抛柳石枕、防汛物资模块化储存等机械化抢险技术以及全自动抓斗机、电动铅丝笼封口器等抢险新机具，使得现代化机械同抢险技术得到完美融合，实现了黄河抢险的跨越式发展。

黄河机动抢险队自组建以来，在黄河防汛和历次重大抢险救灾任务中发挥了重要作用，为确保黄河长治久安作出了巨大贡献。1988年8月，黄河长清段桃园控导工程13号坝出现险情，济南黄河专业机动抢险队奉命紧急赶赴现场，实地查看出险情况，采取捆抛柳石枕、编抛铅丝笼等方式，连续作战12个小时，终使该河段转危为安；2008年，汶川大地震灾情牵动人心，山东黄河系统各支抢险队迅速集结组成黄河防总第二机动抢险队，圆满完成了广元堰塞湖抢险、绵竹水库加固等抢险救灾任务，被中华总工会授予"抗震救灾重建家园工人先锋号"荣誉称号；2019年8月，受台风"利奇马"影响，潍坊寿光遭受严重灾害，抢险队再次集结奔赴一线，在风雨逆境中经受住了洗礼与考验……

南征北战、抢险救灾，在一次次大考中，黄河专业机动抢险队递交了满意答卷，锻造成了一支当之无愧的"黄河铁军"。

20世纪80年代，抢险队员抛柳石枕护坝

漏洞抢险

2001 年度防汛抢险新机具演示，垦利黄河河务局在进行简易捆枕铅丝笼机的演示

2008 年 5 月 24 日，黄河机动专业抢险队支援汶川抢险，图为抢修震损水库

2019 年 8 月 14 日，山东黄河防汛专家、专业机动抢险队支援寿光弥河抢险

跨越——排列组合最优解

黄河抢险有着动用土石方较多、作业强度大的特点，而机械化抢险的应用则极大提高了工程抢护效率，大幅降低了抢险人员的劳动强度，有效保障了抢险人员的人身安全。这些机械设备在历次抢险的挖、装、运、抛等方面具有很大优势。如装运黏土可用于修堤、修前戗截渗（抢护渗水险情）、临背河月堤（抢护渗水、漏洞险情）；装运沙土、石子、秸柳料可用于修后戗、沙石反滤铺盖导渗、秸料反滤辅盖导渗（抢护渗水、管涌险情）；装运抛投块石抢护险工控导工程坝岸根石、坦石坍塌、墩蛰、溃膛、滑动等险情；装运抛投土袋抢护堤防坍塌和险工控导工程墩蛰、滑动、坝基坍塌等险情。

当面对长距离的险情抢护时，则需要两种以上的机械组合完成，如用抛石抢护险工、控导工程险情，首先采用挖掘机或装载机抛投坝面上的备房石抢险；另一台装载机和三台自卸车在距出险位置较远的石料存放点装料，并运输至出险地点，抛投到出险部位。修做沙石反滤铺盖抢护渗水、管涌险情，在沙子、石子料场，用装载机或挖掘机装至自卸车上，自卸车运至现场卸至指定位置，用推土机推平铺在出险部位，若出险部位不能承受机械重量，就需要用人工铺平。

抢险人员在反复的实践验证中发现，很多机械化设备不但可以用于挖、装、运、抛等单一作业，还可以起到一机多用的效果。如：挖掘机除正常挖装土石方外，还可以充分发挥其身高臂长的优势，进行抛笼、抛枕，既能提高效率，又能使物料准确到位、两全其美；装载机、推土机等设备同样也能达到装、推、平、轧、抛、运等一机多用效果。如果能够将机械设备合理选择、组合得当地投入抢险，对于充分发挥机械化最大效能，保证险情抢护顺利完成，具有重大意义。

为归纳梳理适合工程抢险需要的常见机械设备性能指标，探索研究机械化抢险的优化组合方式，2018年初，菏泽黄河专业机动抢险队成立机械化组合技术项目研究小组，通过分析中常洪水下堤防、险工、控导等工程易发生险情及不同险情采取的抢护方法等，制定《黄河防汛抢险机械化组合技术实施方案》。依据河道工程和堤防工程常见险情，确定了短臂挖掘机、长臂挖掘机、装载机、自卸车、叉车等8种普遍装备的机械化抢险设备机械，规范了机械抛石、机械装抛铅丝笼、机械装抛土袋、机械制抛厢埽、机械捆抛柳石枕、机械打桩等6种抢险机械化

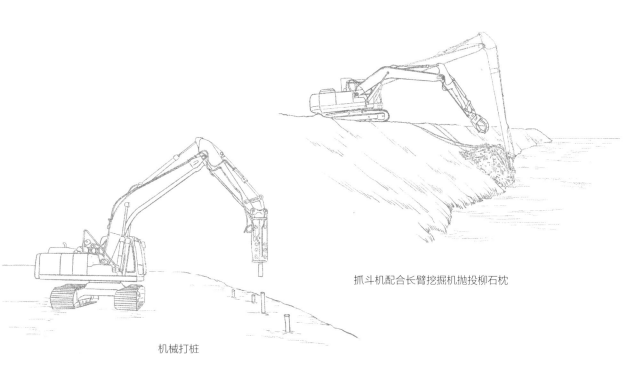

抓斗机配合长臂挖掘机抛投柳石枕

机械打桩

优化组合方法。比如：发生抛石抢护根、坦石坍塌险情时，如出险距离较远，需异地调运石料，为充分发挥核心设备长臂挖掘机的作业效率，就应多配置自卸车，以保证远距离抛石作业持续进行；进行坝面破垛抛石作业时，可采用长臂挖掘机固定机位挖抛散石，挖掘机作业半径外装载机动挖抛散石辅助配合。若现场料物不够，运距、路况条件允许，还可投入自卸车异地调运抛投，进一步提高效率。

经过一年多的研究和反复实验，黄河防汛抢险机械化组合技术项目完成基本构建，在菏泽黄河河务局下属鄄城黄河河务局进行试验后，在 2019 年 1 月至 2021 年 4 月间推广至菏泽黄河河务局、济南黄河河务局、东平湖黄河管理局 3 家单位应用：菏泽黄河河务局采用机械化抢险优化组合方法进行抢险，抢险总用石 1.7 万立方米，节省资金 73 万元；济南黄河河务局采用机械化抢险优化组合方法进行抢险，抢险总用石 0.48 万立方米，节省资金 21 万元；东平湖管理局采用机械化抢险优化组合方法进行抢险，抢险总用石 0.49 万立方米，节省资金 21 万元。特别是，在 2020 年 6 月 23 日的山东黄河防御超标准洪水演习中，菏泽黄河专业机动抢险队运用机械捆抛柳石枕方式，在异地完成柳石枕制作后用半挂拖车运至出险地点，借助车辆侧翻功能将柳石枕连续抛投，整个抛投过程仅用时 5 分钟；若按照之前传统方式，在出险点完成制作柳

机械抛投柳石枕

石枕后进行人工抛投，人工抛投就需要 30 个人至少 20 分钟才能完成。历次的实践，验证了该项目应用效果良好，具有安全、高效、创新等优点，大幅度提高了抢险效率，再造了机械化抢险新方式，后来山东河务局联合菏泽黄河河务局拍摄《山东黄河防汛机械化技术》专题培训片，目前已被推广至山东黄河系统内各市、县河务（管理）局和防汛有关单位。

综合来说，所谓机械化抢险优化组合方法，是一项综合性的管理技术，是在对险情抢护要求、出险位置现场情况进行专业研判后，根据各种机械设备本身的性能特点，并结合抢险队伍自身软、硬件实际，科学、合理组合高效经济、实用的抢险机械设备，更好地指导防汛抢险工作，从而达到实用性、操作性强，抢护效率高的目的。

除了机械间的最优组合，还有传统抢险技艺与现代抢险机械的融合，这一典范当属利用大型机械设备代替人工进行捆抛柳石枕的技术应用。当柳秸秆、石料均在工程出险部位附近 30 米范围内进行备料且用于本坝抛投时，常利用辅爪挖掘机捆抛柳石枕；当工程发生较大以上险情且捆抛柳石枕较多并需要调匀柳秸料时，常利用软料叉车配合装载机捆抛柳石枕；当工程发生重大险情需军团作战抢护时，常利用辅爪挖掘机、软料叉车及装载机联合捆抛柳石枕。捆抛柳石枕作业虽然由现代机械作业替代了传统人工作业，但其捆枕的步骤、作业方法和柳石枕的作用均没有发生变化。同时，在保护堤防安全和河道堵口截流埽体修筑等方面，仍离不开进占船只定位、家伙桩拴打等传统埽工技术。由此可见，一旦发生超标准洪水顺堤行洪或畸形河势等防洪不利局面，传统埽工技术仍是防汛抢险的重要手段。

此外，传统的抢险料物和工器具随着经济社会发展不断改变。如传统抢险技术所用的修埽材料中，以秸、柳最多。古时修埽有柳七草三之说，后来由于柳不足，代之以秸，柳秸掺用，既可增加埽的容重，使埽体易于下沉，又可起缓溜落淤作用，使埽段及早稳定。在现代化抢险技术中，柳梢、秸料、苇料等传统薪柴，逐渐被土工布、土工膜、土工复合材料等新型材料所替代。

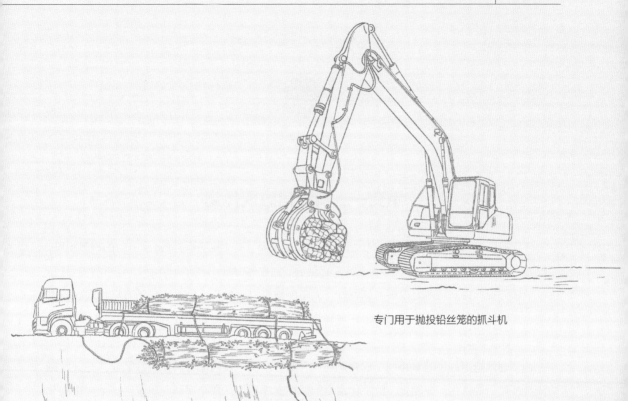

专门用于抛投铅丝笼的抓斗机

自卸车抛投柳石枕

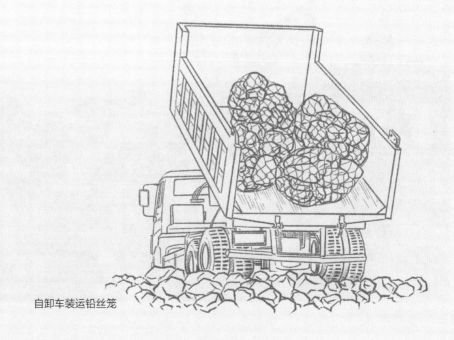

自卸车装运铅丝笼

嬗变——科技信息现代化

现代抢险技术，就是充分利用现代多种类的机械设备、高性能的新材料、全方位的视讯手段、全流域的水库调度，服务于防汛抢险救灾，它是水陆空立体抢险（除陆地抢险外，还可利用船只、飞机运送抛投料物）、多地视频会商调度、大范围物资设备供应，是采取传统方法与现代技术相结合、机械抢险与人工抢险相结合、现场抢险与异地抢险相结合，针对性、科学性、时效性更强，保证率更高。

在"建设造福人民的幸福河"的新的历史背景下，山东黄河抓好防汛科技赋能，充分发挥防汛科技化、信息化、智能化、数字化建设的重要支撑作用，在全河率先建成"三个全覆盖"感知网，建成干流全线 1.7 万平方公里 L2 级数据底板，研发了相关模型和算法，完成了 14 处重点河段和工程数字孪生场景，在科技赋能防汛方面取得了扎实成效。山东黄河各级河务部门，

勇猛善战的机动抢险队

五级会商系统在 2021 年秋汛洪水防御中应用　　视频监控

不断深化"三个全覆盖"与智慧山东黄河防汛平台的融合应用，推进实效化赋能、常态化运用，持续提升治黄新一线防汛科技含量。

　　无论何时、何地采取任何抢险技术，在实际的应用中没有一成不变的技术，其主要原因是险情在不断发展、瞬息万变，再加上险情发生地域、施工环境、物料筹备以及施工作业条件等工况的不同，抢险方法也不尽相同。因此，在防洪抢险时不能拿某一处工程抢险的成功经验照搬到另一处的工程抢险中，应根据不同的险情、工况、河势、河床边界条件以及当地所备抢险物料等，制订科学的抢护方案。

滨州无人机飞行大队

从古至今，历史的长河

战风斗雨的身影，

的决心。

黄河宁，天下平，从

明王束水攻沙，从汉武帝

到康熙皇帝把"河务、漕运

桂子上，从人民治黄微起到

国家战略幅起……4000余年

华夏儿女始终饱怀敬畏之心

进兴水之利，除水之害，

谱写了泊泊黄河绵绵

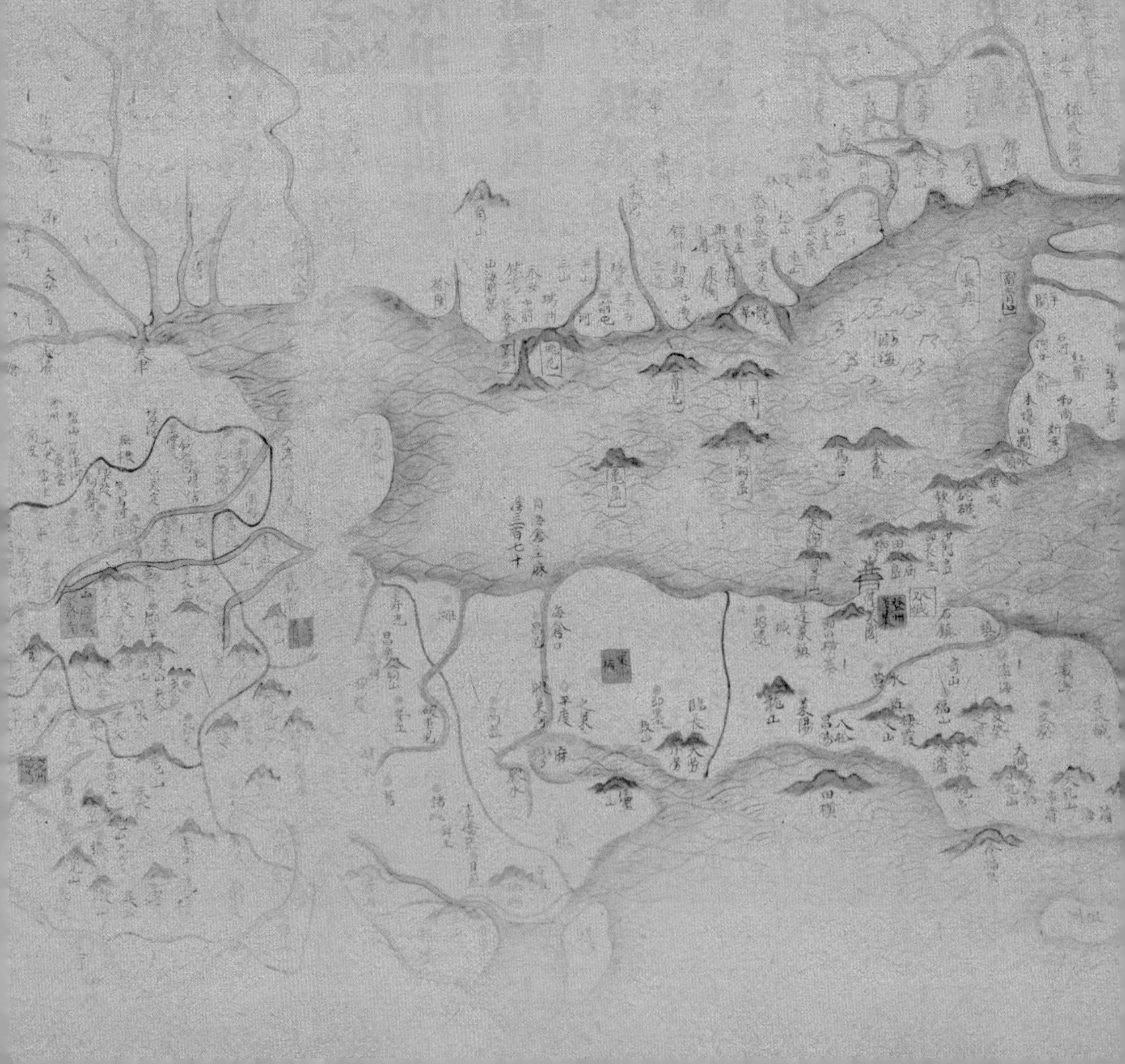

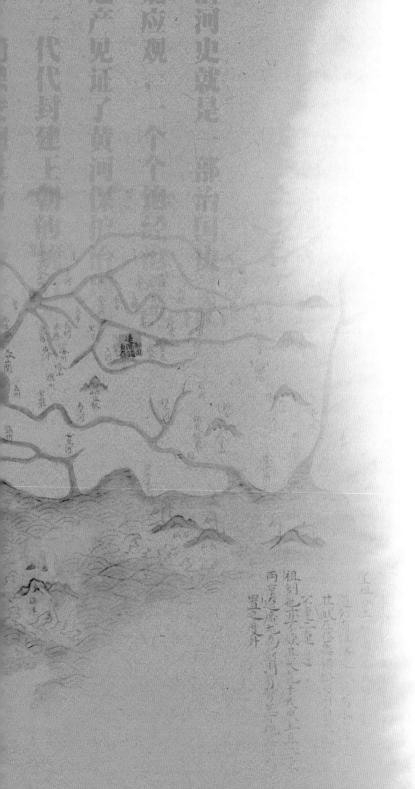

第四章

修防管理历千古

一部治河史就是一部治国史，从禹宫到嘉应观，一个个殿经文化遗产见证了黄河保护的历史，一代代封建王朝的

第一节

黄河修防著春秋

　　黄河宁，天下平。从大禹治水到潘季驯"束水攻沙"，从汉武帝"瓠子堵口"到康熙帝把"三藩、河务、漕运"刻在宫廷柱子上，从人民治黄到黄河流域生态保护和高质量发展重大国家战略崛起……4000 余年时间里，华夏儿女始终饱怀敬畏之心，纵深推进兴水之利、除水之害的执着探索，谱写了滔滔黄河终安澜的诗篇。

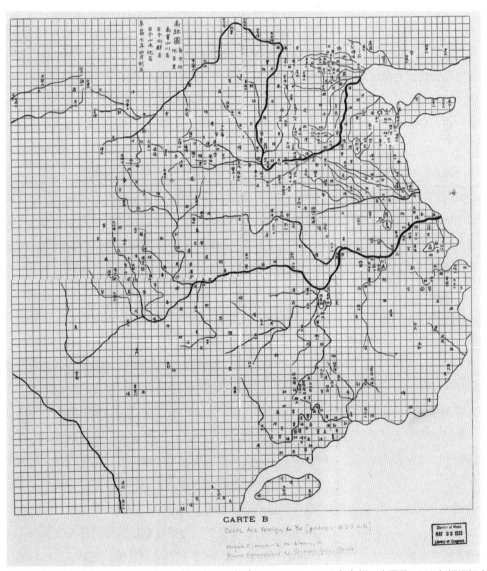

禹迹图（拓片摹本）原图成图于北宋元祐二年至四年（公元 1087—1089 年）间。本图是 1903 年据旧拓本墨线摹绘而成，为法国远东学院学报卷 3（1903 年）附图的抽印本。禹迹图反映的是北宋后期的地理全貌

大禹治水光耀华夏 水行政管理源先秦

走近夏朝都地禹州，一座高大的雕像伟岸地立于花坛中央，手持耒耜，目光深邃，他就是大禹，中国古代第一位治水英雄。

约 4000 年前，"当帝尧之时，鸿水滔天，浩浩怀山襄陵，下民其忧"。"禹乃遂与伯益、后稷奉帝命，命诸侯百姓兴人徒以傅土，行山表木，定高山大川"。大禹"勤沟洫，手足胼胝。言乘四载，动履四时。娶妻有日，过门不私"，领导人民"疏川导滞""合通四海""尽力乎沟洫"，经过 13 年治理，终于迫使洪水归流大海。因此，大禹堪称先秦时期治水的典范。

先秦时期的人们，在与洪水斗争的实践中，经历了从"避洪""障洪""疏导"到"筑堤"的一次次认识上的飞跃，形成了较为完备的水行政管理体系。

在大禹治水时期，防御洪水成为各氏族部落生死悠关的重要问题，迫切需要强有力的统一领导。这时各部落公推的领袖人物就获得了部落联盟议事会议的首领从未有过的权力——治水和管水，一套严格的领导机构逐渐形成。当时，除中原为主的部族、方国外，东夷部族的许多国家、部落也派出大量民夫，组成了直属的中央治水大军。各地临近灾区的地方，也组织有治水大军，上下协同，奋战洪水。

水利施工是集体劳动，需要有严密的计划和组织。中国古代官制中，水官的设置是最早的。先秦时期，中央官制实行诸侯分封制下的公卿制。西周分天、地、春、夏、秋、冬六官，其中冬官司空为水官，负责防洪工程兴建和管理。《管子·度地》对战国时期施工组织有较详细的记载：施工前首先要任命工程负责人"水官"和技术负责人"都匠水工"，然后将应做的工程向上级报告，待批准后实行。工程量按劳力情况摊派，弱劳力和病人可以减免，并登记造册，上报官府。

防洪是一项公益事业，修防经费一般以政府开支为主。同时，防洪直接保护了洪泛区居民的生命财产安全，所以，洪泛区居民也承担防洪的义务。先秦时期，这种义务多以服河工劳役和交纳物料的形式来体现。《管子·度地》载："常以秋岁末之时阅其民，案家人，比地定什伍口数，别男女大小，其不为用辄免之，有锢病不可作者疾之，可省作者半事之，并行以定甲十当被兵之数，上其都。"即服劳役的民工从百姓中征调，每年秋季按当地人口和土地面积摊派，并区别男女及劳力强弱分别等级，造册上报官府，服劳役的可代替服兵役。从事修防的民夫，自带修河筑堤的筐、锹、版、夯等施工工具和生活用具，以及防汛的柴草等埽料。

《南村辍耕图》黄河源图，元至正十六年至二十六年（公元 1356—1366 年）间陶宗仪摹绘，底图为都实绘于至元十七年（公元 1280 年）之黄河源图

秦汉治河创新机制　"八百年安流"始东汉

"寻春来圣地，人道是宣防。波水澄澄绿，馀花冉冉香。良朋频觅句，佳丽共传觞。咫尺潭心在，龙腾振九荒。"明代诗人张嚪的《过宣防宫》一度让人传颂。

诗中的宣防宫，又名宣房宫，在今河南滑县境内，系汉武帝所建（现仅存径长25米、高5米瓦砾土丘）。武帝元光三年（公元前132年），河决瓠子。武帝元封二年（公元前109年），乃命汲仁、郭昌率民数万复堵瓠子，功成之后，筑宫其上，名为宣房宫，以纪念这次皇帝亲临的堵口工程。"宣防"或"宣房"，则成为防河治水的泛称。

在汉代，和瓠子堵口一样被载入史册的还有一项重大工程——黄河金堤。东汉王景治河修筑的千里金堤，上自荥阳（今郑州附近）下至千乘（今利津一带），长达千里之遥，也成就了黄河安流800余年的传奇。

瓠子堵口和金堤修筑等这些重大工程的实施，标志着河工技术的发展和修防管理的嬗变。

链接

瓠子歌

其一

瓠子决兮将奈何？皓皓旰旰兮闾殚为河！

殚为河兮地不得宁，功无已时兮吾山平。

吾山平兮钜野溢，鱼沸郁兮柏冬日。

延道弛兮离常流，蛟龙骋兮方远游。

归旧川兮神哉沛，不封禅兮安知外！

为我谓河伯兮何不仁，泛滥不止兮愁吾人？

啮桑浮兮淮泗满，久不反兮水维缓。

其二

河汤汤兮激潺湲，北渡回兮迅流难。

搴长筊兮湛美玉，河公许兮薪不属。

薪不属兮卫人罪，烧萧条兮噫乎何以御水！

隤林竹兮揵石菑，宣防塞兮万福来。

链接

王景修筑千里金堤

王莽始建国三年（公元 11 年），"河决魏郡，泛清河以东数郡"。黄河在魏郡决口，从今山东利津县入海，终于酿成了黄河历史上的第二次大改道。

此次黄河改道后，"河决积久日月，侵毁济渠，所漂数十许县。"洪水侵入济水和汴渠，使这一带的内河航道淤塞，田地村落被洪水淹没。光武帝建武十年（公元 34 年），阳武令张汜提议"改建堤防，以安百姓"，但因南北互相掣肘，未能实行。此后，河势更加恶化，汴渠受冲击，渠口水门沦入黄河，兖州、豫州深受水害，民不聊生。明帝永平十二年（公元 69 年），朝廷决定委派王景主持治河。

王景受命治河，重点整治了河南濮阳以下的黄河新河道。《后汉书·王景传》载：永平十二年"夏，遂发卒数十万，遣景与王吴修渠。筑堤自荥阳东至千乘（今利津一带）海口千余里。景乃商度地势，凿山阜，破砥绩，直截沟涧，防遏冲要，疏决壅积。十里立一水门，令更相洞注，无复溃漏之患。景虽简省役费，然犹以百亿计。明年夏，渠成。帝亲自巡行，诏滨河郡国置河堤官吏，如西京旧制"。

王景治河规模相当大。"夏，遂发卒数十万"，动员了数十万人参加。施工整一年，"明年夏，渠成。"虽然尽量节减开支，役费"犹以百亿计"。

王景治河顺利完成后，"帝亲自巡行，诏滨河郡国置河堤官吏，如西京旧制"。恢复了西汉旧制，在沿河各地设置"河堤官吏"，以加强对下游堤防的维修和管理。

就治河机构而言，先秦以后，中央和地方官制中都设置了水行政管理机构，其职能随着国家官制的完善而完善。秦汉时期，中央官制实行中央集权的三公九卿制，开始常设水行政机构及其属官，但分属于尚书省和公卿。汉代在郡集行政长官之下设官置吏，形成了稳定的地方水行政管理机制。

当时，中央水官中的御史大夫是直接受命于皇帝的中央监察机构，其防洪稽查内容包括对防洪工程及其管理的稽查，对防洪防汛管理部门及河官的稽查，对防洪工程经费的稽查，对河工考成保固的处罚。卿官中的太常、少府、大司农也与水行政管理有关，三卿属下设有都水。其中，太常属下的都水管理京畿范围的堤防陂池；少府属下的都水负责与水资源有关的税收；大司农属下的都水长丞是决策水政务、主持水利工程的国家水行政长官，负责防洪工程的兴建和管理。此外，皇帝经常根据需要从朝廷派遣官员，并临时授予使职，经理防洪治河。其中最经常的是向灾区派出谒者，为驻黄河堵口或河堤施工现场的特使。临时授予的遣使还有河堤使、河堤都尉，有时也从地方官员中调遣。

郡县的水官为都水掾和都水长。汉代，黄河沿岸郡县置官管理河堤。东汉王景治河成功后，"帝亲自巡行，诏滨河郡国置河堤官吏，如西京旧制"。在朝廷的直接过问下，形成了沿岸州县行政长官或属官执掌的、跨行政区划的防洪防汛专业管理体系，负责防洪防汛经费、物料、劳力的调配，以及以堤段为单位的巡守、抢修和对基层管理组织的管辖。

就防汛队伍管理而言，秦代规定了河工服役劳力强弱的标准和免役的条件：健康人身高达五尺二寸的都要服劳役，其中男工身高不满六尺五寸、女工身高不满六尺二寸者为弱劳力。秦

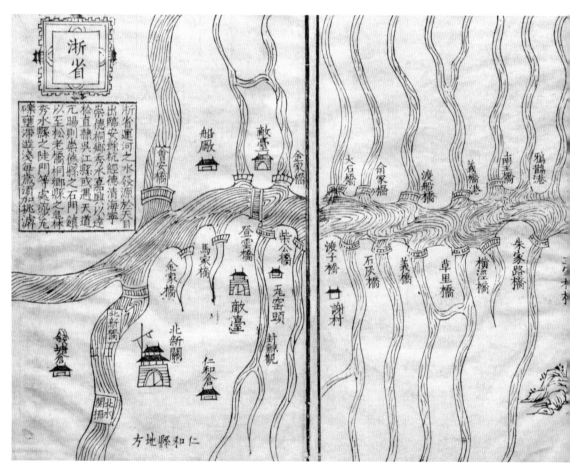

河防管理：潘季驯撰《河防一览》节选

代还规定有勋爵者五十六以上免劳役，没有勋爵的普通人六十岁以上免役。

西汉武帝时，沿河十郡的百姓要承担河工劳役，每郡每年要派出"河堤吏卒郡数千人"。成帝建始四年（公元前29年）王延世主持黄河堵口，堵口的民夫一是服劳役的百姓，二是花钱雇夫。当时每个成年男子一生中要服兵役一年和戍边一年，"治河者均著外繇六月"，即服劳役相当于戍边六个月，也可雇夫服役，每雇一夫一月，需花钱二千。

就治河经费而言，西汉贾让曾感叹："濒河十郡，治堤岁费且万万。"可见治河经费之举，且这些修防费用由国库拨付，不由濒河州郡开支。当年汉王朝全国的财政收入大约四十万两，每年仅黄河修防费用就占全国年财政收入的四十分之一。东汉王景治河动员了数十万人参加，施工整一年，役费"犹以百亿计"。

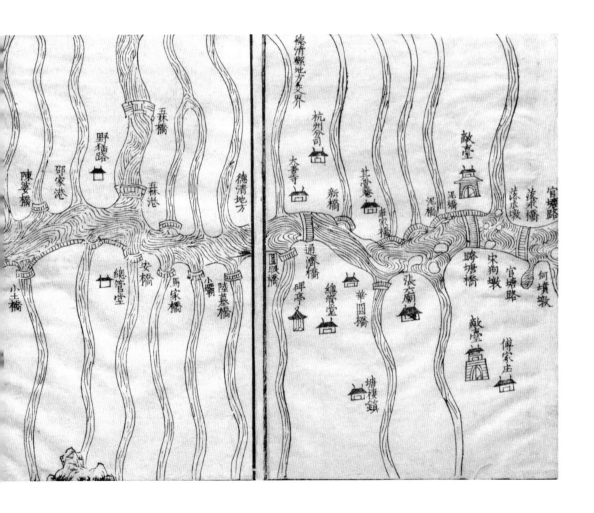

三国五代历数百载　管理体系隋唐兴盛

　　三国两晋南北朝时期，大一统的封建国家动荡分裂，防洪工程建设和技术成就大不如前。到了隋唐，国家重归统一，社会经济、水运交通和农业灌溉事业有了较大发展。五代十国时期，国家进入近半个世纪的大分裂，黄河流域再次遭到严重破坏。黄河逐渐结束了东汉以来八百年相对安流的局面，开始进入多灾多难的时期。

　　在与洪水的斗争中，这一时期的防洪管理逐渐走上正轨。三国时期颁布了最早的防洪法令《丞相诸葛令》，隋唐时期开始形成条块清晰的水行政管理体系。

　　隋唐之时，中央水官隶属于工部，地方水官隶属于地方政府，黄河沿岸州县均设置管理河道的专职管理人员。此外，通过御史台外派，又形成跨行政区划的专业管理系统和水利稽查系统。《唐六典》规定："水部郎中、员外郎掌天下川渎陂池之政令，以导达沟洫，堰决河渠。凡舟楫溉灌之利，咸总而举之。"

　　隋唐中央另设国子、少府、将作、都水、军器五监（司），作为接受三省指令办理各项事务的部门。五监中的都水监负责水利、桥梁建设与管理，下设舟楫、河渠二署，长官称使者、都尉。唐代以后，都水监的设置再无大的改变，通常根据需要派出官员，或临时任命地方官员并赋予职权。五代后晋时曾令开封府尹、各处观察防御使、刺史等兼河堤使名，从官员配置上保障了防洪防汛的常规管理。

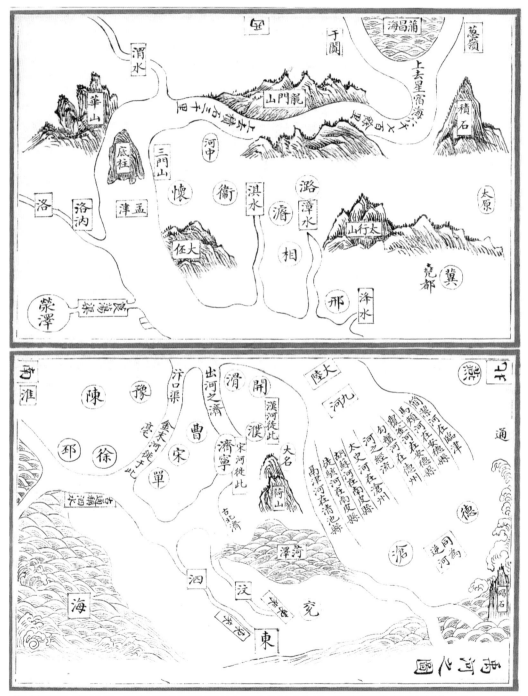

《治河图略》禹河之图，元代王喜绘于至正四年（公元 1344 年）后，存于其所著《治河图略》一书中。全书用六幅地图并附图说的形式，对比古今河道变迁、描绘险工情势、陈说治河方略，成为明清黄河图的渊源

宋元河防重在职责　河官汛兵专业管理

宋元时期，防洪思想由江河防洪扩展到对平原湖区防洪排涝的探索，防洪工程建设则以黄河为重点。特别是北宋时期，黄河水患频繁，治河兴役成为朝廷的头等大事，河防之责空前强化。

从中央层面来看，宋元时期的防洪管理机构主要是水部、三司和都水监。

北宋初年，工部下的水部形同虚设，凡川渎陂池、沟洫河渠，均属三司管理。神宗元丰年间（公元 1078—1085 年）以后，水部实权加强，承担起规划水利工程、调度经费和考核地方官员水利政绩等职责。三司为度支、户部和盐铁，其中盐铁司下设七案，其中河渠案负责漕运、防洪和堤防的兴建；度支司下设八案，其中发运案负责筹集防洪工程建设经费和经营。

仁宗皇祐三年（公元 1051 年）设河渠司，专事黄河、汴河等河堤。七年后，撤销河渠司，设立都水监，管理黄河、汴河堤防和汴京（今开封）沟渠。都水监以监和少监为正副长官，属官设丞和主簿，其官员经常受命外派，与负责漕运的使职和地方官员共同兴工治河，也根据需要设置疏浚黄河、提举东流故道等临时机构。都水监对地方重要水利工程行使督导职能，派出监使巡查，工程则由部直接主持，府（州）、县负责征集劳力进行施工和施工管理。

元代承袭宋代设置都水监，负责防洪和运河管理，但驻外的河渠司参与地方水利工程。与此前的外派使者不同，元代都水监经常根据需要设置机构，仿行省之制。如都水监在京畿外设行都水监，管理河堤和防洪；在河南、山东设河南、山东都水监，专事河决之疏塞等。元代都水监、行都水监的设置，标志着跨行政区划的防洪和农田水利主管部门管理制开始取代临时性的遣使制度。

从地方层面来看，河堤使、巡河官等河防管理有序运转。

太祖乾德五年（公元 967 年），鉴于"河堤屡决"，兼设河官，加强河防。"诏开封、大名府、郓、澶、滑、孟、濮、齐、淄、沧、棣、滨、德、博、怀、卫、郑等州长吏，并兼本州河堤使。"太祖开宝五年（公元 972 年），又诏"开封等十七州府，各置河堤判官一员，以本州通判充；如通判阙员，即以本州判官充"，进一步加强了各地河防之责。

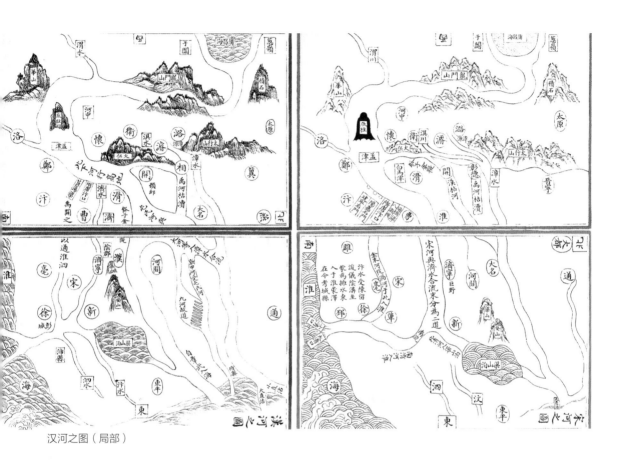

汉河之图（局部）

　　南宋时期，金朝占据黄河流域，仍设都水监，总管河防事宜。沿河"四府、十六州之长贰皆提举河防事，四十四县之令佐皆管勾河防事"，并"命每岁将泛之时，令工部官一员沿河检视"。如以上官员"任内规措有方能御大患，或守护不谨以致疏虞，临时闻奏，以议赏罚"。此外，沿河上下凡二十五埽，六在河南，十九在河北，埽设散巡河官一员。初设黄汴、黄沁、卫南、浚滑、曹甸、曹济都巡河官六员，分管六辖区河防，后又特设崇福上下埽都巡河官一员。随着河防任务的增加，世宗大定十九年（公元 1179 年）九月增设京埽巡河官一员，次年增设归德府巡河官一员。此后直至明清，地方长官均兼任河防官。

鉴于单靠地方官员无法应对日益严重的河患，于是又委转运使负责河防。宋真宗咸平三年（公元 1000 年），诏"缘河官吏，虽秩满，须水落受代。知州、通判两月一巡堤，县令、佐迭巡堤防，转运使勿委以他职。"仁宗至和二年（公元 1055 年）十二月后，始设都大管勾应副修河公事、修河钤辖、都大提举河渠司等专管和"督大修河制置使"。据统计，神宗元丰三年（公元 1080 年），沿河巡视和提举各堤段的官员多达一百六十余人。

宋元时期重视水利立法，先后出台了《农田水利约束》《宣和编类河防书》等法规和条款，并颁布了我国历史上有据可查的第一部防洪法规——《河防令》，自此，治河正式有了法律依据。

除了法治上的突破，宋元时期防汛队伍也有破有立。

宋太祖乾德五年（公元 967 年），"帝以河堤屡决，分遣使行视，发畿甸丁夫缮治。"河堤决口之时，沿河附近州县按田亩数征发河工劳役，无力承担劳役者可改交"免夫钱"。如遇堵口大工，就近劳役数量不足，要从远处征调。北宋岁役河防丁夫年年增加，到哲宗元祐七年（公元 1092 年），"都水监乞河防每年额定夫一十五万人，沟河夫在外"。朝廷决定减少额定夫数，自次年起，"除逐路沟河夫外，其诸河防春夫，每年以一十万人为额"，"如遇逐路州县灾伤五分以上及分布不足，须合于八百里外科差"。

专业化的汛兵制度也诞生于宋代。仁宗景祐年间（公元 1034—1037 年），工部郎中张夏在杭州"置捍江兵士五指挥，专采石修塘"。"捍江兵士五指挥"即管理海塘的专门军事机构，兵士每指挥以四百为额。黄河修防除雇用民夫外，在抢险堵口等紧急情况下，也调动军队参加。

金承宋制，黄河修防役夫征调仍沿用宋法。沿河上下二十五埽，设散巡河官统领埽兵，每年负责备料河防。"凡巡河官，皆从都水监廉举，总统埽兵万二千人，岁用薪百一十一万三千余束，草百八十三万七千余束，桩杙之木不与，此备河之恒制也。"世宗大定二十六年（公元 1186 年）河决卫州堤后，鉴于河患频繁，所设埽兵不足应付修堤塞决，仿"宋河防一步置一人"之制，"添设河防军数"。大定二十九年（公元 1189 年）堵复曹州决口时，工部估算"用工六百八万余，就用埽兵军夫外，有四百三十余万工当用民夫"，并"诏命去役所五百里州、府差雇，于不差夫之地均征雇钱"。同时，政府给予少量补助。此外，加派五百名兵士维护治安。

频繁的河防治理需要充足的经费支撑。宋代河工经费沿袭汉制，由国库开支，但也可通过常平仓司和封桩钱库临时支借。

神宗元丰元年（公元 1078 年），黄河曹村堵口，将诸埽储备的抢险梢料用尽，都水监"乞给钱二十万缗下诸路，以时市梢草封桩"。宋神宗同意由皇室内藏库的封桩钱库借支十万缗。哲宗元祐八年（公元 1093 年），拟导河回复东流。"京东、河北五百里内差夫，五百里外出钱

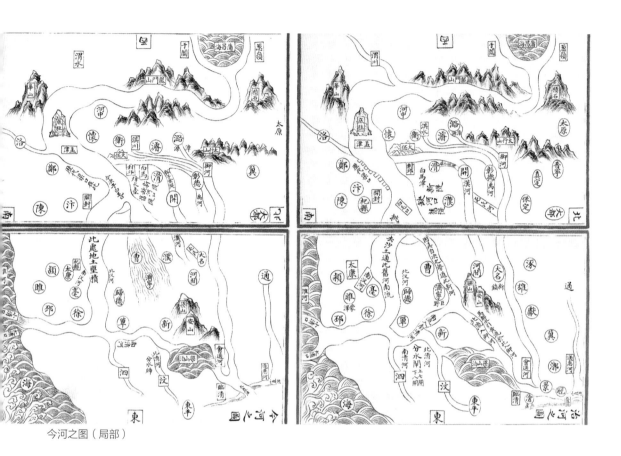

今河之图（局部）

雇夫，及支借常平仓司钱买梢草，斩伐榆柳。""出钱雇夫"当是预拨之工程款，而"支借常平仓司钱"日后须归还。

此外，某些河工专门用料，还指定某些地区交钱采买。唐代规定黄河修防所需竹索由江西州县交纳，宋代改为交纳"黄河竹索钱"。这一规定也为据有黄河流域的金政权沿用，由司竹监每年采买，春秋两次转交都水监"备河防"。

明代黄河军事管理　官民"二守"传承后世

明代前期，黄河河道摆动频繁，向北决口经常冲断运河，因此，黄河治理以"治河保漕"为原则。明代后期，"筑堤束水，以水攻沙"的治河方略，将几千年来单纯治水的主导思想转变为沙水并治，堤防的功能也由"以堤防洪"扩展为"以堤治河"。可以说，明代治河机制空前完善。

汤汤川流，中有行舟。回眸明代的河漕管理，令人为之一振。明太祖洪武十三年（公元1380年），废中书省，设立以大学士为首的内阁，六部成为中央重要的政务机构，水利与土木工程建设归工部所管。后工部设都水司，负责管理黄河、运河防洪等。同年置都察院，由都察院派遣御史巡视河防和督理漕运。成祖永乐九年（公元1411年），直接由皇帝委派总理河道，开始实行河道和漕运总督负责制。代宗景泰二年（公元1451年），命都御史王竑总督漕运，尚不属专职。宪宗成化七年（公元1471年），命王恕为工部侍郎，总理河道，简称总河。总理河道一职负责黄河与运河的河道和工程，漕运则由御史系统的漕运总官兵负责。治河专家万恭、潘季驯都曾担任过总河职务。

明代总河、总漕多兼都御史、巡抚，或工部、兵部、户部侍郎等官职，管理体制演变为军事性质，河道总督和漕运总督的权力超越行政区划，形成了水利管理文职和武职两个并列系统。另设立十三道监察御史，由御史对人事和水利行政管理进行稽查，稽查结果关系到河官的升迁和罢免，以及水利机构的设置和撤销。

千古河流成沃野。黄河保护治理不仅靠机构，更要靠河工修守。明代河工大都出自徭役，河工"皆近河贫民，奔走穷年，不得休息"。世宗嘉靖年间（公元1522—1566年），御史谭鲁针对按地亩面积征派河夫的缺点，提出由经济比较富裕的上等和中等人户出银，用以雇募贫民赴河役的办法。

明代，黄河系统堤防已成，关键在于度汛防守和岁修。四次总理河道的潘季驯提出了一套系统的黄河堤防修守制度：一是铺夫守堤制度。沿黄河大堤每三里设铺一座，每铺设夫三十名，

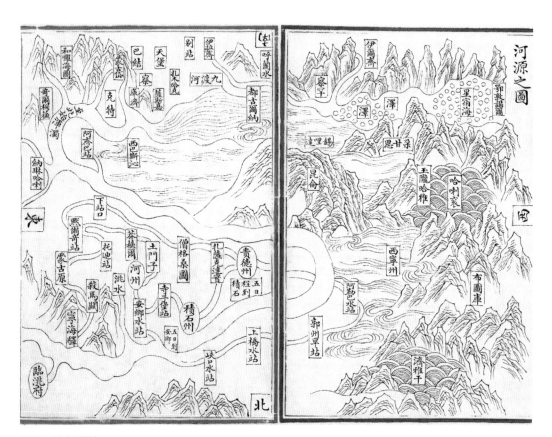

河源之图（局部）

每夫分守堤十八丈。铺夫制度建立了堤防防守的专业队伍，成为堤防安全的基本保障之一。 二是制定了"官守"和"民守"的"二守"制度。"官守"是从防汛指挥系统上加以健全并责成专责，"民守"是从人力配备上明确汛期在常年编制之外临时加派民夫，一直为后世所沿用。

清代强化中央管理　防洪队伍专业河兵

一座嘉应观，半部治黄史。河南武陟嘉应观乡，因嘉应观坐落于此而卓有声名。

嘉应观，又称黄河龙王庙，建于清雍正元年（公元 1723 年），占地面积 140 亩，是雍正

《皇明职方地图》山东地图。综合性地图集，清传抄彩绘本。底本为崇祯九年（公元 1636 年）原刊本，系陈组绶等于明崇祯八年（公元 1635 年）正月正式开始编绘，次年夏绘竣刊印发

皇帝为了纪念武陟修坝堵口、祭祀河神、封赏治河功臣而建造的淮黄诸河龙王庙，被誉为"万里黄河第一观"，又称为"黄河故宫"，成为治黄史、水利工程史、治河衙署变迁史的宝贵见证。

　　清代防洪管理基本沿袭明法，但有所改进。顺治初年，工部制定《河工考成保固条例》，明确经管河道的同知和通判为直接责任人，分司道员和总河为主管责任人，并对失事责任和处罚标准提出定量依据，标志着处罚规定走向制度化。时间来到康熙五十四年（公元1715年），谕："江堤与黄河堤埝不同，黄河水流无定，时常改移，故特设河官看守。" 这一时期河道总督按流域设置，主管河道和运河工程，河道总督下设道、厅。道按河段设置，管理各段河道和运河的工程。道设行政长官同知、通判、主簿等职；厅设守备、千总、把总等职。雍正年间，河官分段节制。如山东河道总督，简称"东河总督"，管理河南、山东境内的黄河和运河；直

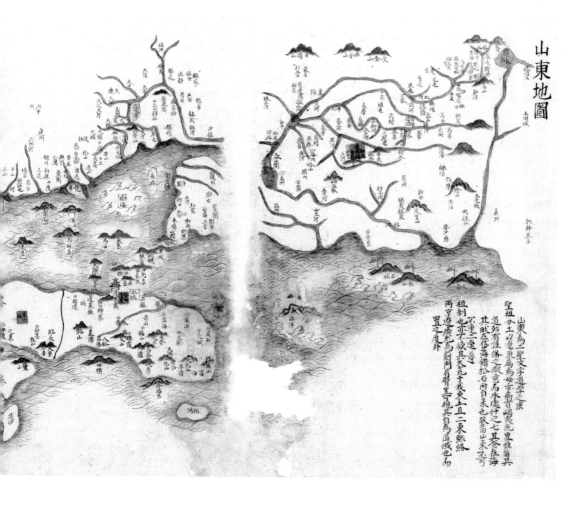

―――――――――――――― 链接 ――――――――――――――

武陟堵口

康熙六十年（公元 1721 年）到雍正元年（公元 1723 年），黄河在武陟秦家厂、马家营、詹家店、魏家庄四处决口。滔滔黄河水淹没了新乡、彰德（今安阳）、卫辉，经卫河入海河，直逼京畿津门，危害华北，震惊朝野，大量泥沙淤塞运河粮道，事关国计民生，成为清王朝的心腹之患。

康熙严旨相关官员全力堵口，治理水患，还派皇四子雍亲王胤禛亲往武陟督责治河。马营口堵口正值汛期，河水暴涨，滔滔洪水顺马营口北灌，形势十分险恶。雍亲王前线换将，把治河不力又有贪污劣迹的赵世显送刑部问罪，让陈鹏年代理河道总督。陈鹏年亲临工地指挥，食宿都不离开。由于水势太猛，4 次堵住，又 4 次决开。陈鹏年再败再战，决不灰心，终于在雍正元年（公元 1723 年）正月堵口成功，但陈总督也累得吐血，殉职于马营口工地。

黄河堵口成功后，雍正皇帝兑现他在武陟监督治河时的许诺，颁旨拨银 288 万两在武陟修建大清 24 个行政单位大小河流的总龙王庙，祭祀河神、封赏历代治河功臣。雍正皇帝封其"四渎称宗"。雍正三年（公元 1725 年）二月，武陟龙王庙中轴线建筑落成，雍正皇帝钦赐龙匾，定名"嘉应观"，取"嘉瑞长应"之意。

隶河道水利总督，简称"北河总督"，管理京畿水利与防洪。这种划分，本意在加强管理，但实际上却严重削弱了对黄、淮、运的统一管理，缺乏通盘的整治规划，黄河长远治理也受到影响。

而清代河夫征募在沿袭明法的基础上，经历了由派夫到雇夫、由河夫到河兵的改革。

清初河夫征募以徭役为主，政府很少出资雇夫。岁修用夫以本府出夫为主，人数不够时再去临郡协调。岁修人数分为三分，三年轮一次。至于堵口大工则另作规定，如顺治九年（公元 1652 年）河决封丘大王庙，河南省按亩摊派出夫，每四十五顷农田派夫一名，以后增加为二十二顷五十亩派夫一名，合计一万二千五百余名。

康熙十二年（公元 1673 年），河南巡抚佟凤彩提出停止派夫，改作雇募。康熙十六年（公元 1677 年），靳辅在云梯关外黄河修筑水堤时，拟改由凤阳府等地募夫数万人，年龄规定在二十至四十岁之间。第二年，仍维持原派夫制而取消募夫制。

康熙十七年（公元 1678 年），靳辅建议废除河夫制，根据防洪的准军事性质以征募河兵代替河夫。"令之各驻堤上，将防守修葺事宜一并责成之，并请严立议处，优定议叙之例，以鼓舞而警戒之也。"而以河兵替代河夫，便可"无招募往来之淹滞，无逃亡之虑、无雇替老弱之弊"。最初南河江苏段投六营，共有兵五千八百六十名，其薪饷以募夫钱充抵，不足部分再从河工款项内补足。至乾隆二年（公元 1737 年），增加到二十营九千一百四十五人。时人评价河兵制"此尤本朝兵制之超出前代者也"。

财用，天下之本也。河工经费更是量入为出，节而用之。

清代河工经费称为河工银，用于岁修、抢修、另案、大工等。清初承袭明法，河工银"出之于征徭者居多，发帑盖无几"。即使顺治初年封丘大王庙堵口大工，六七年间用银不过八十万两，而其中六十万两皆从民间增派。乾隆年间，河工、海塘用款有一部分由国家财政负担，超过工费预算的部分则由受益地区百姓按亩摊派。乾隆四十七年（公元 1782 年），兰阳青龙岗决口，三年堵合。"除动帑千余万外，尚有夫料加价银千有一百万，应分年摊征。"当时国库充裕，将原本由民间按亩摊征的预算外开支一千一百万两破例在国库报销。此后，河工款改为全部由国库开支。据统计乾隆四十七年（公元 1782 年）以后的河工费用"数倍于国初"，嘉庆十一年（公元 1806 年）的河费，"又大倍于乾隆"，道光年间的则"浮于嘉庆，远在宗禄、名粮、民欠之上"。在黄河淤积日益严重、堤岸决溢如此频繁的严峻形势下，1855 年前的清代两百多年中黄河未发生较大的改道，从侧面证明了清代的治河成效。

流域机构始于民国　上中下游综合治理

民国时期，战乱相寻，政府多次更迭，治黄机构也经历了多次嬗变。

民国初年，全国无统一的治河机构，黄河下游河务由河南、山东、直隶三省都督兼管。民国 7 年（1918 年），设直隶、河南、山东黄河河务局，由河务局管理所辖区域内治水工程及一切河务。自此，黄河下游修防管理体系趋于稳定。

民国 14 年（1925 年），山东黄河河务局通令沿河各县设立窝铺。

每隔 1 里，设窝铺 1 处，民夫 20 人，常川驻工，协助夏防，并令民夫每里堆积 30 立方米土牛 1 个，以备抢险之用。沿黄两岸，年堆积土牛 170 余个，永为定例。

民国 22 年（1933 年），黄河水利委员会仓促成立，国民政府特派李仪祉为黄河水利委员会委员长，并以沿河青海、甘肃、宁夏、绥远、山西、陕西、河南、河北、山东 9 省（区）及江苏、安徽 2 省建设厅厅长为委员。自此，黄河上第一次有了独立的流域管理机构（住址原定于南京，后改设开封），并在西安、开封设立办事处。

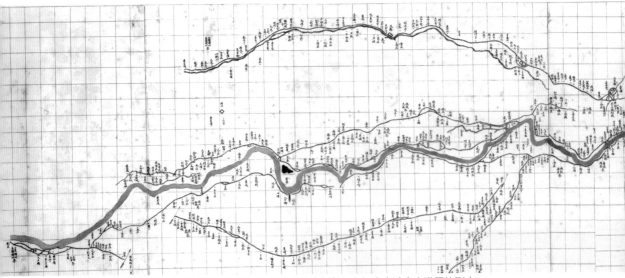

《山东黄河拟护厅汛全图》光绪二十五年（公元 1899 年）二月初十李鸿章奏进图的副本

链接

《统一黄河修防办法纲要》

纲要主要有六项内容：一是黄河治本工程及大堤修防事宜，统由黄委会秉承经委会主持办理，沿河各省政府主席兼任黄委会当然委员，协助黄委会办理该省有关黄河河务事宜。二是黄河治本工程，由黄委会原设工务处掌握之，修防事宜由该会设河防处负责办理。三是现有各省河务局由黄委会接收，另就黄河形势分三大段，各设修防处，各修防处设主任一人，负责修守。四是黄河修防经费，规定各省承担，按期拨交黄委会备用。河南省年交40万元，河北省25万元，山东省5万元，不敷之数，由中央按年补助10万元。五是各省建设厅厅长、各专员、县长办理修防事宜，应受黄委会指导监督。六是沿河驻军应接受黄委会之请托，协助办理修防事宜。

民国24年（1935年），黄河水利委员会设立"督察黄河防汛事宜办公室"，督察黄河防汛事宜，并决定拨巨款培修黄河下游堤防。随后全国经济委员会拟定《统一黄河修防办法纲要》，对黄河修防办法作出明确规定。民国26年（1937年）春，河南、山东河务局相继改为修防处，归黄河水利委员会领导，实现了黄河下游治理机构的部分统一。这些措施无一不彰显着国民政府治理黄河的决心和努力。

1937年"卢沟桥事变"后，抗日战争全面爆发。为了阻止日军前进，1938年6月9日，蒋介石下令炸开郑州东北花园口黄河大堤，滔滔河水夺淮南下，千百万百姓流离失所，形成了连年灾荒的黄泛区。黄河水利委员会辗转流亡到西安等地，对抗洪救灾有心无力，国民政府治黄机构名存实亡。

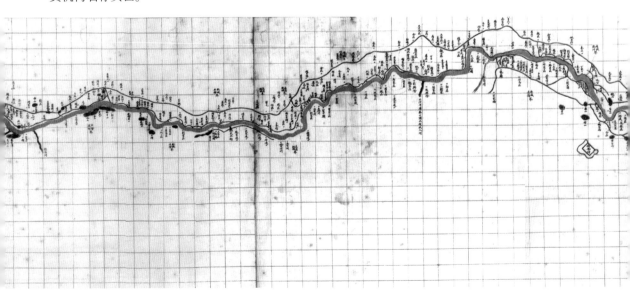

人民治黄创新纪元　黄河治理擘画新图

　　1946 年，地处解放区的冀鲁豫黄河水利委员会和山东黄河河务局相继成立，开启了人民治黄的新纪元。从奔波焦灼的黄河归故谈判到"一手拿枪，一手拿锨"的反蒋治黄斗争，再到容并国民政府治黄机构后艰苦创业的风雨兼程，人民治黄事业逐步发展壮大。

　　特别是中华人民共和国成立后，黄河治理体制由初期的分区治理走向联合治理，并成立了全流域的流域管理机构，管理职能不断拓展。看防洪工程建设，先后 4 次加高培厚黄河下游大堤，并进行了大规模的河道整治，开辟了蓄滞洪区，初步形成了"上拦下排，两岸分滞"的防洪工程体系，水旱灾害防御能力大大提高，扭转了历史上频繁决口改道的险恶局面，实现了 70 余年伏秋大汛岁岁安澜。看水资源管理，黄河在我国七大江河流域中首开水量统一调度先河，第一个在我国将水权转换理论付诸实践，并诞生了我国第一部流域水量调度行政法规……一个个第一标注着黄河水利改革创新的前锋，更见证着黄河工程面貌的改变。

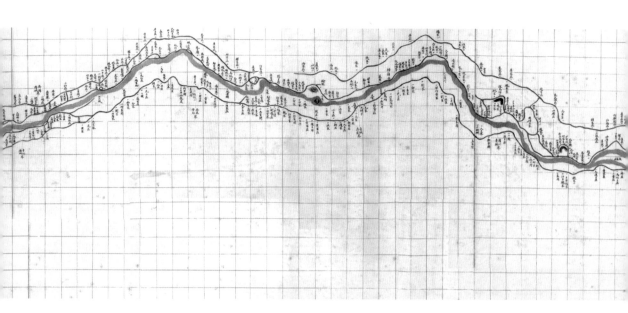

党的十八大以来，在习近平新时代中国特色社会主义思想引领下，黄河保护治理实现更高层次、更优目标的统筹。特别是 2019 年黄河流域生态保护和高质量发展重大国家战略实施以来，《黄河流域生态保护和高质量发展规划纲要》重磅出台，勾勒出黄河保护治理的宏大战略布局。2023 年 4 月 1 日，备受瞩目的《中华人民共和国黄河保护法》正式实施，为推动黄河重大国家战略落地见效提供了法治保障，成为黄河保护治理历程中一个新的里程碑。

从古代的逐水而居，到如今沿江河布局的重大国家战略，流动的大河，为沿黄区域繁荣发展注入了澎湃动力，也将黄河保护治理引入现代化的"快车道"，一个更加美好的未来正与母亲河热情相拥。

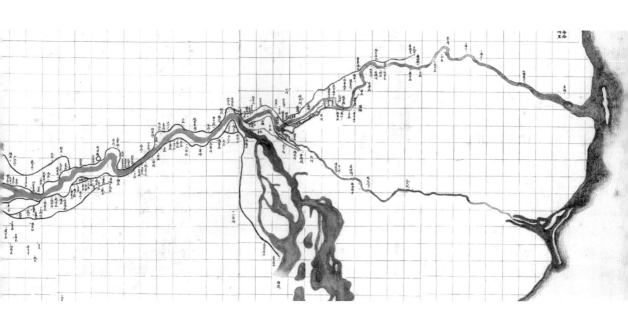

大河之治看河官

日月相催，物换星移，一条大河风涛浪涌，变幻莫测。它可以是生命之源，也可以是灾难之源。从顺从天命到破除水害再到兴修水利，大河之变见证了中华民族几千年来的文明兴替，更凝聚着无数河官的心血、汗水，甚至生命，而河官制度也在一代代治河志士的踵事增华中逐步走向完善。

纵观中国官制史，河官制度在职权逐渐独立的过程中共经历了五个阶段：一是传说时期，主要是史前及夏商，洪水作为古老的传说命题，治河之人被赋予治世之责；二是萌芽时期，从周至金，河务官逐渐成为常设，但基本属于郡县或州县下边具体的事务性官吏；三是形成时期，元明清设立专职河官，职权不断提升；四是嬗变时期，民国时西方治河技术引入，治河机构与官制近代化；五是成熟时期，1946 年人民治黄后，随着治黄方略的确立，治黄技术的提高，治黄机构日益成熟稳定。

日月光华（重彩壁画）

历代治河机构及职官名称

先秦

舜在位时，『禹作司空』，『平水土』，被认为是治河设官之始。春秋战国时期，黄河流域国邑均设有负责治河开渠事务的官员

秦朝

中央设立都水长、丞等水利官员，黄河管理得以统一

西汉

汉承秦制，增设了都水官、河堤都尉、河堤谒者等官职

东汉

沿河设河堤员吏，河堤谒者为中央水利行政官员

魏晋南北朝

设都水台，诸州设都水从事

隋朝

设都水监，为全国水利管理机构；工部专设水部，置水部侍郎一员

唐朝

工部专设水部，置水部郎中、员外郎各一员，置都水监使者二人，一度改称司津监，又曾降为署，后复置

直鲁豫三省河防局改为河务局；1933
年成立黄河水利委员会；1935年黄
河水利委员会隶属全国经济委员会；
1942年直属民国政府水利部

中华民国

永乐年间，漕运兼理河道，临时派遣大
臣处理黄河事务。后设定员，驻曹州，
由管河郎中派管河副使管理河务；成化
七年（公元1471年），工部侍郎王恕
总理河道，是为黄河设立常任总理河道
之始；总河之下为各司道管河官，再下
为各州县管河官

明朝

设立都水监，负责河防之事，并设立派
出机构——分治都水监

金朝

初沿明制，设员总理河道。雍正七
年（公元1729年），分设江南河
道总督，管理江苏、安徽黄运，简
称『南河』；河东河道总督，管理
山东、河南黄运，简称『东河』。
咸丰十年（公元1860年），江南
河道总督裁撤，光绪二十八年（公
元1902年），河东河道总督裁撤，
各省巡抚兼理河务，下游直鲁豫三
省设河防局

清朝

都水监掌管河渠治理、堤防、水利、
桥梁、闸堰，另设河道提举司，专
管治理黄河；设山东、河南都水监，
专司堵疏之事

元朝

水部下不设都水监衙门，几为黄河专
设；各州长吏管理黄河事务，另有
一些临时性治河机构

北宋

传说：治河即治世

　　黄河流域的神话传说中，水神共工最为人熟知的故事即共工因与颛顼争帝，怒触不周之山，致"天柱折，地维绝"，因而他常常也被当作是灾难的"罪魁祸首"。其实，他还是一位治水英雄。据说共工氏住在今河南辉县一带，背靠太行山，河流两岸土地肥沃，水源丰富。那时，黄河在孟津以上，穿行于峡谷峻岭中，在孟津以下，则无所约束，四处奔流游荡，洪水泛滥频繁。《国语·周语》称共工用"壅防百川，堕高理厘"的治水方法，也就是削平高丘，填塞洼地，在河流近处修一些土石堤埝，以抵挡洪水，当然这种堵塞的方式并不能根除水患，最终结果是"害天下"。但共工氏治水的传说，却使得后来"共工"一度成为负责水利工程的官职名称。

共工

　　在许多传说当中，国家的治理也是从治水开始的。从能者为之到治水人才被禅让为部族首领，治水之才被看作一种济世之能。

　　在生产力低下的时期，洪水威胁是生计的威胁、生命的威胁，更是权力的威胁。《孟子·滕文公章句上》有"当尧之时，天下犹未平，洪水横流，泛滥于天下，草木畅茂，禽兽繁殖，五谷不登，禽兽逼人，兽蹄鸟迹之道交于中国"之记载。这种情况，在《吕氏春秋·爱类》也有反映，如"昔上古龙门未开，吕梁未发，河出孟门，大溢逆流，无有丘陵沃衍、平原高阜，尽皆灭之，名曰鸿水"。从尧开始的这场洪水，对整个平原地区造成了极大的影响。

　　尧让大家举荐治水的贤者，"群臣皆曰鲧可"。《史记·夏本纪》有云："于是尧听四岳，用鲧治水。九年而水不息，功用不成。于是帝尧乃求人，更得舜。"舜在"巡狩"中发现鲧治水没有效果，处死鲧后，任用鲧的儿子大禹领导治水。从尧舜时的大水来看，洪水已威胁到各个部落的生存，治水成为部落首领的大事，但无论是尧还是舜都没有直接治水，而是选择能者为之。

大禹出自治水世家，"禹乃遂与益、后稷奉帝命，命诸侯百姓兴人徒以傅土，行山表木，定高山大川。禹伤先人父鲧功之不成受诛，乃劳身焦思，居外十三年，过家门不敢入"。《史记》反映了这次治水的艰辛，《水经注》也有"昔禹治洪水，山陵当水者凿之，故破山以通河。河水分流，包山而过"之记载。大禹治水，调动了所有的力量，并在治水中形成了权威，也为由"禅让制"向"家天下"的转变创造了条件。

大禹治水的范围非常广泛。《尚书》专列有"禹贡"篇，涉及河水、洛水、济水、淮水、渭水、汉水、江水等，以河水为代表的中原水系是主要治理对象。

大禹治水

从以上这些传说看，治水开启了国家治理的历史。治水活动以治河为主，当时有擅长以治水为主的部落，从共工氏、鲧到大禹，他们既是治水能手，也是部落首领。治河即治世，大禹更是通过治水成为天下共主，为夏王朝的建立奠定了基础。

专设：河官制度的萌芽

周朝开始，河官开始稳定下来，成为一种专职。从《周礼》等文献来看，当时设有"司空"一职，主要负责管理以水利为主的各类工程，这类职务一直延续到东周列国时期。其下还有"都匠水工"等官职，专司治水，反映了当时统治者对治水的重视。

秦汉时，国家统一，由于秦都城咸阳、西汉都城长安、东汉都城洛阳都位于黄河干流或主要支流渭河附近，治河问题成为中央王朝的大事。随着全国统一，黄河诸侯分治的局面宣告结束，黄河堤防建设成为一大要事，至今民间流传着"秦始皇跑马修金堤"的轶闻。秦朝在中央设有都水监，治水官员设立都水长、丞。西汉中央也设有都水监，治水官员设水衡都尉与左、右都水使者。东汉时设有"司空"一职，不过水利事务由地方政府负责，负责治河工程的官员称河堤谒者，大的河堤修防设有专门的官员，也由地方郡县负责。

魏晋南北朝时期，战火硝烟时时燃起，由于长期战乱频仍，黄河河防年久失修，洪水灾害时有发生。据《晋书》等文献记载，南北朝时期的170年间，有17年黄河下游发生大洪水，平均十年一次，这段时期的水官级别整体不高。曹魏时，中央设有水部，水部设有水衡都尉，官级六品。西晋、南齐、北齐时都设都水台和都水使者，北魏则设水衡都尉，这一阶段水官级别为五品或从五品。

隋唐时期，漕运大兴，但是水官的职务级别仍然较低。隋代中央设都水监，设有正五品的都水使者与从七品的都水丞。唐代中央设立水部，设正五品的水部郎中及正六品的水部员外郎。河道事务上，隋唐设河堤谒者，遇到重大河务工程时，有时皇帝会令州刺史直接负责，并派按察使"总领其事"。五代则多为兼职的河堤使。

宋代官僚体系发达，河官体系也变得更加庞大。宋代的都水监，设正六品的都水使者1人、都水臣2人，还设有监丞、提举等官若干。辽代的都水监官员则称太监、少监、丞。金代都水监设正四品的都水监与从五品的少监。河道事务上，宋代称外都水使者、河堤判官，还有监埽官、堰官等，体系庞杂。金代沿河地方官兼管河务，兼河堤使主管河防诸埽事务，为从七品的都巡河官。

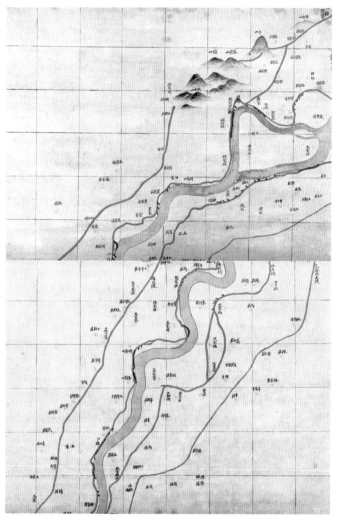

《山东黄河下游之图》节选，清末山东黄河图，不注绘者及绘制时间。
经考证，该图为山东巡抚张曜绘于光绪十五年（公元1889年）。全图
表现黄河自山东历城蒋家庄至渤海黄河毛丝坨新下口沿线河道大势、堤
防工程，以及两岸城镇、村落、山丘等分布情况

从以上情况看出，在封建王朝设置专司治水的河官已成为官制的传统，但由于都水监设在工部之内，其级别都不太高，但其总治黄河的任务，占十之八九。这一时期大量的防洪任务，主要由郡县或州县承担，所以河务官的常设虽然已成传统，但总体来说为郡县或州县下边具体的事务性官吏。河防的任务越来越大，但还没有专门负责河务的机构。治河机构与河官制处于探索阶段。

成形：高官主持治河的开端

　　元代黄河南流，宋金对峙时的河务混乱局面得到了改善。元代江部下设都水监，有监与少监，还有监丞、判官、经历、知事、笔帖式、通事、掌印等一众官员。另设有河道提举司专管治河，这是历史上中央政府正式设立的专门治河机构。元代后期下诏命工部尚书正二品的贾鲁为总治河防使，主持治河，开启了高官主持治河的局面。

贾鲁治河

　　明代在工部设置水部，后称都水清吏司，有郎中、员外郎、主事，职级为五品、六品。明代治河与治运相结合，所以漕运都兼理河道。永乐时工部尚书宋礼治河，朝官主持河务成为常态。成化时王恕总理河道，开启了治河事务专任高官之始。兼职的总理河道中，都察院右副都御史、副都御史为正三品；工部侍郎亦为正三品；佥都御史为正四品。概括明代的总理河道，多为正三品官。担任工部尚书的宋礼、孙慎、朱衡、吴桂芳、杨一魁、张九德、朱光祚，以及兵部尚书凌云翼，均为正二品，反映了明代中央政府对治河保漕的重视。

　　清代的治河机构与河官制度达到了封建时代的顶峰。顺治时，在山东济宁设立了河道总督衙门。康熙时，河道总督衙门驻地在清江浦、济宁两地变动。雍正时，在河南武陟设立副治河总督衙门，负责山东、河南河务。其后，分设江南河道总督（驻淮安府清江浦）、河南山东河道总督（河东河道总督，

明代工部尚书宋礼

于谦

驻济宁），总督下设道、厅、汛、堡等层级。总督为正二品，下属有文、武两套机构。文职负责核算钱粮、采购物料；武职负责防守工程，后设河营，有参将、游击、守备，以及千总、把总、外委等官，文武有连带职责，相互牵制。文职管河道，设道员，以下河厅由同知、通判充任；再下汛、堡由州同、州判、县丞、主簿、巡检充任。武职设参将、游击，河营由守备或协备统领以下又有千总、把总、外委各武官。清咸丰五年（公元 1855 年），黄河铜瓦厢改道后河势发生很大变化。光绪时逐渐裁撤了河道总督，但在地方设立黄河官工局与民工局。宣统间改设河防公所，黄河河防机构逐步向近代化演变。

明清治河机构的强化，与治河保漕密切相关。清代治河官员层级高、体系完整，成为独立完整的治河队伍，甚至带有军事化色彩。明清两代治河与王朝命运连成一体，治河与治国形成有机的统一。

靳辅

林则徐

嬗变：动荡中的迁徙

民国初年河务工作归地方管辖，没有真正意义上的河官。民国18年（1929年），公布了《国民政府黄河水利委员会组织条例》，委任冯玉祥担任委员长，但因经费未着，所以委员会没有成立。以后虽有朱庆澜为委员长之说，但经费依然无着。1933年，黄河水利委员会在南京正式成立，张含英任秘书长、李仪祉任委员长。

黄河水利委员会驻地初定于南京，在西安、开封设办事处。其后还议改设洛阳、西安，1933年11月在开封正式办公。抗战期间，先后迁至洛阳、西安办公。抗战胜利后，回迁开封办公。

黄河水利委员会下设总务、工务两处，工务处有测绘、设计、工程、河防管理、林垦等组，还设河防处。1934年成立导渭工程处，1938年成立防泛新堤监防处，1939年成立整理沙河工程委员会，1940年成立河防特工临时工程处，以后还成立双洎河工程处等。这些机构因事设立，有的成立1～2年就遭裁撤。

黄河水利委员会先后隶属全国经济委员会、水利委员会。1947年改称黄河水利工程局，隶属水利部。除李仪祉外，孔祥榕、王郁骏、张含英、赵守钰先后任委员长，陈泮岭任局长。

民国治河机构设置、官职称谓、事务分类，为新中国治河机构设置与制度、职能的确定提供了借鉴，奠定了基础。

成熟：人民治黄的见证

早在中华人民共和国成立之前的 1946 年，人民治黄的序幕已经拉开，冀鲁豫解放区成立了黄河水利委员会，由王化云担任主任。是时，黄河水利委员会的主要职责是组织勘察堤防、测量河势、调查河床人口、财产，争取善后救济物资，筹划河床居民迁建等。

1949 年，华北、中原、华东三大解放区成立了统一的黄河水利委员会，1950 年将其改为流域机构，明确归属水利部管辖。20 世纪 50 年代，黄河水利委员会内设有办公室、人事处、行政处、保卫处、监察室、工务处、水文处、计划财务处、水土保持处，下设有山东黄河河务局、河南黄河河务局、西北黄河工程局、勘察设计院、水利科学研究所等。

王化云

1989 年，经国务院批准，黄河水利委员会定为副部级机构。其后经过多年发生演变，其所属机构遍布黄河流域 9 省(区)，黄河水利委员会作为水利部派出的流域管理机构，成为全国水利系统历史最悠久、最庞大的队伍。

而今，河官制已经成为守护大河安澜的可靠制度保证，而它漫长的发展史，既见证了旧时明月的起落，也闪耀着先辈奋进的光荣。这是一支生生不息的文化火炬、一支亘古不灭的精神火炬，它将烛照着一代又一代黄河人守拳拳之心，护万古奔流。

第三节

河防要术有岁修

河工修防事宜，首重岁修，次则抢修。

所谓岁修，就是春季枯水期，对险工护滩工程损毁部分或整体进行拆修、整修、排整、补抛根石等，以保持工程完整，发挥抗洪能力。因为每年都进行，故称岁修。

据史料记载，明代两朝对河防之事非常重视，但由于明清两代财力有限，黄河岁修往往落实不到位，导致河患灾害频发。从某种意义上说，"河患"就是"钱患"。

有名无实

明隆庆元年（公元 1567 年），桀骜不驯的黄河再度决口，阻运道，坏漕舟，前后疏治，功效慎微。隆庆四年（公元 1570 年），赋闲在家的河官潘季驯临危受命第二次总理河道，在踏勘河道、疏河筑堤的同时，这位即将迎来天命之年的老者不由得陷入深深的思索之中。考虑到黄河"善淤、善决、善徙"的河性，关键还得靠牢固束水工程，于是对堤防"定立每岁加筑之法"的念头在这个老者心中油然而生。

身为工部尚书的朱衡同样意识到了这个问题，隆庆六年，他发出了"防河如防房，守堤如守边"的感叹，并奏疏黄河落实夫役、驻守和定期管理制度。这一提议虽没有落实，但促成了岁修制度的雏形。

万历十六年（公元 1588 年），经历了三次罢官的潘季驯再次受任于黄河糜烂之时，第四次总理河道。这时的潘季驯已是 70 岁的老人了，但他仍心系黄河，综ής纤悉，束水攻沙、大修河堤的治河策略一点点转化为现实。为巩固治河成果，他明确提出"立法增筑，以固堤防"，规定"将各堤坍塌卑薄者，以原堤丈尺为准，先行加帮取平"，然后"自十八年为始，每岁……加高五寸，不许夹杂浮沙，苟且塞责"。自此，关于岁修的制度设计愈趋成熟。

遗憾的是，虽然潘季驯等诸多河官绞尽脑汁，试图保全治河成果，建立稳定的日常维护制度。但当时，明政府实行"定额财政"，在国家现有的财政支出中再拿出一笔固定支出，并不符合实际，这就导致岁修经费匮乏，加之河官贪污成风，无法每年调集大批人力财力，用以培固堤防、修复工程。这一系列构建黄河日常维护设想，也就化作泡影，万历之后的明廷内忧外患日益严重，便再无暇顾及河防事宜。

因此，明代的岁修制度勉强算是有名无实。

力不从心

步入清代，河政仍然是要政，治河方略上有诸多承续明代之举。

明末清初之际，战事纷杂，黄河下游大溜一分为四，沿岸"官宦夫逃，无人防守"，潘季驯等河官建立的河防体系分崩离析，河防废弛，泛滥成灾。据统计，仅顺治年间，黄河大的决口就有二十次之多，"年年泛决，处处堤溃"。岁修这个加固堤防、防范河患的制度再度被统治者重视起来。

据记载，最早的岁修记录为顺治五年在徐州对长樊大坝进行岁修，而在此之前没有材料可以直接或间接证明当时黄河在进行岁修工程。之后岁修制度成为防治河患的常态，直至清末始终未废。

总览清代治河岁修策略，较之前最大特色是实现了劳动力和物料的商品化，提高了治河效率，减轻了治河工作对普通民众造成的负担，但对白银的依赖导致清代河务异常脆弱，一旦财力紧张，就难以有效组织。

《安澜纪要》——清代江南河道总督徐端编辑的治河专著，其中就有岁修的专门章节《岁修宜早》

链接

岁修记录

《工部尚书兴能为估计徐州、长樊、城堤、小店等4处黄河五年岁修工程钱粮事揭帖》所载，工部尚书兴能等谨揭为估计徐州黄河五年岁修工程钱粮事，都水清吏司案呈奉本部送工科抄出总河部院杨方兴题前事内称，本年正月初五日，据中河分司谷明登、淮徐道张兆熙会详据淮安府分管徐属河务同知杨作栋呈称，蒙司道牌、蒙总河部院宪牌。估计各属河工蒙此遵依备行徐州督同管河判官谷元彦……将长樊大坝逐一减削外，议用厢边埽二层……

此揭帖时间为顺治五年二月二十四日，是目前有证可考的最早的岁修记录。

链接

岁修劳动力来源

顺治五年闰四月，工部尚书兴能为估计宿迁五年岁修工程钱粮事揭贴中所引总河部院杨方兴题："本县黄河南岸自谷堆头起至彭家堡王家庄止，北岸自晏公庙起至古城堰头止修补缺口并帮修补筑堤工，共估用土工银七千陆百玖拾两七钱二分五厘，又董口系重运进口紧要之处，两岸各坝议用埽防护，除筑缺口土工草料，均系浅夫营做、采取，不计钱粮……"

由上可知，顺治五年宿迁岁修中使用的是强征民夫的免费劳动力，而与其相对应的是采取雇用方式"募夫"。

顺治时期百姓饱受战乱，民不聊生，强征民夫对亟待休养生息的百姓来说，无异于雪上加霜。顺治十年（公元 1653 年），原武县（今河南省原阳县）黄河岁修时，就曾出现逃夫、旷夫事件，相关官员因此还受到赔罚河工银的处罚。对于每年都要进行的岁修而言，这种强征民夫的做法无法保证劳动力供给。

但若河防不固，河南东部、安徽北部必定沦为黄泛区，国家漕运也无法实施，确是顺治时期无奈之举。直到康熙十二年（公元 1673 年）三月，清政府再次明发上谕，改签派为雇募，基本完成了修河劳动力雇募的转型。

此外，受限于交通条件，清代河堤修护所用之料物，需提前准备妥当，备于河堤之上，故有"堤工全恃修防，而修防专资物料，是物料为河工第一要务"之说。因此，采办物料就成了黄河岁修的关键任务，而物料采运都需要真金白银，在清朝"量入为出"的财政收支思想和实践下，河工岁修用银也逐渐形成一套定额用银管理制度。这种定额的规定，在遇到河堤规模逐渐扩大、料物价格不断上涨等情况时，往往出现经费短缺，使河务人员无不苦恼。

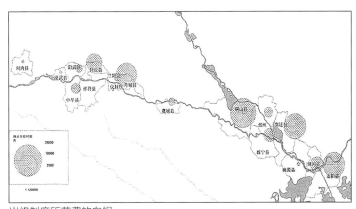

岁修制度所花费的白银

为应对岁修银两入不敷出，清代当权者采用了不同区域地粮内摊征、各级官员养廉银扣抵、发商生息、河工捐等弥补手段。

其中，摊捐官员养廉银成为弥补不足的主要方法。所谓养廉银，为清代特有的官员之薪给制度，本意是想藉由高薪，来培养鼓励官员廉洁习性，并避免贪污事情发生，因此取名为"养廉"。一般来说，养廉银通常为薪水的10倍到100倍。

乾隆五十七年（公元1792年），河南一省岁修经费缺口达白银12.5万两，这个数额已占当时河南一省各级官员养廉银的70%，再加上一些其他杂项公费支出也克扣摊捐养廉银，导致很多官员无银可领，便滋生腐败问题，比如通过虚报工程量保障基本岁修办料经费等。有记载称"工员捏报浮开，官吏勾串司书，通同舞弊"屡禁不绝，严重影响岁修制度执行和效果。这种把河防支出摊派到官员头上的做法，弊大于利，不利长久，严重影响了实际治理效果。

日臻完善

党领导人民治黄以来，黄河保护治理事业欣欣向荣。虽先后经历1958年、1976年、1982年、1996年、2021年等多场洪水，但工程运行稳定，未发生大险情，这与日臻完善的岁修制度密不可分。

首先，财务保障实现了质的飞跃。兵马未动，粮草先行。在岁修经费方面，每年由中央财政拨款水利事业费，并按照计划分期拨付，保证稳定资金供应。1995年11月，财政部颁布实施《中央级防汛岁修经费使用管理办法（暂行）》，对防汛岁修经费的使用管理进行规范。由于正常防汛岁修经费较少，1988年开始，黄委除下达正常防汛岁修经费外，又增加了特大防汛补助费和应急度汛工程费，并逐年有所增加。对工程岁修养护经费的缺口，鼓励支持基层河务部门自行组织义务劳动，并使用经营创收的资金弥补。

其次，养护团队向专业化迈进。岁修养护作为黄河工程管理的重要内容，一直由工程管理专业队伍承担，主要包括堤顶、堤身、险工坝头、辅道整修补残，填垫水沟浪窝、排水设施维护、捕捉害堤动物、标志牌维修养护等。2003—2005年，黄委进行工程管理体制改革，实行管养队伍分离，岁修养护工作改由各单位工程维修养护公司承担。2006年6月15日，工程管理体制改革基本完成，实现了管理单位、维修养护单位和其他企业机构、人员、资产的彻底分离。

水管体制改革后，原来的黄河工程管理单位一分为二，转换为水管单位和水利工程维修养护公司。水管单位是水利工程维修养护的管理单位，养护公司是专门的维修养护单位。水管单位编制维修养护实施方案，养护公司根据实施方案编制具体的维修养护计划，按照计划进行施工，水管单位对维修养护情况进行质量监督检查。

为了更好地明确工作职责，堤防工程管理和维修养护机制体制也在不停地变化着，随着一系列工程管理制度、考核办法的出台实施，工程维修养护越来越规范化。自 2022 年水利部实施水利工程标准化管理评价验收以来，山东黄河河务局已有 9 家单位通过验收，千里堤防成为守护安澜的防洪保障线、抢险交通线和生态景观线。

大河悠悠，绿水迢迢。正是因为岁修制度的更迭延续，大河面貌才焕然一新，海晏河清才逐步照进现实。

病虫害防治

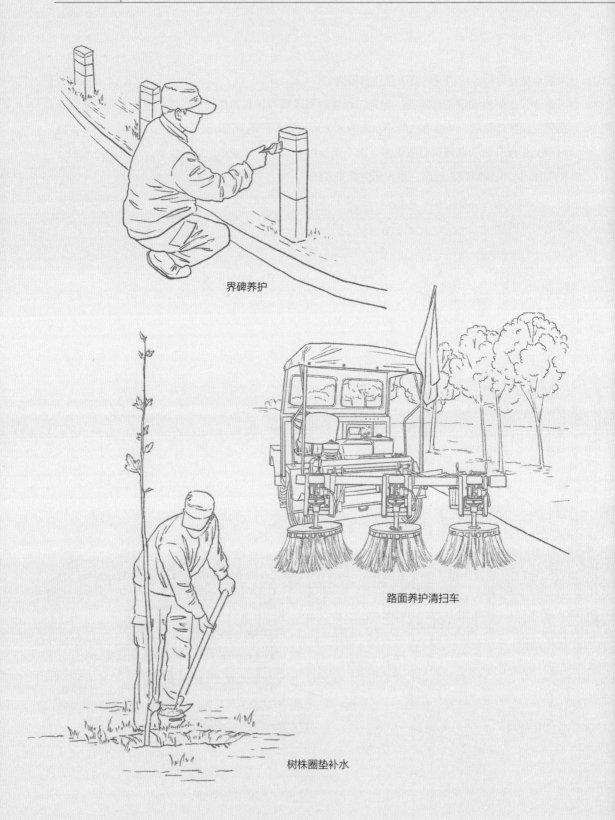

界碑养护

路面养护清扫车

树株圈垫补水

清理堤坡杂草

填垫水沟浪窝

土堤顶刮平

巡堤查险护河安

黄河防汛，重在于防。

作为防汛抢险中侦察"敌情"的关键环节，巡堤查险与防汛抢险一样，都伴随着黄河下游堤防产生。古代黄河堤防多是柳枝、秫秸和泥土建成的埽坝，遇到水位上涨，堤脚傍水，柳枝、秫秸极易腐烂，造成堤防出险、决口。若险情发现及时，可赢得抢险时间，化险为夷；若险情发现较晚，不仅给抢险增加难度，而且可能使小险变成大险，甚至恶化为决口性险情。为守护堤防安全，及早发现险情并将其消灭于萌芽之中，巡堤查险应运而生。

西汉王景治河后，黄河安流 800 多年，直至北宋时期，黄河几乎年年决溢。北宋政府十分重视黄河治理，形成了专业的治河队伍，在中央设立都水监，在地方设立外都水监丞司，与地方官吏共同治理黄河。黄河沿岸设置大量埽所，埽所内配备官吏及埽兵，河堤上还驻扎河清军协助埽所共同治理堤岸，还有大量民夫协助，平时巡查防守河堤，决溢时抢险救灾。

北宋埽兵

到了明代，国家对黄河的治理愈加重视。明成化七年（公元 1471 年），工部侍郎王恕总理河道，这是最早在黄河设立常任总理河道，此后总理河道逐渐成为常设官。此时，原来的埽所发展为"铺"或"堡"。治河专家万恭总理河道时，在徐、邳段，为加强缕堤防守，制定了铺夫制度，每里为三铺，每铺设三夫，除正夫外，各设游夫，五百人为一队，五十人为一伍，有队长、伍长，无事协助正夫修守，有事则沿途巡逻抢险，每年五月十五日上堤，九月十五日下堤。作为万恭的忠实后继者，潘季驯将铺夫制度推行到各处堤防，并改为每三里设一铺，每铺设夫三十名，每夫守堤十八丈。针对巡查防守，潘季驯还制定了"四防二守"制度，加密对黄河的监测巡查。

铺夫制度

链接

"四防二守"制度

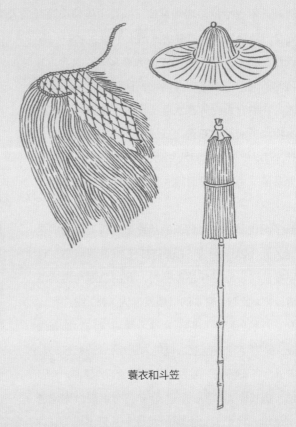

蓑衣和斗笠

"四防"即昼防、夜防、风防、雨防，"二守"即官守和民守。伏秋防汛，昼防工作量最大，既要防守险工，又要修补堤防，还要积土备料。夜防即夜间巡堤，必须做到堤岸人流不断，各铺信息传递及时。风防是指水发之时多有大风猛浪堤岸难免撞损，此时捆扎龙尾小埽，将埽用绳橛悬系附堤水面，随风浪起落，足以护卫。雨防是指每遇到骤雨淋漓，各夫穿戴斗笠、蓑衣，时时巡视乃无疏虞，无顷刻懈弛。其中风防尤宜慎重，除下埽护岸外，还须派丁夫于堤外帮工。

黄河盛涨时，管河官一人不能周巡两岸，须添委一协守职官，分岸巡督。每堤三里原设铺一座，每座铺夫三十名，计每夫分守堤一十八丈，宜责每夫二名，共一段。管河官的主要任务是"日则督夫修铺，夜则稽查更牌，并协守职官，时常催督巡视"，是为官守。

每铺三里，虽已派夫三十名，足以修守，并有管河官督察。倘若一遇汛期，恐各夫调用无常，于是从"附近临堤乡村，每铺各添派乡夫十名，水发上堤，与同铺夫并力协守，水落即省放回家"，一方面不妨碍农业，另一方面可以保护堤岸，而附堤之民可以藉此保护田庐，是为民守。

清代治河多沿承明制，为加强黄河治理，在治河最高长官河道总督下并设文、武两套治河机构，河防营常年驻工防守。河营兵分为河兵和堡夫两个门类，河兵属武，堡夫属文，两者分工明确。河兵"重在下埽签椿，下埽则临深渊，有蹈险之患也。签椿则上踏云梯，有履危之尤也"。而堡夫"不过巡堤看柳、捕鼠送文、抬积土方、调拨力作，乃平地往来而已"。

民国 22 年（1933 年），黄河迎来新的治理机构——黄河水利委员会。但受抗日战争影响，黄河治理与防汛抢险受到重创，尤其是 1938 年国民党扒开花园口黄河大堤阻滞日军前进，造成黄河南流 9 年，黄泛区人民生活在水深火热之中。

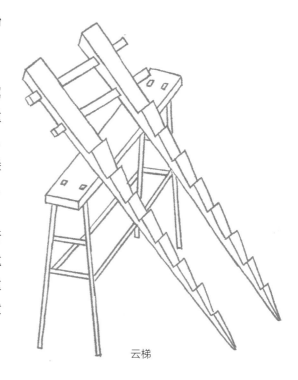

云梯

链接

河兵

"天下之劳苦者莫如兵，而河兵为尤甚。""兵可百年不用，河兵则终岁勤劳，殆无虚日。临大汛如临劲敌，守长堤如守危城，及至三汛安澜后，又有额柳积土，按日计工，则河兵固无日不用者也。"由此可以看出河兵任务繁重，大汛时节苦不堪言，平时也难得清闲。河兵必不可少的两项工作就是植柳和积土，这两项工作都有详细的定额，完不成就要受处罚。如各处河营每兵每年种柳一百株，必加意培养成活；桃伏秋汛例不积土，其十个月在坝各堡积土，每名每日应积土二分五厘，以十分计土一方，以十二分堆成土牛一座。

抗日战争胜利后，反蒋治黄斗争高潮迭起。解放区沿黄群众栉风沐雨，献砖献石，靠着肩扛手抬，硬是在黄河归故之前修复了千疮百孔的堤防险工。抢修完成的大堤下面埋有许多洞穴、地堡等，遇到洪水极易出险，加之国民党飞机整日狂轰乱炸，守护堤防安全任务举步维艰。中国共产党领导沿黄军民，一边进行军事斗争，一边加强巡查防守，成功战胜了黄河归故后的 3 次大汛，确保了黄河防洪安全。济阳黄河工程队队员戴令德就是巡堤查险保卫黄河安澜的杰出代表。

戴令德——黄河上的"黄继光"

中华人民共和国成立后，党和国家高度重视黄河治理开发与防洪工作，建成了"上拦下排，两岸分滞"的防洪工程体系，防洪非工程措施也日趋完善。黄河水利委员会和山东黄河河务局也结合工作实际制定了一系列防汛规章制度，对防汛工作加以规范，特别是《山东省黄河防汛巡查防守办法》《山东黄河防汛班坝责任制管理办法》，对巡查方法、巡查制度、巡查频次等作出了明确规定，让"五时五到""三清三快"成为巡查防守的必备锦囊。

链接

戴令德舍身堵漏洞

1949 年 9 月 16 日夜，大雨滂沱。19 岁的戴令德提着一盏马灯冲入雨帘，在济阳沟杨险工段大堤上走走停停，细细查看，巡查堤防，不放过任何一处可能存在的危险。

冒雨巡查了大半夜，17 日 1 时许，戴令德打算返回舒家村临时住处与同事换班。当他走到舒家村村口附近的平工段时，哗哗的流水声突然传入耳畔。循声而去，原来是背河堤身有一个洞眼，正涌出浑水。戴令德条件反射式的一边呼喊"援兵"，一边赶赴临河寻找洞口位置。漏洞很快就找到了，吸力极大，溃堤险情一触即发。

1950 年 3 月 20 日，《大众日报》刊登的关于特等功臣戴令德的报道

河水刺骨，戴令德却顾不上这些。他麻利地将披在身上的油布团成一团塞进洞口，但水流太大，油布瞬间便被吸走了。他又将身上的新夹袄、夹裤往里塞，依旧无济于事。危急关头，戴令德索性用身体挡住洞口，两手使劲地把住洞口两侧，只留脑袋露出水面呼吸。冒着随时可能被激流吞没的危险，戴令德硬是坚持到抢险人员将其从不断扩大的漏洞上救出来。随后，经过 3 个小时奋力抢护，险情终于化险为夷，为新中国的诞生送上了安澜大礼。

为嘉其勇毅，同年汛后，山东省黄河防汛总指挥部授予戴令德"治黄特等功臣"荣誉奖章。

戴令德

"治黄特等功臣"戴令德的奖状

　　黄河流域生态保护和高质量发展上升为重大国家战略以来，山东黄河河务局智慧黄河建设步伐加速，黄河保护治理现代化迈上了日新月异的新征程。依托视频监控、无人机、远程会商系统"三个全覆盖"，"视频监控＋无人机＋人工"综合立体巡查模式已然成型，"人防＋技防"的通力协作有效改变了传统徒步巡查、肉眼观测方式，为巡查防守增添了"智能羽翼"，大大提升了防洪抢险的前置性、预见性、准确性、全面性，为确保黄河安全度汛提供了更加坚实有力的保障。

无人机巡查

链接

不同流量下巡查频次

　　当花园口站流量小于 2000 立方米每秒时，靠水险工、控导、顺堤行洪防护工程和有防守任务的水闸每天巡查 1 次；当花园口站流量大于 2000 立方米每秒小于 4000 立方米每秒时，靠水险工、控导、顺堤行洪防护工程和有防守任务的水闸每天早晚各巡查 1 次；当花园口站流量达到 4000 立方米每秒时，各单位要根据水情和各自河段实际情况加密巡查次数。对于不靠水险工、控导、顺堤行洪防护工程汛期每周至少巡查 1 次。

　　对于大溜顶冲的坝垛、新修工程、工程基础较差或存在安全隐患、可能出现险情的工程，或发生强降雨、地震、雷击、河道污染等特殊情况时，应适当加密巡查次数，特殊情况下可实行 24 小时不间断巡查防守。

链接

查险报险"五时五到""三清三快"

"五时"即黎明时，此时人最疲乏；吃饭及换班时，此时巡查容易间断；黑夜时，此时看不清、容易忽视；刮风下雨时，此时最容易出险，且出险不容易判断；落水时，此时人的思想最易松劲麻痹。

"五到"即眼到，看清堤面、堤脚有无险情；手到，用手检查抢护的工程桩绳是否松动，随时用摸水杆探摸、检查，感觉有无变化；耳到，听水流声音有无异常，坝岸有无坍塌声音；脚到，用脚试探水温及土壤松软情况；工具料物随人到，应随身携带查险需要的工具料物。

"三清"即出现险情原因要查清，报告险情要说清，报警信号和规定要记清。

"三快"即发现险情要快，报告险情要快，抢护险情要快。

根石探摸

国脉千秋在，大河万古流。如今，乘着黄河重大国家战略的东风，山东黄河治理体系和治理能力现代化提升已步入突破期，在信息科技加持下，巡查防守的脚步更加坚实有力，一条安澜之河正踏着时代化现代化的节拍阔步走来。

第五节

智绘黄河优保障

测绘是统帅的眼睛。

黄河流域测绘事业不仅要擘画黄河，还要解决河源真相，更是黄河保护治理的前提性条件。从《尚书·禹贡》第一次将黄河在古代中国版图上进行定位，到探索发现黄河河源，再到 BIM 技术在治河业务中的广泛应用，黄河流域测绘事业经历了漫长而渐进的发展历程。

溯源

关于测绘的最早记录见于大禹治水时期。

《史记·夏本纪》记载，禹"左准绳，右规矩，载四时以开九州，通九道，陂九泽，度九山"。"准绳"和"规矩"就是大禹用来测绘山川河流的工具，有了"规矩"才得以"望山川之形"，有了"准绳"方能"定高下之势"。正是因为对山川河流的地势变化、水位高下有了定量描述，有序疏导水流才成为可能。

《淮南子·地形篇》也曾描述了禹测量大地的事例："禹乃使太章步自东极至于西极，二亿三万三千五百里七十五步；使竖亥步自北极至于南极，二亿三万三千五百里七十五步。凡鸿水渊薮自三百仞以上，二亿三万三千五百五十里有九渊。"由此可见，大禹治水十分注重地形观测，甚至精确测量了所有河湖水泊的水深，并对湖泊总数进行统计。

战国时期，诸侯争霸，地图成为南征北战的重要辅助资料，这一时期成书的《尚书·禹贡》第一次将黄河在古代中国版图上进行定位，认为其"导河积石，至于龙门，南至于华阴，东至于砥柱，又东至于孟津，东过洛汭，至于大伾；北过降水，至于大陆；又北播为九河，同为逆

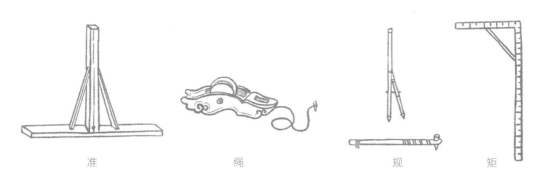

准　　　　　　绳　　　　　　规　　　　矩

准绳和规矩

河入于海"。秦统一六国后，尽收六国地图。魏晋时期裴秀编绘《禹贡地域图》，并在序言中阐述"制图六体"，为中国古代制图技术奠定了科学基础。

唐代研制出木质水平仪，用以测量高低，明末黄河修防时仍在采用。中唐时期还出现了第一部以黄河命名的著作——《吐蕃黄河录》，其作者贾耽绘制的《海内华夷图》一直流传到宋代。宋代采用开掘筒井测量地形的方法，用以比较黄河北流与东流的地势。元代都实绘有一幅最早的河源图，他曾到达星宿海考察黄河源头。这一时期问世的《治河图略》，以图集的形式，标明了历代黄河流路。明代潘季驯著《河防一览》，绘制黄河图64幅。

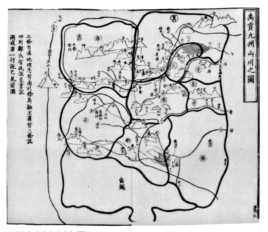

禹贡九州山川之图

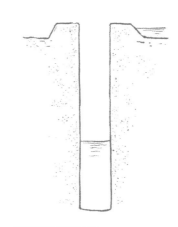

开掘筒井测量地形

链接

《治河图略》

《治河图略》作者王喜，成书于元至正年间（公元1341—1367年），是我国现存的第一部治河工程图说。书的前半部分为禹河之图、汉河之图、宋河之图、今（元代）河之图、治河之图及河源之图，图后附图说进行说明；后半部分为治河方略与历代治河总论，是研究元代认识黄河、治理黄河的重要史料。

—————— 链接 ——————

分层筑堰法

宋熙宁五年（公元 1072 年），沈括奉命主持汴渠水利建设。为了提高治理效率，他采用分层筑堰法，测得汴河下游从开封和泗州之间地势高度相差十九丈四尺八寸六分，为大规模疏浚汴渠提供了极其有价值的数据材料。而这种地形测量法，是把汴渠分成许多段，分层筑成台阶形的堤堰，引水灌注入内，然后逐级测量各段水面，累计各段方面的差，总和就是开封和泗州之间"地势高下之实"。仅四五年时间里，就取得引水淤田一万七千多顷的成绩。

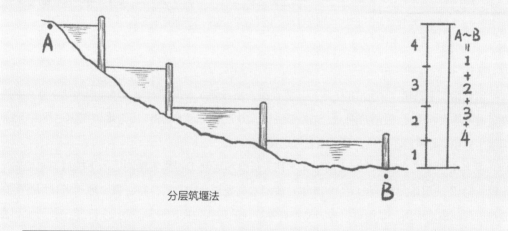

分层筑堰法

清代极为重视江河治理，传教士的东来、人才的培养和测绘队伍的建立，推动了清代测绘技术的进一步腾飞，实现了"遍览山水城廓，用西学量法，绘画地图"。在清代画图中有许多的江河图、河工图，为江河治理奠定了良好的技术支撑。为了根治水患，清康熙四十三年（公元 1704 年）皇帝特派侍卫拉锡率员前往青海，寻找河源，由此产生清代第一幅河源图——《星宿海河源图》。

康熙皇帝还采用西方测绘科学，采用天文观测和星象三角测量方法相结合的方式测定地面经纬度，通过北京钦天观象台的子午线作为起始点，经过十年（公元 1707—1716 年）的时间，测量和推算出经纬度点 641 点，其中黄河流域 90 多点。在实地测绘的基础上，以四十万分之一的比例，采用梯形投影法绘制成《康熙皇舆全览图》。杨守敬以此图为基础编制《历代舆地沿革险要图》《水经注图》，为研究黄河变迁提供了参考资料。

测绘技术：《中国测绘教育史》上载
练兵处成立后的测绘教育管理体系

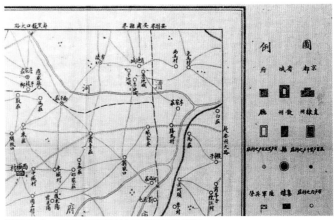

测绘技术：北洋陆军测绘的保定附近地形图

清光绪二十三年（公元 1897 年），袁世凯为培养测绘参谋在天津创建北洋测绘学堂，共举办了两期测绘训练班。民国初期，北洋政府颁布1:10万图勘测规划和1:5万地形图迅速测量计划，但因坐标和高程系统不统一，测图质量未达预期。

顺直水利委员会及其改组后的华北水利委员会和运河工程局曾施测黄河下游河道和堤岸，但时行时辍。民国 22 年（公元 1933 年）黄河水利委员会成立后，直、鲁、豫三省黄河河务局施测黄河河道地形图，是治黄机构施测带有等高线的现代地图的开端。至 1948 年，黄河水利委员会共完成黄河下游河道、徒骇河、宁蒙灌区和黄泛区 1:1 万地形图 4.4 万平方公里。

新路

中华人民共和国成立后，我国测绘事业进入崭新时期。从传统测绘到数字测绘，再到信息化测绘，测绘技术于渐进中蓬勃发展。

传统测绘是利用模拟方法测定和推算地面及其外层空间点的几何位置，确定地球形状和地球重力场，获取地球表面自然形态和人工设施的几何分布以及与其属性有关的信息，编制全球或局部地区的各种比例尺的普通地图和专题地图，为国民经济发展和国防建设以及地学研究服务。

数字化测绘是将来源于星载、空载和船载的传感器以及地面各种测量仪器所获取的地理空间数据，通过信息技术和数字化方法，利用计算机硬件和软件对这些地理空间数据进行测量、处理、分析、管理、显示和利用。

信息化测绘是在完全网络运行环境下，利用数字化测绘技术为经济社会实时有效地提供地理空间信息综合服务的一种新的测绘方式和功能形态。

在此发展框架和背景下，山东黄河测绘技术也经历了由游标经纬仪、活镜水准仪到无人机倾斜摄影测量及激光雷达点云技术的迭代，而制图技术则是由手绘图纸发展到计算机制图。

20 世纪 40 年代，山东黄河测量队成立之初，拥有的仪器设备极为简陋，各项技术规范也极度匮乏，测量技术水平较低。地形测绘视距读数甚至采用估读办法，1:10000 测图距离远达 1.5 公里以上，展绘地形点所用半圆仪最大者直径也不过 10 厘米，再用圆心穿孔钉法固定于测站，并将比例尺绘于长纸条，同时固定于测站，转来扯去，难以进行精确展绘。基于当时的测绘仪器和测绘手段，只能采用平板仪测绘。

链接

人民治黄的第一支测量队

1946 年 2 月，人民治黄事业从菏泽鄄城艰难起步。如何组建一支懂技术、会测量的专业测量队，为治河修堤提供第一手资料，成为摆在冀鲁豫区黄河水利委员会面前的一大难题。

一天，时任主任王化云在翻阅冀鲁豫区干部名单时，发现单县湖西烈士陵园工程处的马静庭居然是清华大学土木工程专业毕业的高材生，立马把他调到冀鲁豫区黄河水利委员会担任工程处技正。不久，同是土木工程专业出身的大学生曲万里也被招揽到冀鲁豫区黄河水利委员会麾下，担任工程处处长。两位技术人才因治河不期而遇，迅速成为人民治黄初期修堤筑坝、堤线测量的骨干。

1946 年春末夏初，冀鲁豫边区第一、二中学的朱修来、许兆瞻、郭国才等十名学生来到鄄城临濮集加入治黄队伍，组成了第一支测量队的新生力量。在曲万里和马静庭指导下，人民治黄的第一支测量队就此诞生，并开启了头顶硝烟、脚踏炮火、四处奔波的创业之旅，逐渐挑起黄河测量工作的大梁。

到 1949 年，山东黄河测量队已有队员 60 人，队伍逐渐发展壮大。1980 年以后测量队划归山东黄河规划设计室（山东黄河勘测设计研究院）领导。2019 年，测量队正式更名为测绘信息中心。

1976 年之后，测量队迈入了稳步发展轨道，设备仪器不断完善，日常管理也日益规范。增加了 T3 经纬仪、NI002 水准仪、台式专用电算机、EL-5100 电算器、TI-95 电算器、激光水准仪等，于 1988 年引进当时较为先进的徕卡 TC1600 全站仪，是山东省首家引进全站仪的单位，实现了角度距离同时测量计算、自动存储，开启了测绘新局面。

2001 年，测量队引进南方双频 GPS 接收机，采用卫星静态测量代替导线测量，解决了控制网测量精度低、耗时长的问题。2008 年，测量队又引进了 DNA03 电子水准仪和条码因瓦水准尺（铟钢尺），代替光学水准仪进行高精度水准测量，省去了报数、听记、现场计算的时间，避免了人为出错导致的重复测量，后应用于山东黄河水闸日常监测，实现了沉降观测数据的自动化记录，降低了劳动强度，提高了工作效率。

随着市场变化及技术发展，以水准仪、全站仪、GNSS 接收机为主的传统测绘技术越来越难以满足高效生产需求，更为先进的无人机倾斜摄影测量及激光雷达点云技术渐次引入。

无人机倾斜摄影测量系统由无人机、专业航摄镜头和内业处理软件构成。外业主要是无人机按照一定的轨迹在空中飞行，并使用搭载的镜头对地表多角度拍摄进行数据采集，在拍摄的同时记录下每张像片正中心的地理坐标及照片姿态。内业主要是依照每张像片记录下的坐标及姿态，将航测像片导入处理软件进行空三加密数据解算，生成具有精准地理信息坐标的实景模型，并可提供多种形式的地理空间数据成果。

激光雷达技术是利用机载激光雷达向地面发射激光信号，然后收集地面反射的激光信号，从而计算出点的准确空间信息的技术，其技术产品为点云，具有分辨率高、响应速度快、穿透力强等特点。通过对激光雷达点云进行筛选、过滤，可以获取密集植被下的地面坐标，辅助立体测图工作。

无人机倾斜摄影测量技术及激光雷达点云技术的应用，能生产 DEM、DOM、DSM、DLG、三维实景模型等数字化测绘产品，初步构建了适合山东黄河的立体测图体系，转变了作业方式，实现了从二维到三维的变革。

测绘技术在变，制图方式也在变。

早期工程图是手绘图纸，堪称"绘图、描图和晒图"三部曲。绘图是工作人员用铅笔根据图形特点在比例纸上亲手绘制，其中粗线条多用偏软的 2B 铅笔，细线条用偏硬的 H 铅笔，粗细居中的线条则用 HB 铅笔。描图是在原图绘制结束后，由专人"临摹"，相当于手工"复制"。晒图是把手工描好的透明图纸放入晒图机的滚筒里，利用机器对图纸内容进行复制。滚筒内放置专用硫酸透明纸，机器启动后，硫酸透明纸上的氨水见光后发生反应，出来的图就成了蓝色。这种蓝色的图，就是我们常说的"蓝图"的原型。

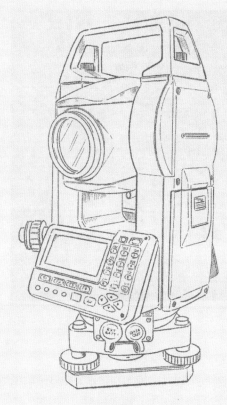

SET500 全站仪

EL500 电算器

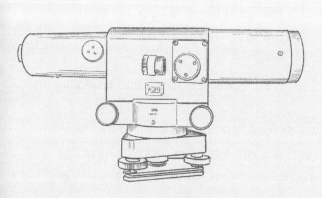

N1004 水准仪

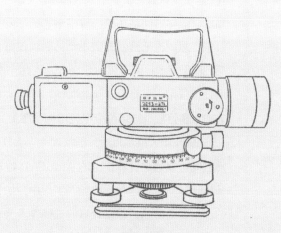

激光水准仪

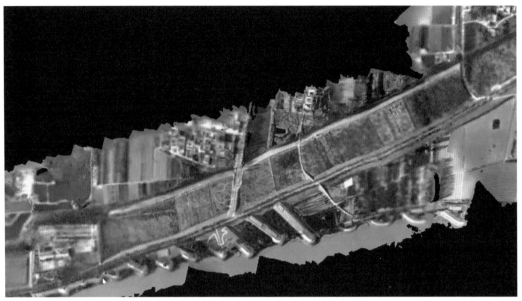

无人机倾斜摄影

　　山东黄河从手绘制图到计算机制图的转折点是鹊山水库的设计。该工程是世界银行贷款项目，也是山东黄河勘测设计研究院有限公司建院以来承担的规模最大、难度最高、"三新"技术应用最多的一个综合性水利枢纽工程，也是首座承担城市用水供应和保泉功能的大型水库设计。由于工程设计需要附大量图纸，而世界银行不接受手绘图纸，项目人员想了一个折中的办法，描绘时竭尽所能地达到比肩电脑制图的效果，文字说明及数字符号则用"植字机"模拟计算机打字，然后再把植好的字逐个粘贴到图纸上。由于工期紧张，而这种方式非常耗时耗力，一旦遇到图纸修改，其难度可想而知。为此，设计院外派一批骨干学习计算机 CAD 制图技术，然后通过传帮带，用将近 2 年的时间在院内实现了全面普及。山东黄河勘测设计研究院有限公司在省内水利行业设计单位中率先甩掉了图板。

　　1998 年大洪水以后，国家加大了大江大河治理力度，黄河防洪工程建设任务加重。当时虽然已经可以通过计算机上的 AutoCAD 进行工程设计与制图，但工程线仍需人通过鼠标一条一条地绘制，特别是在堤防加固工程中，如果断面截取的多，需要诸多重复劳动；如果断面截取的少，则会影响工程量计算的准确性。为了解决这一问题，山东黄河勘测设计研究院有限公司着手对 AutoCAD 进行二次开发，经过数月演练与探索，终于开发出了"断面 CAD"，成功实现了堤防、河道、沟渠、路基纵横断面批量出图和工程量计算，再一次大幅提升了工作效率，缩短了防洪工程设计周期。

时代大潮浩浩汤汤，技术迭代奔涌向前。在传统的二维设计之外，涵盖建筑学、工程学及土木工程的新工具——BIM 的出现，再次引起了山东黄河勘测设计研究院有限公司的关注。因为采用 AutoCAD 制图，一座混凝土结构的水闸改建配筋施工图，一个部门需要做 1 个多月，而如果采用 BIM 设计，7 个人一周就可以完成。2015 年，山东黄河勘测设计研究院有限公司下大决心投入人力物力，利用欧特克平台进行 BIM 应用学习。2020 年，又集中引进 BIM、midas GTS 三维有限元、三维配筋等软件平台，并于当年 8 月正式组建数字化室，开展三维正向设计。

功夫不负有心人。由山东黄河勘测设计研究院有限公司主持设计的"黄河打渔张引黄闸改建设计"项目分别荣获了 2021 年"智水杯"全国水工程 BIM 应用大赛勘测设计类银奖和第十二届"创新杯"建筑信息模型（BIM）应用大赛水利电力类三等奖。在黄河下游引黄涵闸改建工程（山东段）设计中，BIM 技术再次得到深度应用，工作效率和出图质量大幅提高，为保障工程顺利开工奠定了坚实基础。2022 年 10 月，山东黄河勘测设计研究院有限公司作为理事单位联合水资源高效利用与工程安全国家工程研究中心、国内高校、科研院所等多家单位共同组建成立了水利数字孪生技术创新联盟，深耕数字孪生技术，推动 BIM 在水利全生命周期的应用。

智绘长河，数字护水。乘着科技赋能的新风，黄河测绘事业正迈向一个个飞速发展之春。

第六节

千里传音话通信

一部治河史，就是一部治国史。从面对滔滔洪水的"无治"，到束水归槽的"能治"，再到兴水惠民的"善治"，黄河治理之路从来不乏荆棘坎坷，也不乏克难制胜的烛光星火。

和现代治河大同小异，古人也一直秉持"时间就是生命"的信条。为跑赢与洪水的博弈，免受水灾之患，汛情奏报这种古老的通信方式应运而生。从飞马传报到有线电报，从长途电话到数字微波，黄河通信方式的变迁见证着黄河的过去，也见证着黄河的未来。

于战风斗雨中勃然兴起

水利失修，河患日棘，是汛情奏报制度的起源。

战国时期，水患频仍，汛情奏报顺势而生，秦律明确规定各县必须及时上报本地水情和雨量。东汉时，从立春便开始报汛，"自立春至夏尽立秋，郡国上雨泽"。北宋时，报汛制度初步建立，命令黄河、汴河沿岸的官员必须随时上报所在河流的水位涨落情况，并要求这些官员兼任本地河堤使。金代则以法令的形式将每年的五至七月底规定为大江大河的"涨水"期，在此期间，沿河各州县的官员必须严加防守，并随时上报水情与险情。

明万历年间，河官万恭总理河道。治河经验丰富的他创造性地建立了飞马报汛制度，标志着黄河报汛实现制度化。《治水筌蹄》记载："黄河盛发，照飞报边情摆设塘马。上自潼关，下至宿迁，每三十里为一节，一日夜驰五百里，其行速于水汛。凡患害急缓，堤防善败，声息消长，总督者必先知之，而后血脉贯通，可从而理也。"

飞马报汛时称"六百里飞马"，仅次于报告军情的"八百里加急"。当黄河上游地区发生强降雨过程导致河水陡涨时，封疆大吏将水警书于黄绢遣人急送下游，快马迅驰，通知下游加固堤防、疏散人口。此种报汛制度属于接力式，站站相传，沿河县份皆备良马，常备视力佳者登高观测，一俟水报马到，即通知马夫接应，有时一昼夜迅奔五百里，比洪水还要快。为了保障飞马报汛速度，当时朝廷还特别规定，传水报的马在危急时踩死人可以不用偿命，因此，一见背黄包、插红旗跨马疾驰者，大家都会自觉避让。

飞马报汛制度最初仅限于潼关至宿迁河段，对黄河上游及宿迁以下河段的河防问题，并未引起足够重视，至清代方向上下游延伸。

清代，将黄河上游水情测报点设在宁夏碛口（今青铜峡水文站附近），它与徐城志桩、万锦滩志桩（今陕县水文站附近）构成了黄河上下游的三个基本测报点。水志桩是"用木削作方形，四面高下不等，每隔一尺刻作横纹十道，间道涂以红黑色，每一道为一寸，长短式样不一，有四丈五尺、三丈五尺、一丈五尺至数尺不等。出水者刻作横纹，以验水之涨落，曰旱桩，入

飞马报汛

水者不刻横纹点。"水志桩共有 10 字，每字一尺，平时志离水面尚有一丈。报汛报涨不报落，刻迹以下是正常流量，不属于报汛范围，当水位进入志桩刻迹后，即填写报单飞报下游，每年报汛时间为农历六月一日至九月一日。

康熙四十八年（公元 1709 年）谕令户部尚书张鹏翮："尔可宣旨赵世显，令行文川陕总督、甘肃巡抚，倘遇大水之年，黄河水涨，即著星速报知总河，预为修防始保全也。"此后，宁夏向下游飞报汛情作为一项制度，一直坚持到清末。

除飞马报汛制度外，历史上还有一种触目惊心的报汛方法，即堪称惨烈的羊报制度。

"羊报者，黄河报汛水卒也。河在皋兰城西，有铁索船桥横亘两岸，立铁柱刻痕尺寸以测水，河水高铁痕一寸，则中州水高一丈。例用羊报先传警汛，其法以大羊空其腹密缝之，浸以糅油，令水不透。选卒勇壮者缚羊背，食不饥丸，腰系水签数十，至河南境，缘溜掷之。流如飞，瞬息千里，河卒操急舟于大溜候之，拾签知水尺寸，得豫备抢护。至江南，营弁以舟飞邀报卒登岸，解其缚，人尚无恙，赏白金五十两，酒食无算。令乘车从容归，三月始达。"

清代在黄河上游甘肃皋兰县城西，设有水位观测标志，即将刻有历史洪水水位刻痕的铁柱立在水流中，如果水位超刻痕一寸，预示下游某段水位起码水涨一丈。当测得险情时，羊报迅速带着干粮和水签（警汛），坐上羊舟用绳索把自己固定好，随流漂下，沿水路每隔一段就投

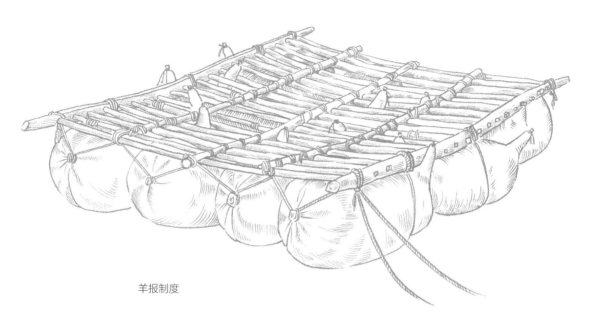

羊报制度

掷水签通知。下游各段的防汛守卒于缓流处接应，根据水签提供的水险程度，迅速做好抗洪抢险救灾各项准备。其中，羊舟由大羊剖腹剜去内脏，晒干缝合，浸以青麻油，使之密不透水，充气后可浮水面不下沉，颇似皮筏。由于羊报乘坐羊舟执行任务，沿途颠簸不堪，等到任务执行完毕，饿死、撞死或溺死者常有发生，幸存者可谓九死一生，极其凶险。乾隆年间，诗人张九钺曾赋诗《羊报行》，歌颂黄河报汛水卒视死如归、搏击黄汤的英雄气概。

黄河汛情，除了奏报上级和朝廷，还要立即互相通报，以便救应和防护，防汛报警制度由此兴起。《修守事宜》中的如下记录，就是防汛报警的最佳佐证。"各铺相离颇远，倘一铺有警，别铺不闻，有失救护。须令堤老每铺树立旗杆一根，黄旗一面，上书某字某铺三字，灯笼一个。昼则悬旗，夜则挂灯，以便瞻望。仍置铜锣一面，以便转报。各铺夫老并立齐赴有警处所，即时救护。首尾相顾，通力合作，庶保万全。"

羊皮筏与黄河渡工

链接 ———

《羊报行》

报卒骑羊如骑龙，黄河万里驱长风。

雷霆两耳雪一线，撇眼直到扶桑东。

鳌牙喷血蛟目红，攫之不敢疑仙童。

须郎出没奋头角，迅疾岂数明驼雄。

河兵西望操飞舵，羊报无声半空堕。

水签落手不知惊，一点掣天苍鹘过。

紧工急扫防尺寸，荥阳顷刻江南近。

卒兮下羊气犹腾，遍身无一泥沙印。

辕门黄金大如斗，刀割羓肩觥沃酒。

回头笑指河伯迟，涛头方绕三门吼。

于动荡时代中曲折前进

斗转星移，19世纪中叶，闭关锁国的清政府开始睁眼看世界，西方电报技术传入中国，黄河通信报汛逐渐发展起来，飞马报汛、羊报等制度陆续退出治黄舞台，成为黄河治理历程中的永恒记忆。

清光绪十三年（公元1887年）十一月，经直隶总督李鸿章奏请，清政府架通了山东济宁（河东河道总督衙门所在地）至河南开封（河南巡抚衙门所在地）的电报线路，是为黄河通信技术的端倪，标志着治黄通信发展与世界通信发展处于同一个起点、同一个位置。光绪二十八年（公元1902年）八月，时任山东巡抚周馥奏请在山东黄河架设专用电线获批。至光绪二十九年（公元1903年）历时一年有余，山东黄河沿河两岸架设电线800里，南岸自济南下至利津彩庄，北岸自齐河下至利津盐窝。选要设立电报局，委派电报学堂的学生管理。山东黄河第一条电报线路由此问世，一有险情、闻信而至。到光绪三十四年（公元1908年），基本形成了以济南为管电局，沿河两岸下设曹州、贾庄、巨野等16处管电分局的通信管理体系。

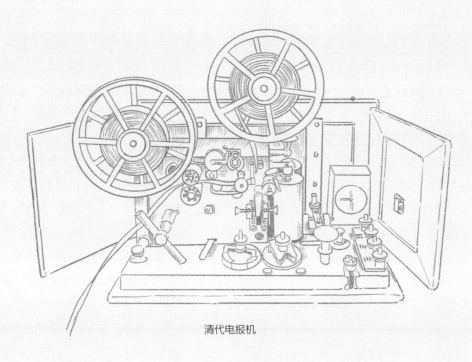

清代电报机

管电分局的通信管理体系

民国初年，国民政府将管电局改为河工公电局，管理电话、电报业务，下设公电分局。因清光绪年间架设的通信线路，系杂木杆、单线条，通信质量差，民国时期对其实施了多次改造和修缮，至民国23年（1934年），山东全河线路得以修复，台子、台子李、道旭、王旺庄、王枣家、清河镇、赵家坝、菜园等地均恢复通话，道旭架设木杆过河飞线，并借用山东省建设厅长途电话处过河水线11对。

抗日战争爆发后，济南沦陷，民国27年（1938年）日伪成立山东河务工赈委员会，河工公电局改为电务科，下设工电所，每营（段）、分段设有通信电话单机。由于帝国主义的欺辱与掠夺，加之国民党反动派的破坏，使得本就十分脆弱的通信网络更加支离破碎。同年汛期，国民党政府扒开花园口，黄河改道入淮，山东河竭九年，治黄机构撤销，电话通信设施破坏殆尽。

抗日战争胜利后，国民党故伎重施，妄图引黄归故，水淹解放区。迎着战火和洪水的双重压力，中国共产党领导人民拉开了"一手拿枪，一手拿锹"治理黄河的序幕。通信作为黄河防汛的"耳目"，成为治黄工作的当务之急。1946年，渤海区行署为便于治黄领导，决定在黄河北岸架设长途电话线路，由北镇直通利津、滨县、惠民、杨忠、济阳等县治河办事处。由于解放区通信材料极端缺乏，只得在群众中动员征集铁、铜线和木杆，因征集的线条精细规格不一，电杆有高有矮，因而通信音质差，音量小，通话较为困难。

于百废待兴中走向新生

中华人民共和国成立后，治黄通信先后经历了中华人民共和国成立初期长期而艰难的起步阶段、20世纪80年代快速成长阶段、90年代后的超常规发展和当下信息时代的融合发展、业务扩展阶段，成功实现了由传统电报、电话到通信与信息业务并存的蜕变，加速了治黄事业现代化进程。

从1951年架设河南开封至济南（汴济）、洛口至北镇（洛北）两条干线315杆公里，到1963年改建汴济干线、1965年改建洛北干线，治黄通信发展渐入正轨。1985年，山东黄河通信线路以济南为中心，已有1617杆公里，合7922.51对公里干支线路。至此，山东黄河河务局至各修防处、段以及沿黄各县政府的有线通信线路初步建成。

1989年，黄委确定以数字微波通信为专网干线电路的传输通道。1994年，山东黄河第一条微波干线——郑州至济南数字微波干线正式交付使用，结束了黄委与山东黄河河务局30多年利用架空明线通信的历史，山东黄河河务局与菏泽、聊城、德州黄河河务局、东平湖黄河管理局及沿线部分县（市）河务局长途通信保障能力大大增强。

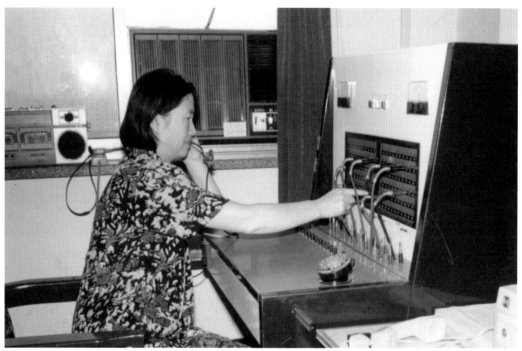

话务员值班

1979 年安装了"长江－301"型接力机，组成了北镇至利津、北镇至垦利、垦利至西河口水文站无线专向报汛网，有效通信仅 30 公里。1985 年 10 月，东营修防处装备了 4 端 e450mc 双工无线电话机，作为紧急备用。图为持无线电话机的防汛值班人员

通信站职工在检修通信线路

1995 年，第二条微波干线——济南至东营数字微波干线全线开通。该电路全长 238 公里，设泺口、济阳、台子、高青、滨州、利津、东营、河口 8 个站，1995 年 11 月 27 日完成微波主设备的安装，并一次全线开通，提前 9 个月完成建设任务，受到黄委的通令嘉奖。该干线建成后，传输带宽达 4 兆，信息传输能力提升 10 倍以上，并解决了几十年来黄委、山东黄河河务局与济南以下 4 个市局、8 个县局长途通信无保障的"老大难"问题。至此，省局至所属 8 市局长途通信传输实现数字微波化。

2005 年 1 月，完成对济南至东营数字微波干线通信工程的升级改造，用 SDH 设备替代 PDH 设备，干线传输带宽由 8 兆、34 兆全部扩容为 155 兆，信息承载能力进一步提升，实现了传输语音、数据、视频等综合业务的通信能力。

20 世纪 90 年代前，线路维护集中于春修这一阶段，图为电话站职工在维护线路 （崔光／摄影）

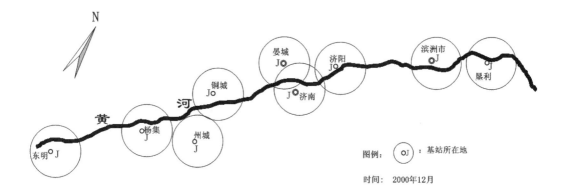

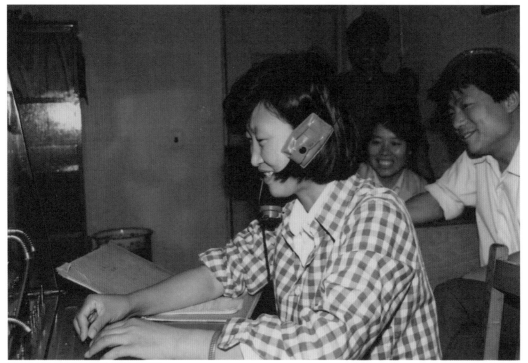

话务员在试用新安装的磁石交换机

随后，一点多址数字微波通信系统和 ETS450 无线接入系统相继引入，逐步将黄河专网延伸到基层段所。特别是山东黄河应急通信系统——800 兆赫集群移动通信系统的应用，以微波为手段连通山东黄河河务局 16 个集群移动基站、7 处通信直放站，缓解了当时黄河下游报汛信息困难的局面。

无线通信传输技术的主导应用，吻合了黄河线长、点多、面广、险情突发性强、出险随机性大的特点，成为山东黄河治理开发、防汛抢险、现场调度指挥的理想通信方式，并为解决市、县局及各基层段所通信问题提供了稳定的无线通信手段，坐落在山东黄河 628 公里河段两岸堤防上的一座座通信铁塔，成为了山东治黄通信网现代化转型的重要标志。

步入新时代，山东黄河河务局坚持科技赋能，深入推动数字孪生、大数据、人工智能等新一代信息技术与水利业务深度融合，流域治理管理的数字化、网络化、智能化水平与日俱增。5G、卫星通信、物联网等新型通信方式不断被应用至治黄业务的各个领域，自主创新建设的山东"黄河云""智犇安澜号"防汛移动基站等新成果不断涌现，治黄通信的铿锵足音不绝于耳。

<hr />

链接

山东"黄河云"

  山东"黄河云"平台部署于省级网管中心机房，现有专用机柜10台，配套超融合服务器13台、全闪数据库服务器4台、GPU服务器3台、分布式存储3台、容灾存储1台，总存储容量1.2PB，容灾容量89TB，算力1196Ghz。山东"黄河云"精简了省级网管中心机房服务器数量，整合IT基础设施资源，简化IT操作，提高了管理效率和物理资源利用率。

  该云平台采用新一代超融合技术建设，遵循开放架构标准，在通用X86和ARM服务器上无缝集成计算虚拟化、网络虚拟化、存储虚拟化、虚拟化安全、运维监控管理、云业务流程交付等软件技术，形成统一的计算与存储资源池，实现资源模块化的横向弹性伸缩。其中计算池、存储池、网络池和安全优化池，均可实现动态的资源调整，扩大或缩小，并依据不同业务系统的类型将超融合集群划分为不同的"资源池"；每一个集群、每个节点、每个业务均满足高可靠性、高扩展性、高安全性。

  山东"黄河云"建成后，为业务承载提供稳定、安全、弹性、易扩容、易运维的IT基础设施架构，支持业务的数字化转型，满足了数字孪生黄河体系建设的需要。

<hr />

"黄河云"数据收集：无人机夜间巡查

链接

"智犇安澜号"防汛移动基站

2021年迎战中华人民共和国成立以来最严重秋汛洪水期间，由山东黄河河务局自主研制的"智犇安澜号"防汛移动基站正式在黄河泺口险工"上岗"值守，成为防汛一线的一员"新兵"。

基站以解决专网"最后一公里"问题为导向，整体采用模块化设计，主要由房型框架、办公环境、专网通信、供电系统、物资储备、辅助功能、生活保障等功能模块组成，利用专用数据隧道加密技术，方便实现黄河专网快速接入；配备冰箱、微波炉、饮水机等生活用品，极大改善防汛守险一线人员生活环境；采取"平战结合"原则，突出防汛特点，可机动灵活部署在险工、控导、水闸、泵站等重点位置，为日常工程巡查、查险报险提供必要的硬件设备支撑；汛期可快速构建防汛抢险临时指挥部，提供交互式异地会商、远程获取视频信息、传达部署调度命令等功能，为黄河防汛决策提供信息化技术支撑。

毫不夸张地说，"智犇安澜号"既是移动的防汛指挥所，又是工程巡查人员的守险房，还是抗洪抢险过程中的补给站，更是防汛抢险中的通讯站。

"智犇安澜号"防汛移动基站

特别是自 2021 年起，山东黄河河务局全力推动视频监控、无人机、远程会商系统"三个全覆盖"，建成视频监控点 2898 处，覆盖山东黄河堤防、险工、控导、跨河桥梁等重点工程，并统一接入视讯管理平台；配备无人机 219 架，全覆盖 8 个市局、30 个县局及 121 个基层段所，满足山东云黄河各系统平台接入需求；建设远程会商系统 176 套，为 121 个基层段所配备视频会议终端设备，实现省、市、县局，基层段所、工程现场五级视频会商，推动视频会议和远程会商常态化应用；升级 74 处水位遥测站；安装 29 处山东黄河取水口在线监测设施利用新型监测手段，采集济南段重点位置和东平湖全域水下地形数据，基本搭

"智巡" App 在工程巡查中应用

建起覆盖山东黄河全域的"天空地河"一体化信息感知网，形成了空地结合、人机结合、立体交叉的监管新模式，引领了黄河通信蓬勃发展的崭新变革。

如今，黄河，这条生命之河，正在数字化浪潮的砥砺中，谱写新的生命赞歌。